Uwe Schlüter **Lebendbau** Ingenieurbiologische Bauweisen und lebende Baustoffe

Uwe Schlüter

Lebendbau

Ingenieurbiologische Bauweisen und lebende Baustoffe

Callwey

ISBN 3 7667 0212 2

Schutzumschlag und Gestaltung: Baur + Belli Design, München
Gesamtherstellung: Universitätsdruckerei H. Stürtz AG, Würzburg
Printed in Germany

Inhaltsverzeichnis

Vorwort

Lebendbau wird von der Küste bis zum Hochgebirge in vielen Bereichen, so z.B. in Verbindung mit dem Wasser- und Straßenbau, bei der (Re)kultivierung von Entnahmestellen und Deponien sowie in Verbindung mit landbaulichen Maßnahmen durchgeführt. Diesbezügliche Literatur liegt jedoch meist weit verstreut in Form einzelner Zeitschriftenartikel vor. Spezielle Fachbücher setzen sich in der Regel nur mit Teilbereichen des Lebendbaues auseinander (z.B. div. Autoren: Der biologische Wasserbau, Stuttgart 1965; *R. Prückner*: Die Technik der Lebendverbauung, Wien 1965; *H.M. Schiechtl*: Grundlagen der Grünverbauung, Mariabrunn 1958), oder sie bringen den Lebendbau nicht ausschließlich sondern in Zusammenhang mit anderen landschaftspflegerischen Problemen und Maßnahmen (z.B. div. Autoren: Handbuch für Landschaftspflege und Naturschutz 4, München 1969). Ohne damit den Wert dieser Arbeiten herabsetzen zu wollen, ist festzustellen, daß Praktikern und Studierenden ein Buch fehlt, das ausschließlich den Lebendbau zum Inhalt hat und ihn gleichzeitig umfassend darstellt.

Das vorliegende Buch soll diese Lücke bis zu einem gewissen Grade schließen. Da aus Platzgründen nicht der gesamte Lebendbau ausführlich behandelt werden kann, wird der Versuch unternommen, zunächst einmal die Lebendbauweisen einschließlich der sog. „Anspritzverfahren" einigermaßen vollständig zu bearbeiten sowie auf die Grundlagen des Lebendbaues und eine Reihe wichtiger lebender Baustoffe einzugehen. Dagegen kann die Geschichte des Lebendbaues gar nicht dargestellt, und es können außerdem räumliche Anordnung, landschaftsökologische und landschaftsgestalterische Auswirkungen von Lebendbauobjekten sowie die Bedeutung des Lebendbaues für den Umweltschutz nur gestreift werden.

Bei der Bearbeitung ergaben sich zahlreiche Probleme, deren Klärung infolge nicht zur Verfügung stehender Literatur oder fehlender Untersuchungen oft nicht möglich war. Für entsprechende Hinweise, aber auch für sachliche Kritik, bin ich deshalb stets dankbar.

Wenn dieses Buch auch nicht alle Fragen beantwortet, so ist doch zu hoffen, daß es dem Praktiker und Studierenden als wesentliches Hilfsmittel und als Anregung dienen wird.

Hannover, September 1971

Uwe Schlüter

1 Grundlagen des Lebendbaus

1.1 Definition und Zielsetzung

Neben dem Begriff »Lebendbau« sind eine Reihe anderer gebräuchlich: Grünverbauung, Begrünung, lebende Verbauung, Lebendverbau, biologische Verbauung, naturnahe Verbauung, Ingenieurbiologie, Biotechnik, Vegetationsbau, technischer Pflanzenbau. Diese Begriffe werden unterschiedlich, teils synonym für Lebendbau, teils nur für Teilbereiche, verwendet. Allgemeinverbindliche, einheitliche Definitionen bestehen nicht (vgl. u.a. *E. Bittmann*, 1965; Ingenieurbiologische Bauweisen, 1959; *H.M. Schiechtl*, 1958; *H.F. Wiepking*, 1953/54). Allen diesen Begriffen ist aber gemeinsam, daß sie die Verwendung lebender Pflanzenteile, Pflanzen oder Pflanzengemeinschaften als Baustoff beinhalten. Da dieses in dem Wort »Lebendbau« am klarsten zum Ausdruck kommen dürfte, wird er in der vorliegenden Arbeit angewandt.

Obwohl Lebendbauobjekte als günstige Nebenwirkung Erträge abwerfen können, steht ihre ertragliche Nutzung im Gegensatz zum Land-, Obst-, Garten- und Waldbau niemals im Vordergrund der Zielsetzung, Hauptziele des Lebendbaues sind die Erfüllung landschaftspflegerischer (*K. Buchwald*, 1969) bzw. landschaftsökologischer (*H. Langer*, 1966) Aufgaben sowie die Ausübung günstiger physischer und psychischer Einflüsse auf den Menschen.

Landschaftsökologische Wirkungen sollen erreicht werden, wenn Lebendbaumaßnahmen zur Festlegung und Sicherung des Bodens (z.B. Bepflanzung von Gewässerufern und Rutschhängen), zur Verbesserung von Kleinklima und Wasserhaushalt (z.B. Windschutzpflanzungen) sowie zur Steigerung der ökologischen Vielfalt (z.B. Feldgehölze) durchgeführt werden. Günstige physische und psychische Wirkungen auf den Menschen sollen z.B. durch Blendschutzpflanzungen auf Autobahnmittelstreifen, durch Lärm- und Staubschutzpflanzungen im Siedlungsbereich sowie durch Pflanzungen zur Verschönerung des Landschaftsbildes herbeigeführt werden.

Diese allgemeine Zielsetzung des Lebendbaues deckt sich, wie die beiden folgenden Begriffserklärungen zeigen, weitgehend mit der Zielsetzung der Landschaftspflege:

»Landschaftspflege erstrebt den Schutz, die Pflege und die Entwicklung von Landschaften mit nachhaltiger Leistungsfähigkeit für den Menschen. Sie soll insbesondere Schäden im Naturhaushalt und im Bild der Landschaft vorbeugen und bereits eingetretene Schäden ausgleichen oder beseitigen. Die Arbeit der Landschaftspflege setzt Grundlagenuntersuchungen vorwiegend landschaftsgeschichtlicher, biologischer, gesellschaftlicher und wirtschaftlicher Art voraus. Sie umfaßt die Landschaftsanalyse und -diagnose, die Landschaftsplanung, den Landschaftsbau und die pflegliche Nutzung der natürlichen Hilfsquellen. Die Tätigkeit der Landschaftspflege erstreckt sich auf die freie Landschaft« (Forschungsausschuß »Landespflege« der Akademie für Raumforschung und Landesplanung Hannover, 1968).

Nach *H. Langer* (1968) »erscheint das zentrale Anliegen der Landschaftspflege als Erhaltung und Entwicklung einer für die menschliche Gesellschaft in ihrer materiellen und immateriellen Wirkung optimal und nachhaltig leistungsfähigen Naturausstattung der Landschaft. Aber auch hierbei lassen sich verschiedene Gesichtspunkte unterscheiden. Denn ähnlich der Landschaft als Ganzes kann auch die Naturausstattung jeweils unter dem Blickwinkel der Struktur und Funktion bzw. des Erscheinungsbildes gesehen werden«.

Begriff und Inhalt der Landschaftspflege werden z.Z. zwar diskutiert, dennoch dürfte der Lebendbau auch in der kommenden Zeit in seiner Zielsetzung mit derjenigen der Landschaftspflege weitgehend übereinstimmen und somit auch als ein Arbeitsgebiet einer zukünftigen Landschaftspflege angesehen werden können.

Der Lebendbau kann demnach wie folgt definiert werden:

Lebendbau ist ein Arbeitsgebiet der Landschaftspflege mit der Zielsetzung, durch Verwendung von lebenden Pflanzenteilen, Pflanzen oder Pflanzengemeinschaften zur Verbesserung der Umwelt der menschlichen Gesellschaft beizutragen.

Innerhalb des Lebendbaues nehmen Maßnahmen zur Sicherung des Bodens wie z.B. die Verwendung von Pflanzen zum Uferschutz und zur Befestigung von Hängen oder Böschungen, einen weiten Raum ein. Für diesen Bereich des Lebendbaues setzt sich z.Z. in immer stärkerem Maße der Begriff »Lebendverbau« durch. Seine Definition ist den »Richtlinien für den Lebendverbau an Verkehrswegen« (1969) entnommen:

»Lebendverbau schützt Boden und Gestein gegen Erosion und Rutschungen mit Hilfe von lebenden Pflanzen und Pflanzenteilen. Wenn notwendig, müssen auch tote Baustoffe in Verbindung mit den lebenden Verwendung finden. Ziel des Lebendverbaues ist die Sicherung gefährdeten Bodens durch eine bodenschützende Pflanzendecke, die an den in Frage kommenden Standorten durch die übliche Begrünung nicht zu erreichen ist. Lebendverbau umfaßt auch die frühzeitige, wenn nicht gleichzeitige Einbringung von Pflanzen des gewünschten Endbestandes und ihre Pflege«.

1.2 Das Lebendbauobjekt als Ökosystem

In der Zeit der Anfänge des Lebendbaues wurden nicht selten ausschließlich Pflanze und Boden gesehen. Die heutige Planung von Lebendbaumaßnahmen muß jedoch davon ausgehen, daß Lebendbauobjekte, also z.B. Windschutzpflanzungen, Feldgehölze, Röhrichtgürtel und Straßenbepflanzungen, organische (biotische) Systeme, sog. Ökosysteme sind. Sie bestehen aus biotischen und abiotischen Elementen.

Die biotischen Elemente sind die Pflanzen und Tiere, die abiotischen sind u.a. Wasser, Gestein sowie die anorganischen und organischen Bestandteile des Bodens. Da beim Lebendbau die Vegetation im Mittelpunkt der Betrachtung steht, läßt sich das Ökosystem zweckmäßigerweise folgendermaßen darstellen [Abb. 1].

Unter »Vegetation« sind einmal diejenigen Pflanzenarten zu verstehen, die durch Lebendbau angesiedelt werden; zum anderen aber auch diejenigen, die an der Baustelle natürlich vorhanden sind, oder

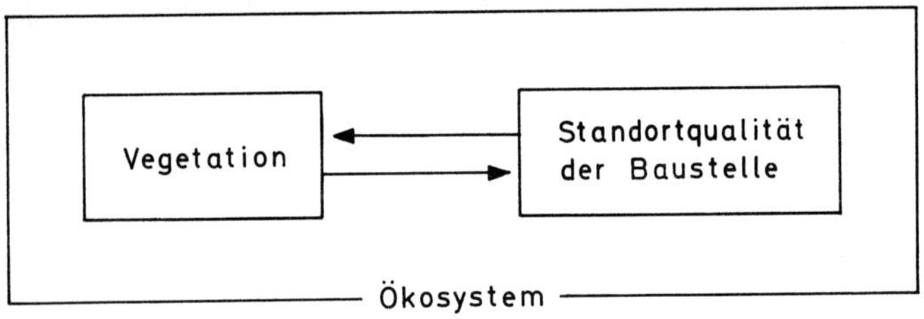

1 Ökosystem

die nach Ausführung der Lebendbaumaßnahme dort natürlich zuwandern.

»Standortqualität der Baustelle« wird synonym für »Standort« gebraucht und umfaßt die Gesamtheit der außermenschlichen Einwirkungen auf die Vegetation, also Gestein, Boden, Klima, morphologische und hydrologische Verhältnisse sowie die Tierwelt.

Zwischen den beiden Komponenten des Ökosystems, Vegetation und Standortqualität der Baustelle, bestehen enge Wechselbeziehungen. So ist die floristische Zusammensetzung der Vegetation von der Standortqualität abhängig. Die Vegetation kann aber auch die Standortqualität verändern. Sie kann z.B. die Bodenbildung durch Humusproduktion, durch Durchwurzelung und durch biologische Verwitterung des Gesteins fördern. Innerhalb der beiden Komponenten ist ebenfalls ein Beziehungsgefüge vorhanden. Hierauf kann jedoch an dieser Stelle nicht eingegangen werden. Bezüglich der Beziehungen innerhalb der Vegetation wird auf *J. Braun-Blanquet* (1964) verwiesen.

Wie jedes andere organische und technische System unterliegt auch das Ökosystem naturwissenschaftlichen Gesetzen.

»Wer mit den Erfahrungen an technischen Systemen die organischen Systeme betrachtet, erkennt immer wieder dieselben Möglichkeiten und Unmöglichkeiten in beiden Bereichen, er wird immer fester überzeugt davon, daß die organischen Systeme genau denselben Gesetzen gehorchen wie die technischen Systeme. Zwar arbeiten die organischen Systeme mit anderen Elementen (sie kennen auch kein Rad und keinen Propeller), aber die übergeordneten Prinzipien scheinen dieselben zu sein. Was technische und organische Systeme unterscheidet, sind nicht die grundlegenden Gesetze, sondern die Mittel der Realisierung und die Struktur« (*K. Steinbuch*, 1965).

Nach den heutigen Erkenntnissen weist das Ökosystem vor allem die folgenden typischen Merkmale auf und unterscheidet sich hinsichtlich dieser z.T. von technischen Systemen:

a Es besteht aus anderen, z.T. aus lebenden Elementen, aus anderer Struktur und unterliegt nicht nur chemisch-physikalischen, sondern auch biologischen Gesetzen.

b Es hat die Fähigkeit der gegenseitigen Aushilfe. Bei Beschädigung oder Ausfall einzelner Elemente können deren Aufgaben bis zu einem gewissen Grade von anderen Elementen wahrgenommen werden. Beispiel: Lebende Pflanzen übernehmen Funktionen abgestorbener Pflanzen.

c Es weist Regenerationsvermögen auf und vermag beschädigte oder zerstörte Elemente selbständig wiederherzustellen oder durch gleiche zu ersetzen. Beispiel: Pflanzen regenerieren sich.

d Es zeigt Selbstregelungsvermögen in der Form, daß es bei Bedarf selbständig seine Elemente in unterschiedlicher Weise kombinieren, vorhandene Elemente durch neue andere ersetzen, neue andere Elemente zusätzlich aufnehmen und vorhandene Elemente ohne Ersatz ausschalten kann. Beispiel: Einzelne Pflanzenarten werden unterdrückt, oder abgestorbene Pflanzen werden durch neue ersetzt.

e Es kann seine Elemente selbständig zu solchen mit größerer Wirksamkeit entwickeln. Beispiel: Zunehmende Bodendurchwurzelung bewirkt steigende Festigung des Bodens.

f Es ist in der Lage, sich durch Vergrößerung oder Vermehrung seiner Elemente selbständig räumlich auszudehnen. Beispiel: Die Pflanzen weisen Zuwachs auf.

g Es funktioniert nicht selten langsamer als ein technisches System. Beispiel: Die Wirkung ist vom Heranwachsen der Pflanzen abhängig und deshalb optimal erst nach einigen Jahren vorhanden.

Die Betrachtungsweise der Lebendbauobjekte als organische Systeme macht ihre im Vergleich zu Totbauten andersgearteten Eigenschaften verständlich. Lebendbauten weisen einmal gegenüber Totbauten eine Reihe Vorteile auf:

a Sie sind nicht wie ein großer Teil der Totbauten nach ihrer Fertigstellung der Verwitterung und dem Zerfall ausgesetzt, sondern erlangen im Gegenteil oft im Laufe ihrer Entwicklung eine zunehmende Stabilität und bleiben nachhaltig funktionsfähig. »Sie bauen selbst weiter« (*A. v. Kruedener*, 1951). Dieses beruht in erster Linie auf folgenden Fähigkeiten:
Sie sind in der Lage, kleinere Beschädigungen selbständig auszugleichen oder zu beseitigen.
Sie vermögen sich selbständig veränderten Bedingungen bis zu einem gewissen Grade anzupassen.
Sie können sich selbständig zu ausgedehnteren, komplizierteren, wirksameren und stabileren Objekten weiterentwickeln.

b Obwohl Totbauten auch landschaftsökologisch wirksam werden können (z.B. Windschutz durch Matten), üben Lebendbauobjekte landschaftsökologische Wirkungen aus, die durch Totbauten nicht erreicht werden können (z.B. Beeinflussung des Wasserkreislaufes durch Transpiration).

c Wenn auch Totbauten wesentliche landschaftsgestalterische Beiträge leisten können, vermitteln Lebendbauten landschaftsästhetische Informationen, die durch Totbau nicht erzielt werden können.

Der Lebendbau hat jedoch zum anderen im Vergleich zum Totbau unbestreitbare Nachteile:

a Während für Totbauten eine große Anzahl von Baustoffen und Bauweisen mit den unterschiedlichsten Eigenschaften zur Verfügung steht, kann der Lebendbau nur den lebenden Baustoff »Pflanzen« verwenden. Diese engen infolge ihrer Fähigkeiten und Merkmale die Anwendungsmöglichkeiten des Lebendbaues wie folgt ein:
Er muß auf Bereiche beschränkt bleiben, in denen die Standortqualität der Baustelle der Vegetation Lebensbedingungen bietet. Er kann z.B. nicht oberhalb der Grenze des ewigen Schnees ausgeführt werden.
Lebendbauobjekte sind nicht immer den Belastungen gewachsen, denen Totbauten ausgesetzt werden können. Sehr stark gefährdete Küsten können z.B. nur durch Totbau geschützt werden.
Lebendbauten können nicht alle Aufgaben lösen, die durch Totbau erfüllt werden können.

b Im Gegensatz zu Totbauten, die in der Regel sofort nach der Fertigstellung ihre Funktionen voll ausüben, weisen Lebendbauobjekte oft zunächst nur eine geringe Wirksamkeit auf, die allmählich zunimmt und nicht selten erst nach mehreren Jahren ihr Optimum erreicht.

c Lebendbauten beanspruchen meist mehr Platz als Totbauten.

Die immer wieder gestellte Frage, ob Lebendbau billiger als Totbau ist, kann an dieser Stelle nicht allgemeingültig beantwortet werden. Es ist möglich, daß Lebendbauobjekte in Anlage und Pflege bzw. in einer dieser Komponenten billiger oder teurer als die ihnen entsprechenden Totbauten sind.

Die oben angedeuteten Vor- und Nachteile des Lebendbaues, sowie die nur von Fall zu Fall zu entscheidende Frage der Kosten machen bei der Planung von Baumaßnahmen eine sorgfältige Prüfung der Frage notwendig, ob das Bauwerk günstiger im Lebendbau oder im Totbau ausgeführt werden kann.

1.3 Die Planung von Lebendbaumaßnahmen

Aus den eingangs aufgeführten Definitionen von Landschaftspflege und Lebendbau geht hervor, daß Lebendbau nicht Selbstzweck sondern ein Mittel ist, mit dem die Landschaftspflege einen Teil ihrer Ziele verwirklicht. Lebendbaumaßnahmen werden somit nur zum Zweck der Sicherung oder Verbesserung irgendeiner Flächennutzung, wie z.B. Landwirtschaft, Wasserwirtschaft, Siedlung, Verkehr, Erholung, vorgesehen. Die Planung von Lebendbaumaßnahmen ist deswegen nur dann zweckmäßig und führt nur dann zum Erfolg, wenn die zukünftige Flächennutzung festliegt.

Der Planungsprozeß läßt sich in 4 Abschnitte gliedern, die allerdings nicht immer so exakt zu trennen sind, wie es in den folgenden Ausführungen geschieht [Abb. 2].

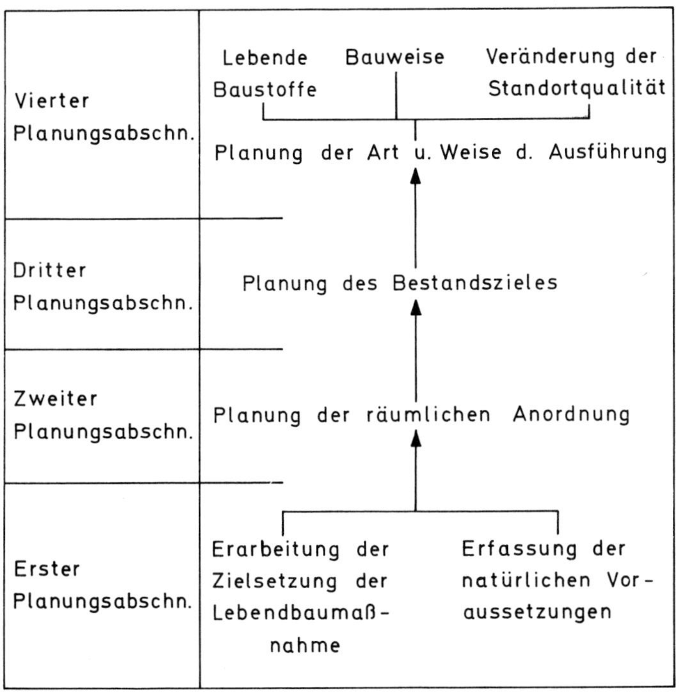

2 Planung von Lebendbaumaßnahmen.

1.3.1 Erster Planungsabschnitt

Die Planung muß mit der Erarbeitung der Zielsetzung der Lebendbaumaßnahme und der Erfassung der natürlichen Voraussetzungen beginnen.

Zielsetzung

Die Zielsetzung ist im einzelnen sehr verschieden, da Lebendbauobjekte die unterschiedlichsten Funktionen ausüben können. Allgemein gesehen, werden Lebendbaumaßnahmen zur Vermeidung potentieller ungünstiger Verhältnisse oder Schäden sowie zur Verbesserung oder Beseitigung realer nachteiliger Bedingungen oder Schäden geplant. Im einzelnen wird der Lebendbau insbesondere in den nachstehenden Bereichen mit folgenden Hauptzielsetzungen durchgeführt:

a An Binnengewässern
zum Uferschutz
zur Beseitigung von Schadstellen
zur Sohlenfixierung und -hebung
zur Beruhigung der Wasseroberfläche

b an der Küste
zur Landgewinnung
zum Deichschutz
zur Dünenfestlegung

c an Hängen und Böschungen
zur Festlegung und Sicherung von Hängen und Böschungen
zur Hangentwässerung

d auf ebenen bis mäßig geneigten Flächen
zur Festlegung vegetationsloser Flächen
zum Schutz vor Windeinwirkungen auf landwirtschaftlichen Nutzflächen
zum Schutz vor Wassererosion auf landwirtschaftlichen Nutzflächen

e an Verkehrswegen und Siedlungen
zur Erhöhung der Verkehrssicherheit
u.a. zur Minderung von Lärmbelästigungen.

Bei dieser Gliederung ist zu beachten, daß ihr die Hauptzielsetzungen des Lebendbaues zu Grunde gelegt sind, daß die Lebendbauobjekte aber außerdem fast immer weitere günstige landschaftsökologische und landschaftsästhetische Effekte ausüben. So dient z.B. ein Röhrichtgürtel, der primär zum Uferschutz angesiedelt wurde, sekundär auch als Biotop für Tiere, der Gewässerreinigung und der Verschönerung des Landschaftsbildes.

Natürliche Voraussetzungen

Die Erfassung der natürlichen Voraussetzungen erstreckt sich auf die beiden Komponenten des Ökosystems »Standortqualität« und »Vegetation« (Abschn. 1.2).

Bei der Untersuchung der Standortqualität ist einmal die Ermittlung der Einzelfaktoren, wie vor allem Gestein, Boden, Klima, geomorphologische und hydrologische Verhältnisse von Bedeutung. Zum anderen kann aber auch in dieser Hinsicht die Karte der heutigen potentiell natürlichen Vegetation wesentliche Dienste leisten, da sie Ausdruck des Gesamteffektes der Standortqualität, bzw. des derzeitigen biotischen Potentials der Baustelle ist (*W. Lohmeyer*, 1961; *U. Schlüter*, 1970; *P. Seibert*, 1962 u. 1968; *W. Trautmann*, 1966; *R. Tüxen*, 1956). Die Erfassung der Standortqualität ist für Aussagen über die Notwendigkeit von Lebendbaumaßnahmen sowie für das Bestandsziel und die Art und Weise der Ausführung der Lebendbauobjekte notwendig (s. unten).

Bei der Untersuchung der Vegetation ist nicht nur die Kenntnis der derzeitigen realen Pflanzengesellschaften, sondern auch die der möglichen Sukzessionen und der den einzelnen Sukzessionsstadien entsprechenden anthropogenen Ersatzgesellschaften notwendig, also die Kenntnis der an der Baustelle möglichen Gesellschaftskomplexe (*P. Seibert*, 1968). An einem Wuchsort vollzieht sich die natürliche Vegetationsentwicklung in Form einer Folge verschiedener Pflanzengesellschaften, in Form einer Sukzession. Sie beginnt am vegetationslosen Standort mit der Entstehung einer Initialgesellschaft, setzt sich dann über verschiedene Übergangsgesellschaften fort und endet mit einer Schlußgesellschaft (Klimax- oder Dauergesellschaft). Die Sukzession geht in stetiger Wechselwirkung mit der Veränderung des Standortes vor sich. Im Verlauf der Sukzession vergrößern sich in der Regel ökologische Differenzierung, soziologische Selbständigkeit, Stabilität und Dauer der einzelnen Gesellschaften mit zuneh-

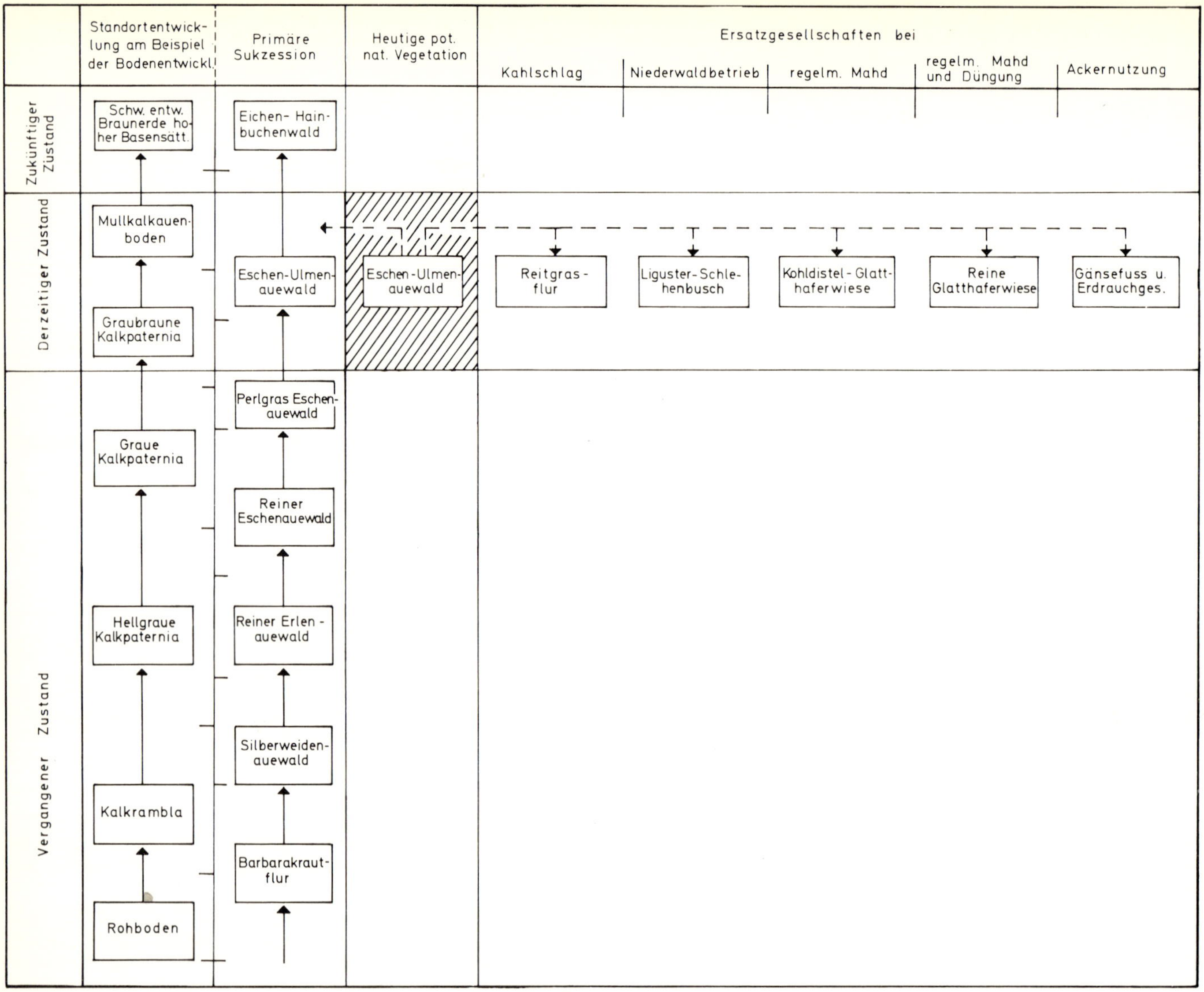

3 Heutige potentiell natürliche Vegetation, primäre Sukzession und Ersatzgesellschaften am Beispiel der Isaraue. In Anlehnung an *P. Seibert* (1962 u. 1968).

mender Nähe zur Schlußgesellschaft. Jedem Sukzessionsstadium können anthropogene Ersatzgesellschaften zugeordnet werden. Dies sind Gesellschaften, die an dem betreffenden Wuchsort in den einzelnen Stadien bei unterschiedlicher Nutzung bzw. bei unterschiedlichen anthropogenen Eingriffen anstelle natürlicher Gesellschaften auftreten würden. Die Gesamtheit der Gesellschaften der Sukzession und ihrer Ersatzgesellschaften wird als Gesellschaftskomplex bezeichnet [Abb. 3].

Die Folge der Pflanzengesellschaften im Verlauf der Sukzession kann in Verbindung mit der sich dabei verändernden Standortqualität als eine Folge verschiedener Ökosysteme aufgefaßt werden. Die Schlußgesellschaft bildet dann mit ihrem Standort in der Regel das stabilste Ökosystem, das äußeren verändernden Einflüssen den größten Widerstand entgegensetzt. In Analogie dazu ist es gestattet, die anthropogenen Ersatzgesellschaften und ihre Standorte als anthropogene Ökosysteme anzusehen.

Die Kenntnis der Gesellschaftskomplexe, bzw. die Kenntnis der Komplexe der Ökosysteme, ist vor allem für das Bestandsziel und die Wahl der lebenden Baustoffe wichtig (s. unten). Sie wird einmal durch die Standortqualität der Baustelle, zum anderen durch die evtl. dort vorhandene reale Vegetation und endlich durch die heutige potentiell natürliche Vegetation vermittelt (*W. Lohmeyer*, 1961; *U. Schlüter*, 1970; *P. Seibert*, 1962 u. 1968; *W. Trautmann*, 1966; *R. Tüxen*, 1956).

1.3.2 Zweiter Planungsabschnitt

Nachdem Zielsetzung und natürliche Voraussetzungen erarbeitet worden sind, und daraus die Lebendbaumaßnahme in ihren Grundzügen entwickelt ist, wie z.B. die Notwendigkeit von Windschutz oder Uferschutz, wird in der Regel die räumliche Anordnung des Lebendbauobjektes festgelegt. Sie umfaßt z.B. die Planung eines Systems von Windschutzpflanzungen oder die Bestimmung derjenigen gefährdeten Uferabschnitte, an denen eine Spreitlage gelegt werden soll. Die Planung erfolgt meistens in den Maßstäben 1:1000 bis 1:5000.

1.3.3 Dritter Planungsabschnitt

Der dritte Planungsabschnitt besteht in der Festlegung des Bestandzieles und der Wege, es zu erreichen [Abb. 4].

An jeder Baustelle ist eine natürliche, höchstentwickelte Pflanzengesellschaft vorstellbar, die bei der dortigen derzeitigen Standortqualität den Abschluß der Sukzession darstellt (Abschn. 1.3.1).

Diese derzeitig mögliche, natürliche, höchstentwickelte Schlußgesellschaft ist die »heutige potentiell natürliche Vegetation« (*W. Lohmeyer*, 1961; *U. Schlüter*, 1970; *P. Seibert*, 1962 u. 1968; *W. Trautmann*, 1966; *R. Tüxen*, 1956). Sie ist in den meisten Fällen eine Waldgesellschaft, kann aber auch u. a. eine Wiesengesellschaft sein.

Da Schlußgesellschaften und ihre Standorte in der Regel die stabilsten Ökosysteme sind (Abschn. 1.3.1), können Lebendbauobjekte die unter Abschn. 1.2 angedeuteten günstigen Wirkungen im allgemeinen umso vollständiger und nachhaltiger ausüben, je näher die geplante Pflanzengesellschaft derjenigen steht, die z. Z. der Lebendbaumaßnahme an der Baustelle die heutige potentiell natürliche Vegetation (= h.p.n.V.) bildet. Nach Möglichkeit sollte daher die h.p.n.V. das Bestandsziel sein. Es kann dann entweder eine Wald- oder eine Wiesengesellschaft sein [Abb. 4, A u. B].

Das Bestandsziel »h.p.n.V.« ist jedoch nicht immer erreichbar. Einmal besteht die Möglichkeit, daß Wiesengesellschaften angesiedelt werden müssen, wenn die h.p.n.V. eine Waldgesellschaft ist. So müssen z. B. oft für die Aufnahme einer Waldgesellschaft geeignete Baustellen wie Gewässer- oder Straßenböschungen aus wasserbaulichen oder verkehrstechnischen Gründen eine Rasenansaat erhalten. In derartigen Fällen ist eine wenig Pflege beanspruchende Ersatzgesellschaft der Schlußgesellschaft anzustreben, da diese mit ihrem Standort ebenfalls ein relativ stabiles Ökosystem darstellt [Abb. 3 u. 4, C].

Zum anderen kommt es vor, daß die h.p.n.V. eine Wiesengesellschaft ist, die Zielsetzung der Lebendbaumaßnahme aber als Bestandsziel eine Waldgesellschaft fordert. Dann ist entweder die Standortqualität der Baustelle (z. B. durch Bodenauftrag) so weitgehend zu verändern, daß eine Waldgesellschaft Lebensbedingungen findet, oder es ist die geplante Waldgesellschaft in mehreren Bauabschnitten in einer Art künstlich herbeigeführter Sukzession (z. B. Wiesengesellschaft → Pioniergehölze → Waldgesellschaft) aufzubauen [Abb. 4, D 1 u. D 2].

H.p.n.V. der Baustelle:	Bestandsziel der Lebendbaumaßnahme: Natürliche Waldgesellschaft	Natürliche Wiesengesellschaft
Waldgesellschaft	A Sofortige Ansiedlung von Arten der h. p. n. V.	C Ansiedlung von Arten der aus der h. p. n. V. ableitbaren Ersatzgesellschaften
Wiesengesellschaft	D1 Änderung der Standortqualität D2 Aufbau der Waldgesellschaft in mehreren Bauabschnitten	B Sofortige Ansiedlung von Arten der h. p. n. V.

4 Beziehungen zwischen der heutigen potentiell natürlichen Vegetation (h. p. n. V.) und den Bestandszielen von Lebendbaumaßnahmen.

1.3.4 Vierter Planungsabschnitt

Im vierten Planungsabschnitt wird die Art und Weise der Ausführung der Lebendbaumaßnahme vorwiegend in den Maßstäben 1:10 bis 1:500 ausgearbeitet. Sie läßt sich wie folgt gliedern:

a Wahl der lebenden Baustoffe,
b Wahl der Bauweise,
c Veränderung der Standortfaktoren.

Jede dieser drei Maßnahmen hängt einmal von der Standortqualität der Baustelle und von der Zielsetzung der Lebendbaumaßnahme ab. Zum anderen bestehen aber auch zwischen den drei Maßnahmen Wechselbeziehungen in der Form, daß jede Maßnahme von einer der beiden anderen oder von beiden anderen beeinflußt werden kann [Abb. 5].

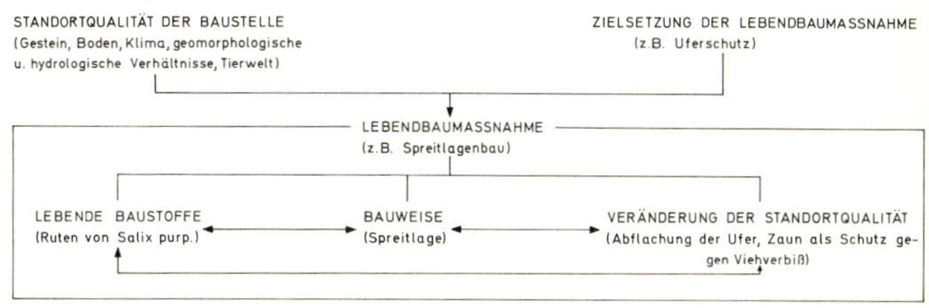

5 Art und Weise der Ausführung einer Lebendbaumaßnahme.

Wahl der lebenden Baustoffe

Unter »lebenden Baustoffen« sind diejenigen Pflanzenteile, Pflanzen oder Pflanzengemeinschaften zu verstehen, die bei einer Lebendbaumaßnahme angesiedelt werden. Die lebenden Baustoffe lassen sich in Einzel-Bauelemente und zusammengesetzte Bauelemente untergliedern.

Die Einzel-Bauelemente werden einzeln angeliefert und erst auf der Baustelle zu dem geplanten Lebendbauobjekt zusammengesetzt. Hierunter sind zu verstehen:

a Pflanzen
vollständige, aus Wurzel und oberirdischem Sproß bestehende, verholzte oder krautige Pflanzen;
b Pflanzenteile
Steckholz
20 bis 40 cm langer, bewurzelungsfähiger unverzweigter Teil eines verholzten oberirdischen Sprosses;
Setzpflock
40 bis 80 cm langer, bewurzelungsfähiger unverzweigter Teil eines verholzten oberirdischen Sprosses;
Setzstange
über 80 cm langer, bewurzelungsfähiger unverzweigter Teil eines stärkeren, verholzten oberirdischen Sprosses;
Rute
über 80 cm langer, bewurzelungsfähiger unverzweigter Teil eines biegsamen, verholzten oberirdischen Sprosses;
Zweig
dünnerer, bewurzelungsfähiger verzweigter Teil eines verholzten oberirdischen Sprosses;
Ast
stärkerer, bewurzelungsfähiger verzweigter Teil eines verholzten oberirdischen Sprosses;
(der Übergang von »Zweig« zu »Ast« ist fließend und nicht genau abgrenzbar);

Busch
Gemisch aus bewurzelungsfähigen Zweigen und Ästen;
(Halm)steckling
bewurzelungsfähiger, in der Regel unverzweigter Teil eines nicht verholzten oberirdischen Sprosses;
Sprößling
unterirdischer, aufwärts gerichteter Sproß;
Rhizom
unterirdischer, waagerecht wachsender Sproß;
Wurzelstück
ausschlagfähiger Teil einer verholzten oder unverholzten Wurzel;

c Saatgut
Gemisch aus Samen und Samenträgern wie Früchten, Fruchtständen, Hüllen usw.

Die zusammengesetzten Bauelemente bestehen aus mehreren Einzel-Bauelementen und können in dieser Form vorgefertigt zur Baustelle geliefert und dort eingebaut werden. Zu dieser Gruppe gehören:

a Lebende Faschine
zusammengebundene Ruten oder Äste von ca. 10 bis 30 cm Durchmesser und ca. 150 bis 300 cm Länge;

b Sode, Plagge, Ballen
ca. 20 × 20 bis 30 × 30 cm großes Stück einer Pflanzengemeinschaft;

c Pflanzenmatte
größeres teppichartiges Stück einer Pflanzengemeinschaft, meist einer Gräsergemeinschaft;

d Saatgutmatte
aus organischer Substanz bestehendes größeres teppichartiges Stück mit ein- oder aufgearbeitetem Saatgut.

Wie angedeutet, sollte in der Regel die h.p.n.V. der Baustelle oder eine ihrer Ersatzgesellschaften angestrebt werden. Die lebenden Baustoffe sind deswegen in erster Linie diesen Schlußgesellschaften oder deren Ersatzgesellschaften zu entlehnen. Wesentliche Hinweise für die Artenwahl gibt die Karte der heutigen potentiell natürlichen Vegetation. Allerdings ist zu beachten, daß die Karte der h.p.n.V. nur die standörtliche Eignung der lebenden Baustoffe, also ihre Fähigkeit, an der Baustelle zu wachsen, angibt, nicht aber ihre bautechnische Eignung, also ihre Fähigkeit, die Zielsetzung der Lebendbaumaßnahme zu erfüllen (*U. Schlüter*, 1970). Liegt die h.p.n.V. nicht vor, so sind die Arten auf Grund eines Vergleiches ihrer Ansprüche mit einzelnen, an der Baustelle besonders wirksamen Standortbedingungen (z.B. Trockenheit, Kalkreichtum, Wärme) auszuwählen.

In der Regel werden nicht alle Arten der geplanten Gesellschaft, sondern nur einzelne mit weiter ökologischer Amplitude und hohem Bauwert (hohem standortänderndem Vermögen) angesiedelt. Die übrigen wandern natürlich zu und schließen sich mit den eingebrachten zu der vorgesehenen Gesellschaft zusammen.

Nicht immer können jedoch ausschließlich lebende Baustoffe der geplanten natürlichen Gesellschaft angesiedelt werden. Die Zielsetzung kann die Verwendung sog. Gastarten erforderlich machen. Gastarten sind standortmögliche aber nicht standorteigene Pflanzen. Sie wachsen zwar an der Baustelle, kommen aber in den Gesellschaftskomplexen der Baustelle nicht natürlich vor. Nicht selten dienen Gastarten einer vorübergehenden Aufgabe, wie z.B. der schnellen Vorsicherung. Sie werden dann meist im späteren Verlauf der Entwicklung von den standorteigenen lebenden Baustoffen unterdrückt. Bei der Sicherung von Hängen durch Buschlagenbau muß z.B. vor allem auf Salix-Arten zurückgegriffen werden, da sie ein ausgeprägtes Bewurzelungsvermögen aufweisen. Sie sind an diesen Baustellen zwar in den meisten Fällen standortmöglich, aber selten standorteigen. Sofern die Zielsetzung die Verwendung von Gastarten fordert, sollten diese auf das unbedingt notwendige Maß beschränkt bleiben.

Oft müssen oder können zusätzlich zu den Pflanzen, die den endgültigen Bestand bilden sollen, sog. Pionier- oder Pflegepflanzen verwendet werden. Pionier- und Pflegepflanzen sind Pflanzen, die das Wachstum der übrigen Pflanzen ermöglichen oder fördern. Pionierpflanzen üben ihre günstigen Wirkungen vor der Bestandsgründung aus, Pflegepflanzen dagegen während der Bestandsentwicklung. Beide können standorteigen aber auch Gastpflanzen sein. Ihre fördernden Eigenschaften beruhen vor allem auf der Fähigkeit, den Boden, z.B. durch Stickstoff- und Humusanreicherung, zu verbessern sowie auf einem schnellen Wachstum, das an der Baustelle ein günstiges Kleinklima infolge Beschattung, Windschutz und Schutz vor Früh- und Spätfrösten bewirkt. Pionier- und Pflegegehölze zeichnen sich oft durch Starkwüchsigkeit aus. Bei ihrer Verwendung muß deshalb gewährleistet sein, daß sie rechtzeitig »auf den Stock gesetzt« werden, da sie andernfalls schwachwüchsige Holzarten unterdrücken können. Typische Pionierpflanzen sind z.B. Populus tremula und Betula pendula. In diesem Zusammenhang sind auch Pioniersaaten von Leguminosen zu erwähnen, die u.a. auf Sandspülflächen eine Vegetationsperiode vor deren Aufforstung vorgenommen werden. Als Pflegeholzart wird vor allem wegen ihrer Starkwüchsigkeit und ihrer Fähigkeit, Stickstoff zu sammeln, gern die Roterle (Alnus glutinosa) eingebracht.

Wahl der Lebendbauweise

Unter »Lebendbauweise« ist im engeren Sinne die Einbringungsart der lebenden Baustoffe zu verstehen, wie z.B. das Stecken von Steckholz und das Legen von Spreit- und Buschlagen. Auch Pflanzung und Saat sind nach der obigen Definition einfache Lebendbauweisen. Im weiteren Sinne schließt der Begriff auch die Kombination der Pflanzenarten mit ein.

Um Lebendbauweisen entsprechend der Standortqualität und der Zielsetzung optimal einsetzen zu können, ist eine genaue Kenntnis ihrer Wirkungsweisen notwendig. In dieser Hinsicht lassen sie sich bei unterschiedlicher Tiefenwirkung in flächig (z.B. Ansaaten), streifenförmig (z.B. Buschlagen, Faschinen) und punktförmig (z.B. Krainerwand) wirkende Lebendbauweisen gliedern. Darüber hinaus können Lebendbauweisen ihre Funktionen frühzeitig (z.B. Spreitlage) oder erst zu einem späteren Zeitpunkt (z.B. Pflanzung) ausüben.

Ein Teil der Bauweisen kann nur mit bestimmten lebenden Baustoffen durchgeführt werden. So können Spreit- und Buschlagen nur mit Pflanzenteilen derjenigen Arten gelegt werden, die die Fähigkeit aufweisen, Adventivwurzeln zu bilden. Die Notwendigkeit, eine bestimmte Bauweise anzuwenden, kann somit die Wahlmöglichkeiten der lebenden Baustoffe einengen. Die verschiedenen Wirkungen bedingen, daß oft mehrere Lebendbauweisen in unterschiedlicher Weise gleichzeitig oder nacheinander in mehreren Bauabschnitten kombiniert werden müssen, wie z.B. Buschlagen mit Pflanzung oder Spreitlagen mit Faschinen. Nicht selten werden auch Kombinationen zwischen Lebend- und Totbauweisen ausgeführt, so u.a. bei Schilfpflanzung in Steinschüttung oder beim Besatz eines Böschungspflasters mit Steckholz. Diese Art der Kombination hat sich in vielen Fällen ausgezeichnet bewährt, da sich meist beide Bauweisen ergänzen, und sowohl die Vorteile der Lebendbauweise als auch diejenigen der Totbauweise voll zur Wirkung kommen.

Veränderung der Standortqualität

Unter diesem Begriff sind die Maßnahmen zusammengefaßt, die das Wachstum der lebenden Baustoffe ermöglichen oder fördern, wie z.B. anorganische und organische Düngung, Mulchen, Bodenauftrag, Bewässerung, Terrassierung des Geländes, aber auch Einzäunung gegen Vieh- und Wildverbiß. Eine Veränderung der Standortqualität ist nicht in jedem Falle erforderlich, z. B. dann nicht, wenn an einer Baustelle günstige Wachstumsbedingungen vorhanden sind. Andererseits können Baustellen durch solche Maßnahmen sehr weitgehend verändert werden, z. B. durch Aufbringen einer starken Bodenschicht. Die Spannbreite reicht also von fehlenden standortändernden Maßnahmen bis zur Schaffung eines vollkommen neuen Standortes.

Da Maßnahmen zur Veränderung der Standortqualität in der Regel kostspielig sind, ist vor einer Baumaßnahme sorgfältig zu untersuchen, ob ein diesbezüglicher Aufwand in einem günstigen Verhältnis zum Erfolg steht.

Die folgenden Abschnitte 2 bis 6 sind nach derjenigen Aufstellung gegliedert, die in Abschn. 1.3.1 unter dem Aspekt der Hauptanwendungsbereiche und der Hauptzielsetzungen des Lebendbaues entwickelt wurde. Dabei wird das Schwergewicht auf die Art und Weise der Ausführung von Lebendbaumaßnahmen gelegt. Ihre räumliche Anordnung kann im Rahmen dieses Buches nur gestreift werden. An dieser Stelle sei nochmals darauf hingewiesen, daß zum vollen Verständnis der nachstehenden Ausführungen die günstigen landschaftsökologischen und landschaftsästhetischen Sekundärwirkungen der Lebendbauobjekte, auf die im Folgenden aus Platzgründen kaum eingegangen werden kann, berücksichtigt werden müssen.

2 Lebendbau an Binnengewässern

Die folgenden Ausführungen beziehen sich auf alle Oberflächengewässer des Binnenlandes. Sie umfassen vor allem natürliche, fließende und stehende Gewässer wie Ströme, Flüsse, Bäche, Seen und Teiche sowie künstliche Gewässer wie Kanäle, Talsperren und Rückhaltebecken. Der Umfang des Buches gestattet es nicht, auf Lebendbaumaßnahmen an den einzelnen Gewässerarten und -typen gesondert einzugehen, sondern läßt nur allgemeine Hinweise zu. Nachstehend wird auf Lebendbaumaßnahmen eingegangen, die an diesen Gewässern im vorwiegenden Einflußbereich des Wassers, d.h. bis zur Hochwasserlinie (HW-Linie) ausgeführt werden. Die höher gelegene Zone zwischen Hochwasser (HW) und höchstem Hochwasser (HHW) wird relativ selten vom Wasser erreicht und ist deswegen für die Zielsetzungen des Lebendbaus an Binnengewässern kaum bedeutungsvoll; denn die Lebendbaumaßnahmen erstrecken sich in erster Linie auf den Uferschutz, die Beseitigung von Schadstellen, die Sohlenfixierung und -hebung sowie auf die Beruhigung der Wasseroberfläche.

Jedes Gewässer hat bestimmte Eigenschaften besonders im Hinblick auf Nährstoff-, Sauerstoff- und Feinmaterialgehalt, Strömungsgeschwindigkeit sowie Höhe, Dauer und zeitliche Verteilung der Wasserstände. Insbesondere infolge der Verschiedenheit dieser Standortfaktoren ist die natürliche Gewässervegetation im Hinblick auf die Artenzusammensetzung sehr unterschiedlich. Ihr ist aber gemeinsam, daß sie sich in Zonen gliedern läßt, die vor allem von den Wasserstandsverhältnissen abhängen. In dieser Hinsicht ist für den Lebendbau, und zwar insbesondere für Maßnahmen zum Uferschutz und zur Beseitigung von Schadstellen die folgende Einteilung zweckmäßig (Systematik und Nomenklatur nach *E. Oberdorfer*, 1967):

Zone I
Etwa unterhalb des mittleren Niedrigwassers (MNW) bis 3(5) m Wassertiefe.

Unter Wasser und an der Oberfläche freischwimmende Wasserpflanzen, im Boden wurzelnde submerse und Schwimmblattpflanzen.

Insbes. Wasserwurzler-Gesellschaften (Lemnetea W. Koch et Tx. 54 ap. Oberd. 57), ortsfeste Wasserschweber-Gesellschaften (Hydrocharitetea prov.), Laichkraut- und Schwimmblatt-Gesellschaften (Potamogetonetea Tx. et Prsg. 42) Wasserschlauchreiche Moortümpel-Gesellschaften (Utricularietea intermedio-minoris Pietsch 65).

Zone II
Etwa zwischen mittlerem Niedrigwasser (MNW) und Sommermittelwasser (SoMW).

Insbes. Röhrichte und Seggenriede (Phragmitetea Tx. et Prsg. 42).

Zone III
Etwa zwischen Sommermittelwasser (SoMW) und mittlerem Hochwasser (MHW).

Insbes. Weidengebüsche und Weichholz-Auenwälder fließender Gewässer (Salicion eleagni (Soó 47) Moor 58, Salicion albae (Soó 36) Tx. 55), Erlenwälder fließender Gewässer (Alneten des Alnion glutinoso-incanae Oberd. 53), Weidengebüsche, Erlen- und Birkenbruchwälder stehender Gewässer (Frangulo-Salicion auritae Doing 62, Alnion glutinosae (Malc. 29) Meijer-Drees 36).

Zone IV
Etwa zwischen mittlerem Hochwasser (MHW) und Hochwasser (HW). Hartholz-Auenwälder fließender Gewässer (Ulmion Oberd. 53), Eschen- bzw. Erlen-Eschenwälder fließender Gewässer (Fraxineten des Alnion glutinoso-incanae Oberd. 53), z.T. auch feuchte Stieleichen-Birkenwälder vorwiegend an stehenden Gewässern.

Für Lebendbaumaßnahmen werden kaum Arten der Zone I, sondern fast ausschließlich Pflanzen der Zonen II bis IV verwendet.

2.1 Maßnahmen zum Uferschutz im Bereich der Zone II

2.1.1 Allgemeines

Der Uferschutz wird vorwiegend in den Zonen II und III, aber auch bis zu einem gewissen Grade in der Zone IV vorgenommen. Die Ansiedlung der Zone I bleibt in der Regel der Natur überlassen. Dabei handelt es sich um Lebendbaumaßnahmen, die zum Schutz bestehender oder gerade fertiggestellter Ufer geplant werden.

Wirkungsweise
Die Pflanzen der Zone II sichern das Ufer wie folgt:

a Triebe und Blätter zerteilen im Bereich zwischen Uferboden und Wasseroberfläche die Energie des Wassers und mindern somit Strömung und Wellenschlag.
b Rhizome und Wurzeln festigen den Boden.
c Durch Minderung der Strömungsgeschwindigkeit wird eine verstärkte Sedimentation und somit eine Auflandung erreicht.
d Hinsichtlich der landschaftsökologischen Sekundärwirkungen sei hier nur der Beitrag angedeutet, den die Pflanzen bei der Gewässerreinigung leisten können. Im Stoffhaushalt eines Gewässers, der ein System aus Produzenten (höhere Pflanzen), Konsumenten (Tiere) und Reduzenten (Pilze, Bakterien) darstellt, sind die höheren Pflanzen die Produzenten. Sie verwerten dabei die beim Abbau von organischer Substanz frei werdenden Nährstoffe und liefern einen großen Teil des zum Abbau (Oxydation) notwendigen Sauerstoffes. Eine Reihe Pflanzen ist in der Lage, durch industrielle und häusliche Abwässer verschmutztes Wasser zu reinigen. Die Flechtbinse (Schoenoplectus lacustris) kann z.B. Phenole und Indol aufnehmen und diese Stoffe zur Aminosäure- und Peptidsynthese verwenden. Außerdem vermag sie dem Wasser Schwermetalle zu entziehen und Detergentien abzubauen. Insbesondere auf Grund der Sauerstoffproduktion, aber vermutlich auch auf Grund bakterizider Ausscheidungen, können vor allem Flechtbinse und Wasserminze (Mentha aquatica) Coli-Bakterien zum Absterben bringen (u.a. *K. Seidel*, 1966 u. 1967; *K. Seidel*, *F. Scheffer*, *R. Kickuth* u. *Schlimme*, 1967).

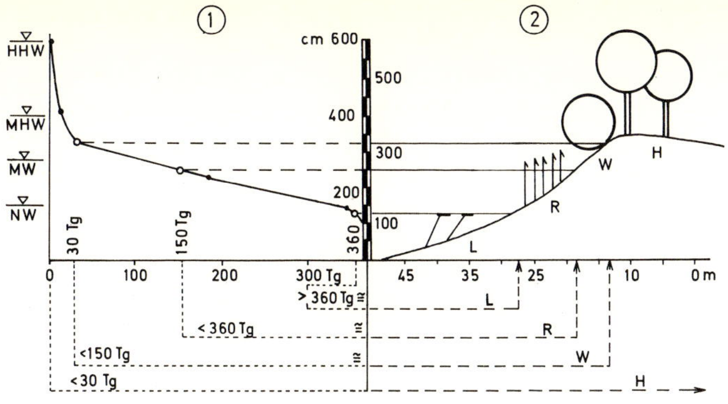

6 Ufervegetationsprofil und Wasserstandsdauerlinie (*E. Bittmann*, 1965). 1 = Wasserstandsdauerlinie, 2 = Ufervegetationsprofil.

Im ersten Jahr nach der Pflanzung übt der Röhrichtgürtel den Uferschutz nur unvollständig aus. Die volle Wirksamkeit wird im allgemeinen erst nach 2 bis 3 Vegetationsperioden erreicht.

Bestandsziel und Ansiedlungshöhe

Die der derzeitigen Standortqualität der Zone II entsprechenden höchstentwickelten Pflanzengesellschaften sind meist Röhrichte und Großseggen-Sümpfe (Abschn. 2). Diese Gesellschaften sind daher als Bestandsziel anzustreben. Bei der Erfassung der Standortqualität ist die Ermittlung der Ansiedlungshöhe der Zone II für die erfolgreiche Planung und Durchführung des Lebendbaues von entscheidender Bedeutung. Ihre Bestimmung wirft jedoch Probleme auf, da die mit den Ansiedlungshöhen in enger Beziehung stehenden Wasserstandsverhältnisse von Gewässer zu Gewässer sehr verschieden sein können. Die natürliche Ansiedlungshöhe der Zone II steht in engem Zusammenhang mit ihrer Überschwemmungsdauer. Sie befindet sich nach *E. Bittmann* (1965) mehr als 150 Tage unter Wasser [Abb. 6].

Zum Zwecke der Ansiedlung der Vegetationszonen II bis IV können mit Hilfe der Wasserstandsdauerlinie und der Wasserstandsganglinie diejenigen Höhen verhältnismäßig genau berechnet werden, die den günstigen Überschwemmungszeiten der einzelnen Vegetationszonen entsprechen (*E. Bittmann*, 1965; *U. Schlüter*, 1968a). Die Wasserstandsganglinie gibt den Ablauf der Wasserstände innerhalb eines bestimmten Zeitraumes wieder [Abb. 7]. Die Wasserstandsdauerlinie wird entweder aus der Ganglinie durch Ordnen der Wasserstände nach ihrer Höhe oder durch Summierung der Wasserstandshäufigkeiten ermittelt. Aus ihr ist ersichtlich, wie oft in einer bestimmten Zeit irgendein Wasserstand aufgetreten ist [Abb. 6]. Um aus diesen Linien einigermaßen repräsentative Aussagen für die Ansiedlungshöhen ableiten zu können, müssen die Linien auf mehrjährigen, z. B. 20- bis 40jährigen Pegelmessungen basieren. Da derartige langjährige umfassende Messungen oft nicht vorliegen, ist der Landschaftspfleger nicht selten gezwungen, die Ansiedlungshöhen mehr oder weniger empirisch festzulegen.

Bei Lebendbaumaßnahmen an nicht auszubauenden Gewässern kann die Ansiedlungshöhe für Röhricht und Seggen manchmal an Hand vorhandener benachbarter Bestände recht genau bestimmt werden. Für Lebendbaumaßnahmen vor allem in Verbindung mit Gewässerausbauprojekten, bei denen nicht auf Beobachtungen bestehender Röhrichte und Seggenriede zurückgegriffen werden kann, bildet die Sommermittelwasser-Linie (SoMW-Linie) diejenige Höhe, an der sich die Ansiedlung zu orientieren hat (Abschn. 2.1.2). Das Sommermittelwasser ist ein theoretischer, auf statistischen Berechnungen basierender Wasserstand, der in den Gewässern nicht allzuoft erreicht wird. Bei der Bauausführung ist daher nicht der augenblickliche Wasserstand zu Grunde zu legen, sondern es sollte die SoMW-Linie abgesteckt werden. Nur dann kann die von *E. Bittmann* angegebene Überschwemmungszeit von 150 Tagen mit einiger Wahrscheinlichkeit eingehalten werden. Zumindest bietet dann die Ansiedlungshöhe den lebenden Baustoffen für einen begrenzten Zeitraum Lebensbedingungen und ermöglicht somit ihre natürliche Ausdehnung in Richtung der für sie am günstigsten Wasserstände.

Böschungsausbildung und -befestigung

Eine wesentliche Voraussetzung für Lebendbaumaßnahmen an Gewässern ist die richtige Ausbildung und Befestigung der Böschungen. Dies trifft sowohl für die Zone II als auch für die übrigen Zonen zu.

Die Böschungen sollten flach und möglichst nicht steiler als 1:2 sein. Je flacher die Ufer sind, desto größer ist die Breite, die den einzelnen Vegetationszonen zur Verfügung steht [Abb. 8]. Für den Aufbau eines Röhrichtgürtels hat es sich bewährt, Bermen anzulegen, die je nach Wasserstandsverhältnissen etwa 30 bis 60 cm unter SoMW liegen sollten. Hier kann ein wasserseitiger, etwas über die SoMW-Linie hinausragender Steinwall vor allem an schiffbaren Gewässern die Röhrichtbestände vor Wellenschlag schützen [Abb. 9]. Böschungen werden nicht selten bis zur Höhe der SoMW-Linie und bei Bedarf auch darüber mit toten Baustoffen gesichert. Aus den derartigen zahlreichen Bauweisen seien hier einige herausgegriffen, die sich besonders für eine Kombination mit Pflanzen der Zone II eignen:

a Steinwurf

Unbearbeitete gedrungene Steine werden längs der Böschung manuell oder maschinell eingeworfen. Der Steinwurf wird vor allem in stark strömenden, tiefen Gewässern angewandt.

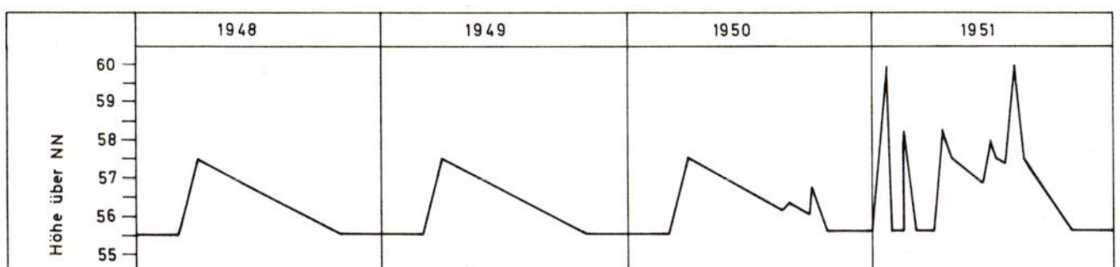

7 Berechnete Wasserstandsganglinie für das Rückhaltebecken Fahle Heide; Ausschnitt (*U. Schlüter*, 1968).

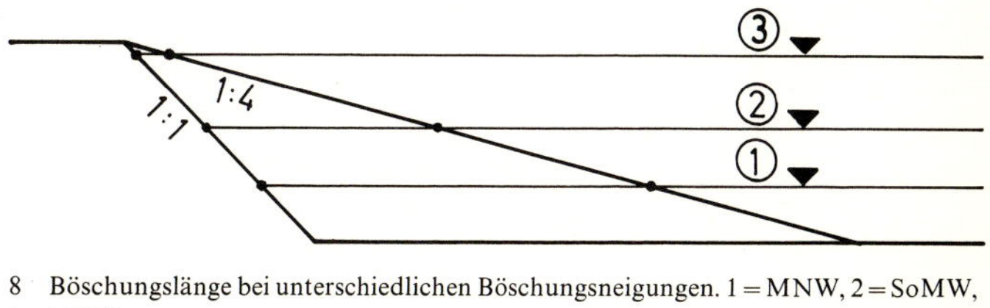

8 Böschungslänge bei unterschiedlichen Böschungsneigungen. 1 = MNW, 2 = SoMW, 3 = MHW.

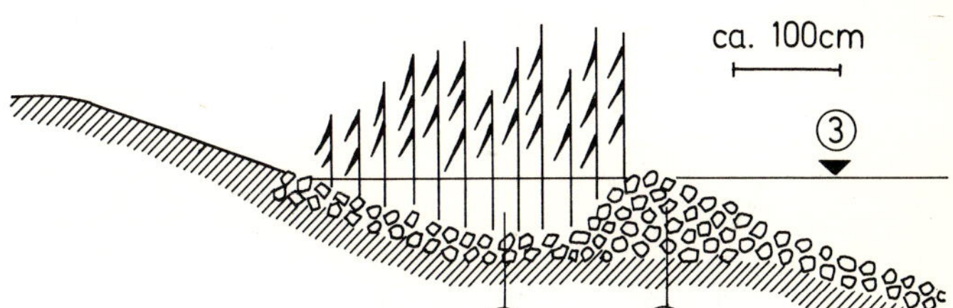

9 Röhrichtberme. 1 = Röhrichtberme, 2 = Steinwall, 3 = SoMW.

b Steinschüttung
Unbearbeitete Steine werden flächig auf die Sohle und die Böschung geschüttet. Die Steinschüttung wird insbesondere an flachen Böschungen vorgenommen.

c Steinsatz
Unbearbeitete Steine werden mauerwerkartig aufgesetzt. Der Steinsatz ist in erster Linie für Böschungsfüße und steile Böschungen geeignet.

d Rauhpflaster
Lagerhafte Bruch- und Spaltsteine von etwa 15 bis 60 cm Dicke werden im Verband gesetzt. Sie sind nur soweit zu behauen, wie es für die Herstellung des Verbandes notwendig ist. Bei feinkörnigen erosionsgefährdeten Böschungen ist eine wasserabweisende, 10 bis 20 cm starke Unterlage aus Grobkies, Grobsplitt, Schotter oder Schlacke erforderlich. Das Rauhpflaster ist die übliche Art der Sohlen- und Böschungsbefestigung beim profilmäßigen Ausbau der Gewässer.

e Drahtsenkwalze
Drahtgeflecht wird mit Steinen oder Grobkies gefüllt und mit Draht zu einem walzenförmigen Körper verflochten. Die Walzen können in beliebiger Länge und mit einem Durchmesser bis zu 100 cm hergestellt werden. Mit Drahtsenkwalzen werden vor allem Böschungsfüße gesichert.

f Steinmatte
Sie besteht aus einer flächigen, etwa 20 cm starken Steinlage, die durch Maschendrahtgeflecht zusammengehalten wird. Steinmatten werden zur flächigen Sicherung von Böschungen und Sohlen verwendet.

Diese Befestigungsarten behindern in der Regel die Entwicklung der Pflanzen wenig, sofern Tot- und Lebendbaumaßnahmen hinsichtlich Wahl der Bauweise und Baustoffe rechtzeitig aufeinander abgestimmt werden. Die kombinierten Bauwerke sind dann im Gegenteil sehr wirksam, da sich meistens Tot- und Lebendbaumaßnahmen in ihren Aufgaben ergänzen.

2.1.2 Lebendbaumaßnahmen

Ballenbesatz (Ballenpflanzung)
Lebende Baustoffe
In erster Linie Ballen, Soden, Stücke der Sumpfsegge (Carex acutiformis), Schlanksegge (Carex gracilis), Wasserschwaden (Glyceria maxima), Rohrglanzgras (Phalaris arundinacea), Schilf (Phragmites communis), Teichbinse (Schoenoplectus lacustris = Scirpus lacustris), Schmalblättriger Rohrkolben (Typha angustifolia), Breitblättriger Rohrkolben (Typha latifolia).

Bauweise [Abb. 10 u. 11]
Aus vorhandenen Röhrichten oder Seggenbeständen werden rechtwinklige, quadratische oder abgerundete Stücke, Soden oder Ballen mit einem Durchmesser und einer Stärke bis zu max. rd. 30 cm manuell oder maschinell gewonnen. Beim Transport zur Baustelle sind Beschädigungen der jungen Halmspitzen zu vermeiden. Die Ballen werden je nach Menge des zur Verfügung stehenden Pflanzgutes dicht an dicht oder bis zu einem Abstand von etwa 50 cm an dem zu sichernden Ufer in Gräben oder einzelne Vertiefungen eingesetzt. Während die Ballen von Schilf, Teichbinse, Wasserschwaden und Rohrkolben mit ihrer Oberkante eben unter der Sommermittelwasserlinie liegen sollten, sind die Ballen der Seggen und des Rohrglanzgrases etwas oberhalb SoMW zu setzen.

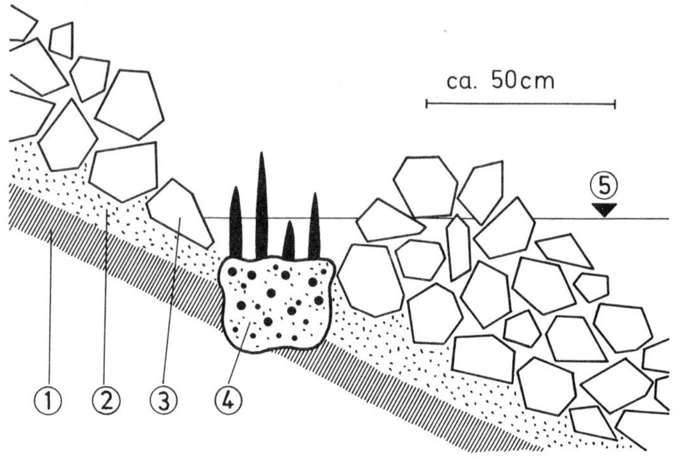

10 Ballenbesatz. 1 = Uferboden, 2 = Kies, 3 = Steinschüttung, 4 = Schilfballen, 5 = SoMW.

Der Ballenbesatz kann nicht nur an unbefestigten Ufern ausgeführt, sondern auch mit Totbauweisen zur Ufersicherung, wie insbesondere mit den verschiedenen Arten von Steinschüttungen kombiniert werden. Mit Ausnahme von Wasserschwaden, über dessen diesbezügliche Verwendungsmöglichkeiten m.W. noch keine Erfahrungen vorliegen, können alle o.a. Pflanzenarten bei dieser kombinierten Ufersicherung Verwendung finden. Hierbei ist zu beachten, daß die Ballen nicht auf die Steine gesetzt werden dürfen, sondern Kontakt mit dem Uferboden erhalten müssen. Es ist daher günstig, die Schüttung vor dem Setzen der Ballen soweit fortzuräumen, daß ein schmaler Graben entsteht, und dann die Ballen in diesen Graben einzubringen. Um den Austrieb nicht zu sehr zu behindern, sollten die Ballen anschließend nicht vollständig mit Steinen abgedeckt, sondern nur leicht mit einzelnen Steinen beschwert werden. Das überschüssige Schüttmaterial kann zur Anlage eines kleinen, etwas über die SoMW-Linie hinausragenden Walles benutzt werden, der die Pflanzen vor Wellenschlag schützt. Die günstigste Ansiedlungszeit liegt bei allen Arten vor dem Austrieb im Frühjahr nach dem Zurückgehen der Frühjahrshochwässer, also ungefähr zwischen Anfang März und Mitte April.

Anwendungsbereich
Das Setzen von Ballen ist in erster Linie eine Methode zur Ansiedlung der Röhricht- und Seggenarten. Es ist keine Baumaßnahme, mit der sofort ein besonders guter Schutz erzielt werden kann, wie z.B. mit einer Spreitlage. Der Ballenbesatz wird in der Regel frühestens nach zwei Vegetationsperioden voll wirksam, wenn sich geschlossene Röhricht- oder Seggenbestände entwickelt haben. Aus diesem Grunde ist sein Anwendungsbereich nicht auf besondere Stellen am Ufer beschränkt. Mit Ausnahme sehr stark gefährdeter Ufer (s. Röhrichtwalze) kann er überall dort ausgeführt werden, wo Röhricht oder Seggen angesiedelt werden sollen. Um die Transportkosten möglichst gering zu halten, sollte auf den Ballenbesatz vor allem dort zurückgegriffen werden, wo Altbestände zur Gewinnung der Ballen in der Nähe sind.

An nicht schiffbaren Wasserläufen sind Röhrichte besonders an den dem Angriff des Wassers ausgesetzten Prallufern anzusiedeln. Gleitufer sollten freigehalten werden, da Gefahr besteht, daß Sedimentation und Auflandung zu schnell fortschreiten, der Stromstrich dadurch zu sehr an das ohnehin schon gefährdete gegenüber liegende Prallufer verlagert und dieses noch stärker angegriffen wird. Schiffbare Wasserläufe und Kanäle sollten dagegen beidseitig einen durch-

11 Schilfballen

gehenden Röhricht- oder Seggengürtel erhalten, um die Ufer vor dem stark erodierenden Wellenschlag der Schiffe zu schützen. Sofern an stehenden Gewässern nur stellenweise ein Röhricht- oder Seggengürtel aufgebaut werden soll, ist die Ansiedlung an dem durch Westwinde besonders gefährdeten Ostufer zu empfehlen.

Bei der Schaffung eines Röhrichtgürtels sind im allgemeinen als Hauptbestandsbildner Wasserschwaden, Rohrglanzgras, Schilf oder Teichbinsen einzubringen, während Ballen der Rohrkolben meist nur zur Bereicherung der Bestände horstweise gesetzt werden. Außerdem ist bei der Planung von Röhricht- oder Seggenbeständen zu beachten, daß die o.a. Pflanzenarten Lichtpflanzen sind. Sie können sich daher an besonnten Ufern, wie z.B. an Süd- und Westufern sehr ausdehnen, während Beschattung, z.B. durch Gehölzpflanzungen, ihr Wachstum stark herabsetzen kann. Durch planerische Berücksichtigung dieser Sachverhalte ist es möglich, die zukünftige Ausdehnung des Röhricht- oder Seggengürtels von vornherein bis zu einem gewissen Grade zu beeinflussen.

Literatur

E. Bittmann (1953, 1965 u. 1969)

Rhizombesatz (Rhizompflanzung)

Lebende Baustoffe

Durch Rhizombesatz können die Seggen (Carex acutiformis, C. gracilis), Wasserschwaden (Glyceria maxima), Rohrglanzgras (Phalaris arundinacea), Schilf (Phragmites communis), Teichbinse (Schoenoplectus lacustris) und die Rohrkolben (Typha angustifolia, T. latifolia) eingebracht werden. In der Praxis werden jedoch vor allem Schilf und Teichbinse auf diese Weise angesiedelt.

Bauweise [Abb. 12 u. 13]

Die waagerecht wachsenden Rhizome werden manuell oder maschinell, z.B. mit einem Greifer, in Röhrichtbeständen gewonnen und vom anhaftenden Boden getrennt. Sie müssen mindestens aus einem unverletzten Internodium (Rhizomstück mit zwei Knoten) bestehen, da andernfalls Fäulnis auftreten kann. Die Rhizome werden unsortiert in ca. 20 bis 30 cm tiefe Gräben gelegt, die anschließend wieder mit Boden, Sand oder Kies verfüllt werden. Aus Gründen einer ausreichenden Sauerstoffversorgung dürfte es zweckmäßig sein, die Gräben so anzulegen, daß ihre Sohle nicht zu tief, sondern etwa in Höhe der SoMW-Linie liegt.

Auch die Rhizompflanzung kann an unbefestigten Ufern und in Verbindung mit Steinschüttung vorgenommen werden. Bei der Kombination mit Steinschüttung ist es vorteilhaft, die mit Boden verfüllten Gräben gar nicht oder nur mit einzelnen Steinen zum Schutz vor Erosion abzudecken und aus dem überschüssigen Steinmaterial einen kleinen wasserseitigen Schutzwall gegen Strömung und Wellenschlag zu errichten.

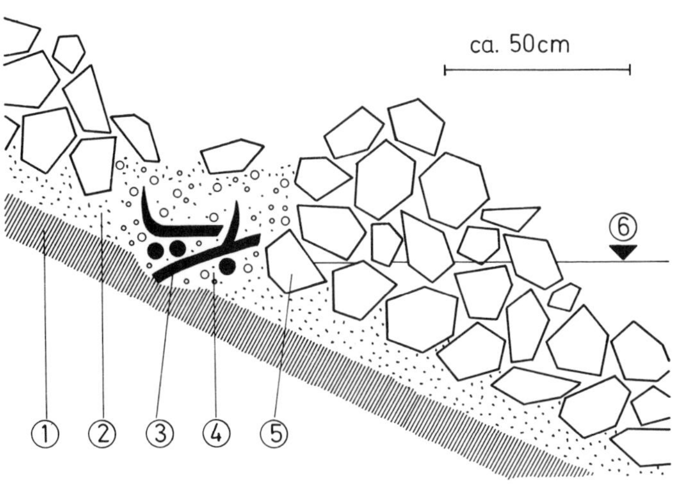

12 Rhizombesatz. 1 = Uferboden, 2 = Kies, 3 = Rhizome, 4 = Füllboden, 5 = Steinschüttung, 6 = SoMW.

13 Teichbinsenrhizom

Die Rhizome werden wie die Ballen am günstigsten zu Beginn des Wachstums, also etwa im März/April eingebracht.

Anwendungsbereich
Da durch den Rhizombesatz zunächst ein noch geringerer Uferschutz als durch den Ballenbesatz erreicht wird, ist diese Bauweise besonders für stehende oder langsam fließende Gewässer geeignet. Im übrigen s. »Ballenbesatz«.

Literatur
E. Bittmann (1953, 1965 u. 1969)

Sprößlingsbesatz (Sprößlingspflanzung)
Lebende Baustoffe
In erster Linie Sprößlinge von Schilf (Phragmites communis) und Teichbinse (Schoenoplectus lacustris).

Bauweise [Abb. 14 u. 15]
Der Sprößlingsbesatz kann als eine Variante des Rhizombesatzes aufgefaßt werden.

Die jungen, senkrecht wachsenden Halmsprosse werden am besten in Handarbeit mit Grabegabeln gewonnen und in Abständen von etwa 20 bis 50 cm senkrecht oder schräg eingesetzt. Dabei sollte der obere Teil des Sprößlings die SoMW-Linie, und die oberste Triebspitze etwas die Bodenoberfläche überragen.

An unbefestigten Ufern aus Feinsand oder Schlamm werden die Halmsprößlinge mit der Hand gesteckt. Bei festerem Substrat werden vorher mit dem Spaten Pflanzspalten oder mit dem Pflanzeisen Pflanzlöcher in den Boden gestoßen. Wird die Sprößlingspflanzung in Steinschüttungen vorgenommen, so ist die Anlage eines durchgehenden Pflanzgrabens erforderlich. Er wird vor dem Stecken mit Sand, Schlamm oder anderem Boden gefüllt. Das auf diese Weise anfallende Steinmaterial sollte wiederum für den Bau eines niedrigen wasserseitigen Schutzwalles verwendet werden. Die Grabenoberfläche kann durch einzelne Steine abgedeckt werden.

Die günstigste Pflanzzeit liegt im März/April, wenn das Halmwachstum gerade eingesetzt hat und die Frühjahrshochwässer abgeklungen sind.

Anwendungsbereich
Siehe »Rhizombesatz«

Literatur
E. Bittmann (1953, 1965 u. 1969)

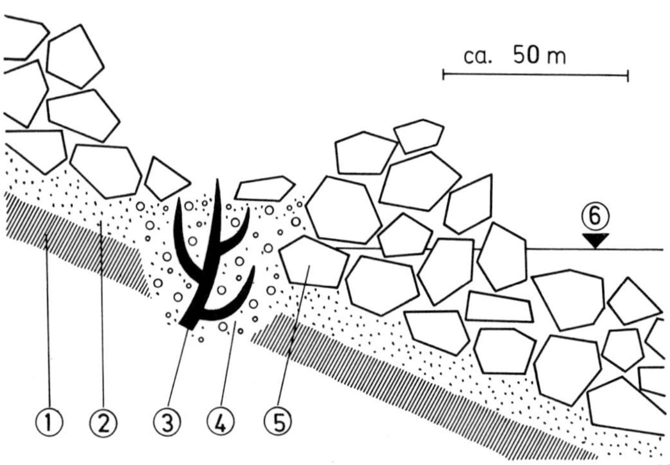

14 Sprößlingsbesatz. 1 = Uferboden, 2 = Kies, 3 = Sprößling, 4 = Füllboden, 5 = Steinschüttung, 6 = SoMW.

Halmstecklingsbesatz (Halmpflanzung)
Lebende Baustoffe
Der Halmstecklingsbesatz wird z.Z. nur mit Schilf (Phragmites communis) ausgeführt, obwohl sich auch Wasserschwaden (Glyceria maxima) und Rohrglanzgras (Phalaris arundinacea) auf diese Weise ansiedeln lassen, wie Versuche von *H. J. Dahl* und eigene Untersuchungen bestätigten.

Bauweise [Abb. 16–18]
Die Bauweise basiert auf der Fähigkeit einiger Röhrichtarten, an den Halmknoten Adventivwurzeln zu bilden.

Auf der Landseite vorhandener Röhrichte werden junge, blattarme (maximal 5 Blätter), kräftige, ungefähr 80 bis 120 cm lange Halme dicht unter der Bodenoberfläche abgestochen. Um Austrocknung und Beschädigung der empfindlichen Halme zu vermeiden, werden sie gebündelt und abgedeckt zur Baustelle transportiert. Dort werden sie einreihig oder in mehreren Reihen zu 3 bis 5 Stück im Abstand von etwa 25 bis 50 cm mit einem Pflanzeisen oder dem von *E. Bittmann* entwickelten Schilfrohrpflanzer bis zu ihrer halben Länge in den Boden gesteckt. Vor allem an schiffbaren Gewässern hat es sich als günstig erwiesen, die Halme nicht senkrecht, sondern schräg einzubringen, so daß sie fast auf der Uferböschung aufliegen.

15 Schilfsprößlinge

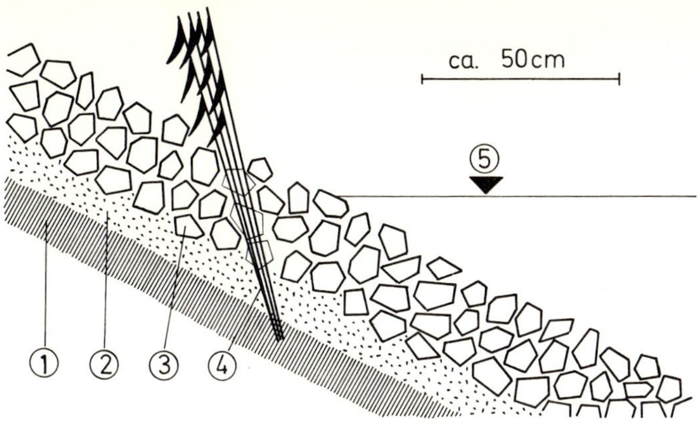

16 Leichte Steinschüttung mit Halmstecklingsbesatz. 1 = Uferboden, 2 = Kies, 3 = Steinschüttung, 4 = Halmstecklinge, 5 = SoMW.

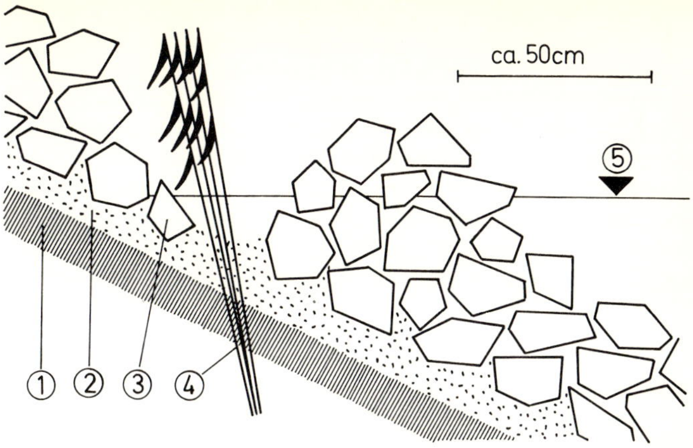

17 Schwere Steinschüttung mit Halmstecklingsbesatz. 1 = Uferboden, 2 = Kies, 3 = Steinschüttung, 4 = Halmstecklinge, 5 = SoMW.

Durch diese Maßnahme wird einmal die Gefahr des Abknickens der Halme durch Wellenschlag und Wind gemindert. Zum anderen werden Trieb- und Adventivwurzelbildung gefördert. Die Halme werden in knöcheltiefes Wasser, bzw. etwa 10 bis 15 cm unter der SoMW-Linie eingebracht. Der Halmstecklingsbesatz kann an unbefestigten und durch Steinschüttung befestigten Ufern ausgeführt werden. An Ufern mit leichten Steinschüttungen kann durch die Schüttung hindurch in den Uferboden gesteckt werden [Abb. 16]. Bei schweren Deckwerken ist es notwendig, die Halme in einen mit Feinkies, Sand oder Boden gefüllten Graben zu stecken [Abb. 17]. In beiden Fällen sollte zweckmäßigerweise ein wasserseitiger Schutzwall geschaffen werden.

Die Zeit, in der der Halmstecklingsbesatz ausgeführt werden kann, ist nur kurz und reicht von etwa Anfang Mai bis Mitte Juni.

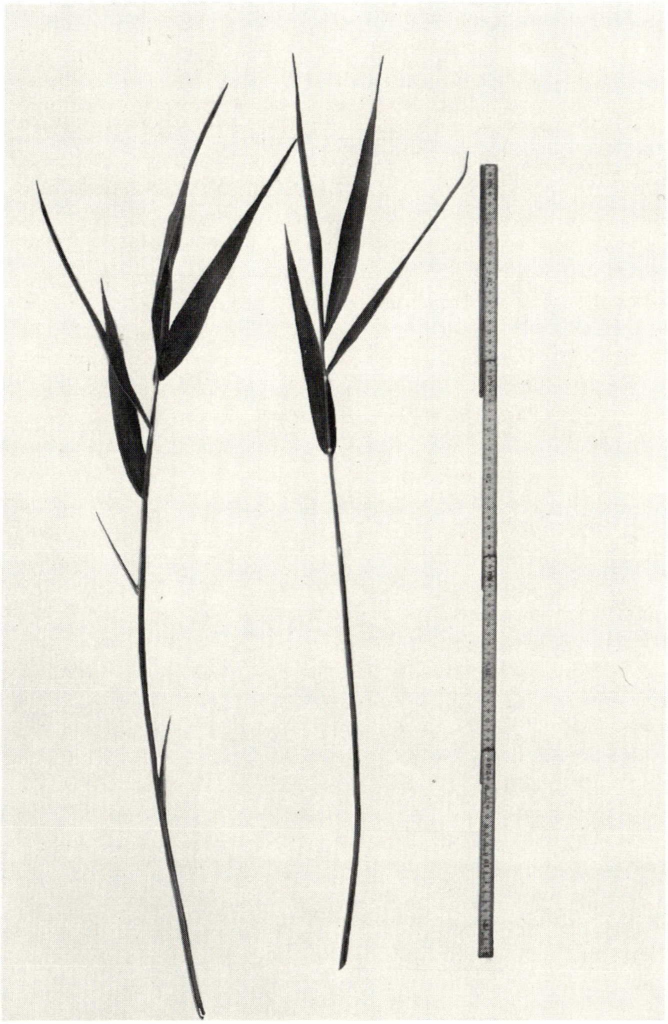

18 Schilf-Halmstecklinge

Anwendungsbereich
In erster Linie wie »Rhizombesatz«

Literatur
E. Bittmann (1953, 1965 u. 1969); *H. J. Dahl* (vorauss. 1972)

Waagerechter Halmstecklingsbesatz (waagerechte Halmpflanzung)
Lebende Baustoffe
Halme von Schilf (Phragmites communis).

Bauweise [Abb. 19]
Bis zu rd. 200 cm lange Halme werden senkrecht zur Uferlinie waagerecht oder leicht schräggeneigt eingegraben. Dabei sollten die Halme in feinkörnigen Substraten etwa 10 bis 20 cm und in grobkörnigen bis ungefähr 30 cm unter der Bodenoberfläche liegen. Die Halmspitzen müssen mit mindestens 3 bis 4 Blättern aus dem Boden herausragen. Aus Gründen einer ausreichenden Wasserversorgung sollten die Halmenden etwas unterhalb SoMW liegen.

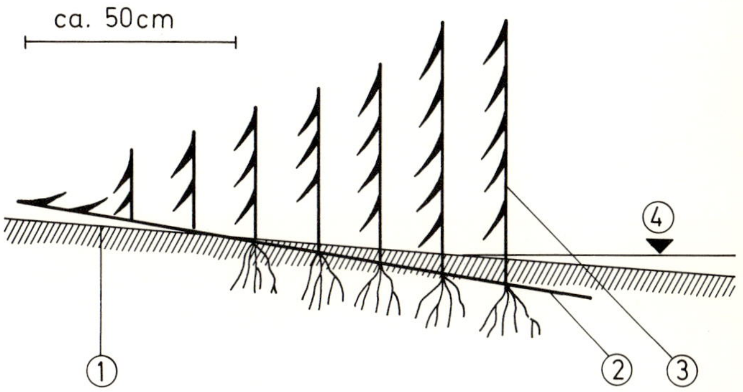

19 Waagerechter Halmstecklingsbesatz (*E. Bittmann*, 1953). 1 = Uferboden, 2 = eingelegter Halm, 3 = Tochterhalme, 4 = SoMW.

Anwendungsbereich

Die Halme bewurzeln sich schnell und entwickeln in kurzer Zeit eine größere Anzahl Tochterhalme. Sie gewährleisten jedoch zunächst nach dem Einlegen keinen besonders guten Uferschutz. Der waagerechte Halmstecklingsbesatz ist daher in erster Linie eine Bauweise, um mit relativ geringem Materialaufwand in kurzer Zeit auf ausgedehnteren Flächen Röhrichtbestände zu schaffen. Er dürfte aus diesen Gründen vor allem dann anzuwenden sein, wenn größere, zeitweise trockenfallende Schadstellen mit flachen Ufern schnell eine geschlossene Röhrichtdecke erhalten sollen.

Literatur

E. Bittmann (1953)

Röhrichtwalze

Lebende Baustoffe

In erster Linie Ballen von Schilf (Phragmites communis), Teichbinse (Schoenoplectus lacustris), Wasserschwaden (Glyceria maxima).

Bauweise [Abb. 20]

In Höhe der SoMW-Linie werden etwa 100 cm lange Pfähle im Abstand von 100 bis 150 cm so tief eingeschlagen, daß sie noch ungefähr 20 bis 30 cm über den Wasserspiegel hinausragen. Hinter der Pfahlreihe wird ein rd. 40 cm tiefer und breiter Graben ausgehoben, an dessen Seiten Bretter aufgestellt werden. Zwischen den Brettern wird Maschendraht ausgerollt und mit Grobkies oder Schilfsodenresten gefüllt. Bei Verwendung einer Reisigunterlage auf dem Maschendraht kann auch Grabenaushub eingebracht werden. Das Füllmaterial wird anschließend so weit mit Röhrichtballen bedeckt, daß sich die Maschendrahtseiten mittels Draht straff miteinander verbinden lassen. Nach ihrer Fertigstellung soll die Röhrichtwalze etwa 5 bis 7 cm aus dem Wasser herausragen. Die Bretter werden dann herausgenommen, verbliebene seitliche Lücken durch Boden oder Röhrichtballen beseitigt, und die Pfähle bis in Höhe der Walzenoberfläche eingeschlagen. Die günstigste Bauzeit liegt im Frühjahr, im März/April.

Anwendungsbereich

Im Gegensatz zum Ballen-, Rhizom-, Sprößlings- und Halmstecklingsbesatz stellt die Verwendung der Röhrichtwalze eine Lebendbaumaßnahme dar, die das Ufer in Höhe der SoMW-Linie recht gut gegen Strömung und Wellenschlag schützt. Röhrichtwalzen werden daher vorwiegend an begrenzten gefährdeten Uferabschnitten eingebracht, z. B. an schnell fließenden oder schiffbaren Gewässern.

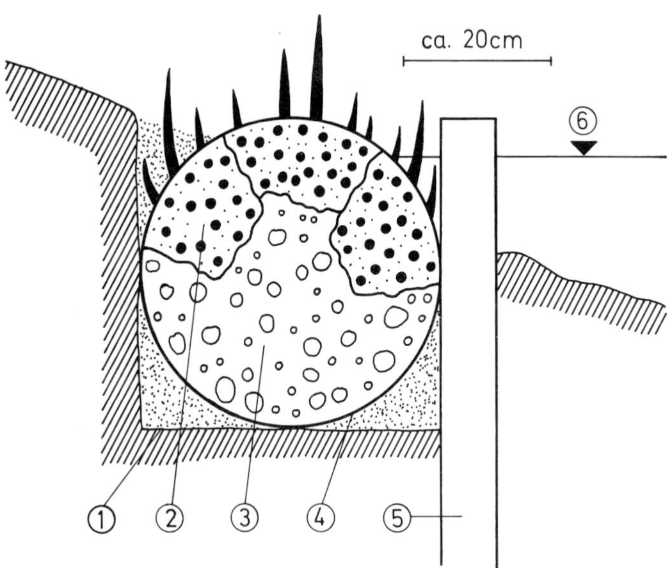

20 Röhrichtwalze. 1 = Uferboden, 2 = Röhrichtballen, 3 = Grobkies, 4 = Maschendraht, 5 = Pfahl, 6 = SoMW.

Literatur

Deutsche Normen DIN 19657 (1963)

Ansaat

Lebende Baustoffe

Saatgut von Schilf (Phragmites communis) und Rohrglanzgras (Phalaris arundinacea).

Bauweise

Die Methode, Schilfbestände durch Saat aufzubauen, hat sich nur teilweise bewährt. Der Erfolg der Ansaat hängt primär vom Samengehalt der Rispen und der Keimfähigkeit des Saatgutes ab. Beides kann sowohl von Schilfbestand zu Schilfbestand als auch innerhalb desselben Bestandes von Jahr zu Jahr sehr unterschiedlich sein. Ansaaten sollten daher nur vorgenommen werden, wenn die Prüfung der Rispen einen Samenansatz von mehr als 10% ergeben hat, und wenn eine befriedigende Keimfähigkeit des Saatgutes festgestellt wurde.

Die Rispen werden im Januar/Februar geerntet und an einem luftigen und trockenen Ort gelagert. Die Saat kann auf verschiedene Weise vorgenommen werden:

a Saat in Anzuchtbeeten;
b Saat auf der Baustelle.

Bei der »Saat in Anzuchtbeeten« werden auf Schlick, Ton oder lehmigem Sand Beete angelegt und diese kurz vor der Aussaat umgegraben und leicht gewalzt. Die Saat erfolgt Anfang bis Mitte Mai in Form von Rispen- oder Schüttelsaat. Bei der Rispensaat werden die vollständigen Rispen reihenweise oder flächig ausgelegt und leicht mit der Schaufel angeklopft. Bei der Schüttelsaat werden die Rispen aneinander geschlagen und auf diese Weise die Samen herausgeschüttelt. Die Schüttelsaat hat den Vorteil einer gleichmäßigeren Verteilung des Saatgutes. Sie setzt aber Windstille und einen hohen Samenansatz voraus. Da Schilf ein Lichtkeimer ist, darf das Saatgut nicht mit Erde bedeckt werden. Nach der Ansaat muß ausreichend bewässert werden. Unter günstigen Bedingungen keimt der Samen schon nach 8 bis 10 Tagen. Die Pflege der Jungpflanzen erstreckt sich vor allem auf Unkrautbekämpfung und Bewässerung bei Trockenheit. Im Herbst oder im nächsten Frühjahr nach der Saat werden die Jungpflanzen als Ballen zur Baustelle transportiert und dort gesetzt (s. »Ballenbesatz«).

Bei der »Saat auf der Baustelle« ist die Rispensaat der Schüttelsaat vorzuziehen, da die Rispen im Vergleich zu den einzelnen Scheinfrüchten länger die Feuchtigkeit halten und besser am Boden haften. Die flächig ausgelegten Rispen können zusätzlich mit Maschendraht oder Kunststoffnetzen überdeckt und befestigt werden. Zur Erzielung eines kräftigen Bestandes sollten in den ersten beiden Monaten zu dicht stehende Jungpflanzen auf einen Abstand von etwa 5 bis 10 cm vereinzelt werden. Während der ersten Vegetationsperiode ist vor allem darauf zu achten, daß die Bestände nicht austrocknen.

Die Ansaat von Rohrglanzgras dürfte im großen und ganzen erfolgversprechender als die Ansaat von Schilf sein.

J. Wallner berichtet über gelungene Rohrglanzgrasansaaten am Neckar und an der Mittelweser. Dort wurde Rohrglanzgras mit Erfolg in Steinmatten bzw. Steinschüttungen gesät, die offenbar nicht übererdet waren. Saatgut von Rohrglanzgras ist im Samenhandel erhältlich. Es wird wie Rasen in Anzuchtbeeten oder auf der Baustelle angesät. Bei der »Saat auf der Baustelle« wirkt es sich günstig aus, daß Rohrglanzgras von Natur aus höher gelegene Bereiche der

Röhrichtzone als Schilf besiedelt. Somit ist bei der Ansaat oberhalb des Wasserspiegels die Gefahr des Austrocknens der Jungpflanzen in der ersten Vegetationsperiode geringer als bei Schilf. Obwohl es offenbar möglich ist, Rohrglanzgras in nicht übererdete Steindeckwerke zu säen (s. oben), dürfte eine Abdeckung der Steinsicherungen mit Boden die Erfolgssicherheit der Ansaaten und das Wachstum der lebenden Baustoffe fördern.

Anwendungsbereich
Aus der »Saat in Anzuchtbeeten« gewonnene Ballen können wie die aus Röhrichtbeständen geworbenen verwendet werden (s. »Ballenbesatz«). Die »Saat auf der Baustelle« sollte nur an Gewässern mit sehr geringen oder fehlenden Wasserspiegelschwankungen vorgenommen werden, da hier die Gefahr des Fortschwemmens des Saatgutes gering ist.

Literatur
E. Bittmann (1953, 1965 u. 1969); *J. Wallner* (1965)

2.2 Maßnahmen zum Uferschutz im Bereich der Zone III

2.2.1 Allgemeines

Auch in diesem Bereich werden die Maßnahmen zur Sicherung bestehender oder gerade fertiggestellter Ufer getroffen. Den Schutz übernehmen Gehölzgesellschaften, die zum großen Teil aus Strauchweidenarten bestehen, und Wiesengesellschaften.

Wirkungsweise
Die Pflanzen schützen das Ufer bei Wasserständen über SoMW wie folgt:

a Ruten und Zweige der Weidenarten zerteilen die Energie des Wassers und machen sie somit unschädlich.
b Bei hoher Strömungsgeschwindigkeit werden sie zu Boden gedrückt, bedecken ihn und schützen ihn auf diese Weise.
c Die Wurzeln der Weidenarten durchziehen den Boden und festigen ihn dauerhaft.
d Die Schutzwirkung der Wiesengesellschaften beruht in erster Linie auf der intensiven Durchwurzelung der oberen 5 bis 10 cm des Uferbodens.

Strauchweiden- und Wiesengesellschaften gewähren frühestens nach einer Vegetationsperiode optimalen Uferschutz.

Bestandsziel und Ansiedlungshöhe
Die Zone III läßt sich in einen unteren und einen oberen Bereich untergliedern. Während der untere vorwiegend von den Strauchweidengesellschaften eingenommen wird, schließen sich nach oben in der Regel die Weichholz-Auenwälder oder die Erlen- bzw. Erlen-Birkenwälder an (s. Übersicht in Abschn. 2). Für den Uferschutz durch Lebendbau sind vor allem die Weidengesellschaften wichtig; einmal auf Grund ihrer oben angedeuteten Wirkungen, zum anderen, da sich die Weiden bzw. Teile von ihnen als lebende Baustoffe für eine große Zahl von Lebendbauweisen vielseitig verwenden lassen. Als Bestandsziel werden daher meist die Strauchweidengesellschaften angestrebt und durch verschiedene Bauweisen angesiedelt. Sofern außerdem oberhalb von ihnen die Weichholz-Auenwälder, Erlen- oder Erlen-Birkenwälder aufgebaut werden können, werden diese Gesellschaften vor allem durch Pflanzung begründet. Oft sind an Ufern aus wasserbaulichen oder anderen Gründen keine Gehölzgesellschaften möglich. In diesen Fällen sollten wenig Pflege beanspruchende Wiesen-Ersatzgesellschaften der obigen Gehölzgesellschaften das Bestandsziel darstellen.

Nach *E. Bittmann* (1956) wird die Zone III etwa 30 bis 150 Tage überschwemmt [Abb. 6]. Dies entspricht am Ufer ungefähr einer Höhe zwischen SoMW und MHW. In diesem Bereich sind also die Lebendbaumaßnahmen zu planen. Hinsichtlich der genauen Berechnung der Ansiedlungshöhen an Hand der Wasserstandsdauerlinie und der Ganglinie, sowie der u. U. notwendigen empirischen Festlegung der Ansiedlungshöhen gilt sinngemäß das unter Abschn. 2.1.1 Gesagte. Hier sei noch einmal darauf hingewiesen, daß SoMW und MHW berechnete Wasserstände sind, die an den Gewässern nicht allzu oft auftreten. Bei der Durchführung von Lebendbaumaßnahmen ist daher nicht vom augenblicklichen Wasserstand auszugehen, sondern es sollten die SoMW- und die MHW-Linie abgesteckt werden.

Böschungsausbildung und -befestigung
Hinsichtlich günstiger Möglichkeiten der Ausbildung der Böschungen wird auf die diesbezüglichen Ausführungen in Abschn. 2.1.1 verwiesen. Im Bereich zwischen SoMW und MHW sind die Böschungen entweder unbefestigt oder vorwiegend mit denjenigen Deckwerken aus toten Baustoffen gesichert, die ebenfalls in Abschn. 2.1.1 beschrieben wurden. Letztere eignen sich gut für Kombinationen mit einer Reihe der folgenden Lebendbauweisen, die mit Weidenarten vorgenommen werden.

2.2.2 Lebendbaumaßnahmen

Spreitlage (Spreutlage)
Lebende Baustoffe
Das lebende Material wird nicht selten aus Weidenbeständen in der Nähe der Baustelle gewonnen. Abgesehen von dort vorhandenen bewurzelungsfähigen Hybriden kommen vor allem Ruten der folgenden Arten in Frage: Großblättrige Weide (Salix appendiculata = S. grandifolia), Ohrweide (S. aurita), Grauweide (S. cinerea), Reifweide (S. daphnoides), Lavendelweide (S. eleagnos = S. incana), Glanzweide (S. glabra), Schwarzweide (S. nigricans), Lorbeerweide (S. pentandra), Purpurweide (S. purpurea), Mandelweide (S. triandra), Korbweide (S. viminalis).

Bauweise [Abb. 21 u. 22]
Zunächst wird die für die Spreitlage vorgesehene Böschung planiert. Auf der Fläche werden dann zwei oder mehr Reihen etwa 40 bis 60 cm langer Holzpflöcke bis zu zwei Drittel ihrer Länge in den Boden geschlagen. Der Abstand der Pflöcke in der Reihe richtet sich vor allem nach Böschungsneigung, Boden und Art des Gewässers und liegt etwa zwischen 70 cm und 120 cm. Anzahl und Abstand der Reihen sind von der Länge der Weidenruten und der Zahl der Lagen abhängig. Sie sind so zu wählen, daß die oberen und unteren Rutenenden etwa 20 cm über die Pflockreihen hinausragen. Bei einer Lage Ruten (s. unten) reichen in der Regel zwei Pflockreihen aus, bei mehreren Lagen sind mindestens drei Reihen notwendig. Zwischen die Pflockreihen werden Weidenruten von etwa 100 bis 200 cm Länge dicht an dicht oder in Abständen von maximal 3 bis 5 cm parallel zueinander und senkrecht zur Uferlinie gelegt. Sofern an lebenden Ruten Mangel herrscht, kann ihnen je nach Angriffskraft des Wassers bis zu 75% totes Zweig- und Rutenmaterial beigemischt werden.

Vor allem bei kurzen Weidenruten hat es sich bewährt, zwei oder mehr Lagen an der Böschung übereinander zu legen. In diesem Falle ist darauf zu achten, daß die Rutenspitzen der unteren Lage die Rutenenden der oberen etwa 30 cm überdecken. Letztere sind

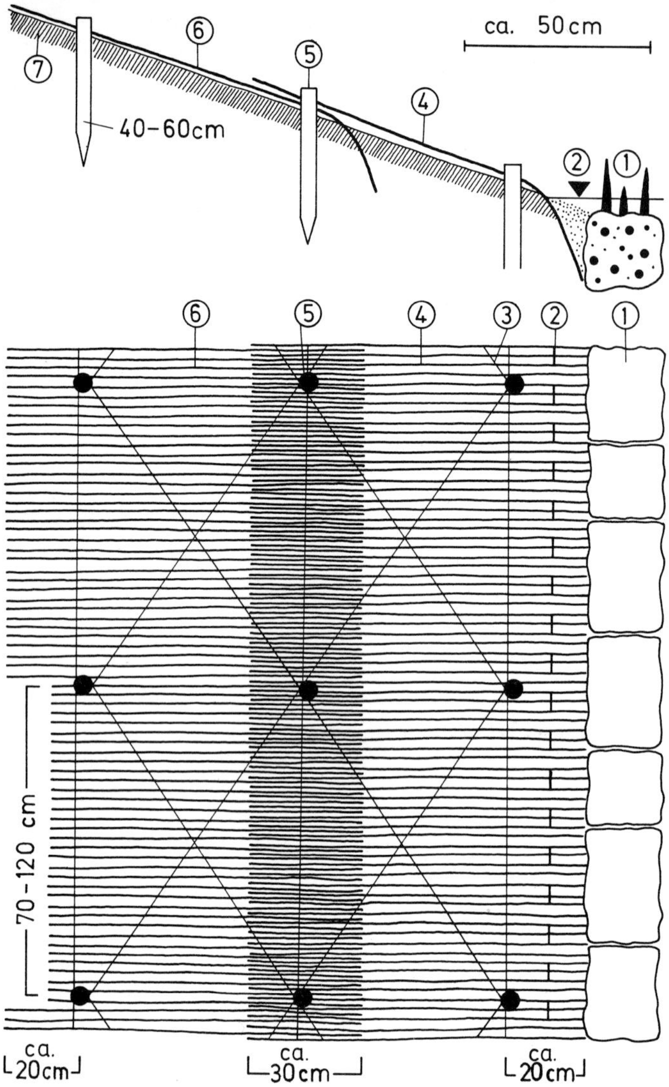

21 Spreitlage. 1 = Röhrichtballen, 2 = SoMW, 3 = Drahtverspannung, 4 = Weidenruten, untere Lage, 5 = Pflöcke, 6 = Weidenruten, obere Lage, 7 = Uferboden.

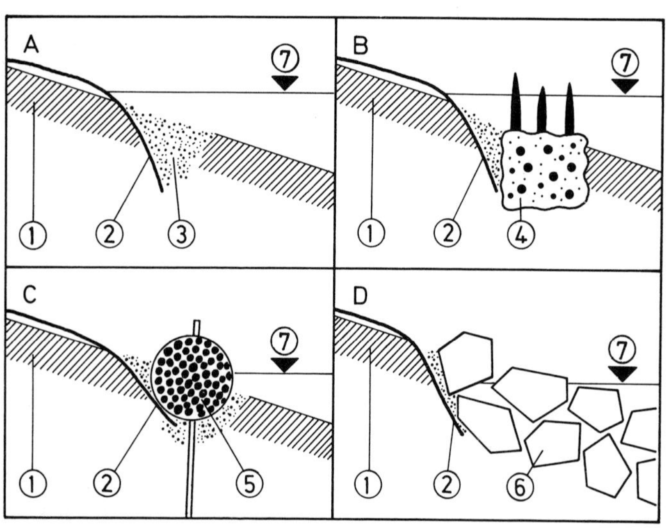

22 Fußsicherungen von Spreitlagen. 1 = Uferboden, 2 = Weidenruten, 3 = Füllboden, 4 = Röhrichtballen, 5 = Faschine, 6 = Steinschüttung, 7 = SoMW.

in den Uferboden zu stecken oder in flache Rinnen zu legen, die anschließend wieder mit Boden verfüllt werden. Die Rutenenden der untersten Lage sollten ca. 30 cm unter SoMW liegen. Ihre Befestigung kann auf verschiedene Weise erfolgen:

a An unbefestigten Ufern werden die Rutenenden in den Boden gesteckt oder in einen flachen Graben gelegt, der anschließend wieder mit Boden verfüllt wird [Abb. 22A]. In diesem Falle können Röhrichtballen eine zusätzliche Sicherung ausüben [Abb. 22B].

b Besonders an unbefestigten Ufern können auch Faschinen oder Drahtsenkwalzen den Fuß der Spreitlage schützen [Abb. 22C].

c Bei Steindeckwerken werden die Rutenenden unter die Steine gelegt [Abb. 22D].

Nach dem Legen der Ruten wird zwischen den Pflöcken parallel und kreuzweise Draht gespannt. Anschließend werden die Pflöcke so tief eingeschlagen, daß die Ruten fest an den Uferboden gedrückt werden. Die Spreitlage ist nach ihrer Fertigstellung mit einer 1 bis 2 cm starken Bodenschicht abzudecken.

An Stelle der Drahtverspannung wurden früher auch niedrige Weiden-Flechtzäune (Zopfgeflechte, Zöpfe) verwendet. Da ihre Herstellung großen Arbeitsaufwand verursacht, und da mit der Drahtverspannung fast der gleiche Effekt erreicht wird, ist diese Methode in der Regel nicht zu empfehlen.

Spreitlagen werden am günstigsten im März/April kurz vor dem Austrieb der Ruten gelegt. Obwohl sich Weidenruten auch bewurzeln, wenn sie im Herbst oder Winter gelegt werden, ist der Bau von Spreitlagen in dieser Zeit nicht vorteilhaft. Es besteht Gefahr, daß Winter- und Frühjahrshochwässer die Bodenabdeckung fortspülen und die noch nicht bewurzelte Spreitlage beschädigen oder gar zerstören. Die Ruten sollten nach Möglichkeit erst kurz vor ihrer Verwendung gewonnen werden.

Nach dem Austrieb wird die oberirdische Schutzwirkung der Spreitlagen nur durch dünne biegsame Ruten erzielt. Spreitlagen sind deshalb regelmäßig dadurch zu verjüngen, daß die Ruten alle 2 bis 3 Jahre bis auf wenige cm über dem Boden maschinell oder manuell zurückgeschnitten werden.

Anwendungsbereich

Der Spreitlagenbau ist nicht nur eine Methode zur Ansiedlung der Weidenarten. Spreitlagen üben sofort nach ihrer Fertigstellung schützende Wirkungen aus, da die dicht nebeneinander liegenden Ruten den Boden bedecken. Sie sind allerdings nur mit verhältnismäßig hohem Arbeits- und Materialaufwand herzustellen. Aus diesen Gründen sollten sie nur an besonders gefährdeten Ufern gelegt werden. Derartige Ufer sind z.B. unter starkem Wasserangriff leidende Prallufer, geschüttete Böschungen, verfüllte Einmündungen von Altarmen sowie Böschungen direkt unterhalb von Staustufen.

Literatur

E. Bittmann (1965 u. 1969); Deutsche Normen DIN 19657 (1963); *E. Kirwald* (1964); *R. Prückner* (1965); Richtlinien für den Lebendverbau an Verkehrswegen (1969); *H. M. Schiechtl* (1969); *U. Schlüter* (1967a u. 1967b).

Steckholzbesatz

Lebende Baustoffe

Steckhölzer der unter »Spreitlage« beschriebenen Weidenarten bzw. an Ort und Stelle vorhandener, bewurzelungsfähiger Hybriden. Außerdem lassen sich die Silberweide (Salix alba) und die Bruchweide (S. fragilis) durch Steckholz vermehren und ansiedeln. Wegen ihres starken Wachstums ist es jedoch ungünstig, größere Flächen mit Steckholz dieser Arten zu besetzen. Sie sollten bestenfalls an wenig gefährdeten Ufern, wo ein regelmäßiger Rückschnitt der Weidenbestände nicht erforderlich ist, mittels dieser Bauweise eingebracht werden. In diesen Fällen sollten die Baumweiden-Steckhölzer einzeln zwischen die Strauchweiden-Steckhölzer gesetzt werden.

Bauweise

Die Steckhölzer werden unter Beachtung der Polarität so tief in den Boden gesteckt, daß etwa 1 bis 4 Augen (Knospen) über der Bodenoberfläche bleiben. Der Abstand der Steckhölzer beträgt etwa 30 bis 50 cm. Es kann im Dreiecks- oder im Viereckverband gesteckt werden. In dichten und steinigen Böden müssen mit Eisenstäben Löcher vorgebohrt, und nach dem Einsetzen der Steckhölzer vorhandene Hohlräume durch seitliches Andrücken oder durch Auffüllen mit Boden beseitigt werden. In leichten weichen Böden kann dagegen sofort gesteckt werden, ohne Löcher vorzubohren. Beim Steckholzbesatz können mehrere Varianten unterschieden werden, deren wichtigste nachstehend behandelt werden.

Beim Steckholzbesatz ungeschützter Ufer werden die Steckhölzer in die vegetationslose, unbefestigte Böschung gesteckt. Da der ungesicherte Boden leicht der Wassererosion unterliegt, sollte diese Methode nur im Frühjahr, im März/April nach dem Zurückgehen der Winter- und Frühjahrshochwässer, angewandt werden. Hierdurch wird erreicht, daß die Steckhölzer bis zum Einsetzen der Sommerhochwässer, die meistens im Juni/Juli zu erwarten sind, ausreichend Triebe und Adventivwurzeln gebildet haben und somit dann den Uferboden schützen.

Der Netzbelag mit Steckholzbesatz wird wie folgt durchgeführt: Auf das zu sichernde Ufer werden in einem Bereich, der unterhalb der SoMW-Linie beginnt und etwas oberhalb der MHW-Linie endet, Netze aus Kunststoff, Pflanzenfasern oder anderem Material ausgelegt und durch Pflöcke befestigt. Der Fuß kann durch Faschinen, Drahtsenkwalzen, Steine usw. zusätzlich gesichert werden. Die Maschenweite der Netze sollte etwa zwischen 3 und 5 cm liegen. Anschließend werden oberhalb SoMW die Steckhölzer durch die Maschen in den Uferboden gesteckt. Da die Netze den Uferboden nur mäßig vor Wassererosion schützen, sollte diese Methode ebenfalls nur im März/April angewendet werden.

Bei Reisiglagen mit Steckholzbesatz ist am Ufer der Bereich, der unterhalb der SoMW-Linie beginnt und in Höhe der MHW-Linie endet, einige cm stark mit nicht bewurzelungsfähigem Reisig abzudecken. Die Reisiglage wird durch Drahtverspannung vor dem Abschwemmen gesichert (s. »Spreitlage«). Der Fuß kann durch Faschinen, Drahtsenkwalzen, Steine usw. geschützt werden. Die Steckhölzer werden oberhalb SoMW durch die Reisiglage so tief in den Boden gesteckt, daß 1 bis 2 Augen über das Reisig hinausragen. Da Reisiglagen den Boden sehr gut sichern, ist diese Variante nicht nur im Frühjahr, sondern auch im Herbst und im Winter ausführbar. In den beiden letzteren Fällen können die Steckhölzer einmal sofort nach Fertigstellung der Reisiglagen eingebracht werden. Zum anderen ist es aber auch möglich, die Steckhölzer erst im darauffolgenden Frühjahr zu stecken.

Steinschüttungen mit Steckholzbesatz können dort angewendet werden, wo Steinschüttungen oberhalb SoMW vorgenommen wurden. Bei übererdeten Steinschüttungen werden die Steckhölzer so weit in den Boden gesteckt, daß ihre Basis einige cm in den unter der Schüttung liegenden Uferboden hineinragt. Die Übererdung wird zweckmäßigerweise nach dem Einbringen der Steckhölzer vorgenommen. Bei nicht übererdeten Steinschüttungen müssen die Steckhölzer mindestens bis zur Hälfte ihrer Länge im Uferboden stehen. In diesen Fällen ist also vor allem auf eine ausreichende Länge der Steckhölzer bzw. der Setzpflöcke zu achten. Bei beiden Methoden sind die Löcher mit Eisenstäben vorzubohren. Infolge des guten Bodenschutzes durch die Steinschüttung kann zu allen Zeiten gesteckt werden, in denen sich die Steckhölzer bewurzeln [Abb. 23].

Natursteinpflaster mit Steckholzbesatz können den im Vergleich zu den übrigen Steckholz-Bauweisen besten Uferschutz ausüben, sofern zu Beginn der Pflasterung der zukünftige Besatz mit Steckhölzern berücksichtigt wird. Das Pflaster ist zwar engfugig zu setzen, es müssen aber oberhalb der SoMW-Linie in Abständen von ca. 30 bis 50 cm etwa 5 bis 10 cm große Hohlräume für die Aufnahme der Steckhölzer ausgespart bleiben. Nicht günstig ist es dagegen, die gesamte Pflasterung weitfugig auszuführen. Es besteht dann Gefahr, daß bei Hochwasser die Fugen freigespült werden. Die Steckhölzer sind so tief in das Pflaster zu stecken, daß ihre Basis einige cm in den Boden unter der Pflasterung hineinragt. Die Löcher werden ebenfalls mit Eisenstäben vorgebohrt. Nach dem Stecken verbleibende Hohlräume sind mit Boden zu verfüllen. Sofern der Bau des Pflasters in die Steckzeit fällt, können die Steckhölzer auch gleichzeitig mit dem Fortschreiten der Pflasterung eingelegt werden. Die Bauweise kann ebenfalls zu allen Zeiten angewendet werden, in denen die Steckhölzer Adventivwurzeln entwickeln [Abb. 24].

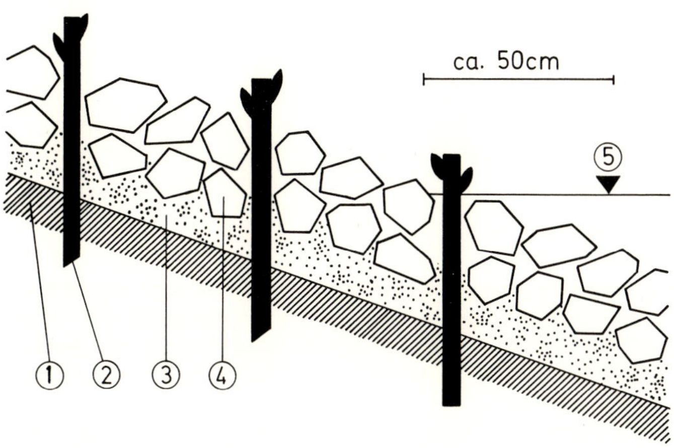

23 Steinschüttung mit Setzpflockbesatz. 1 = Uferboden, 2 = Setzpflöcke, 3 = Kies, 4 = Steinschüttung, 5 = SoMW.

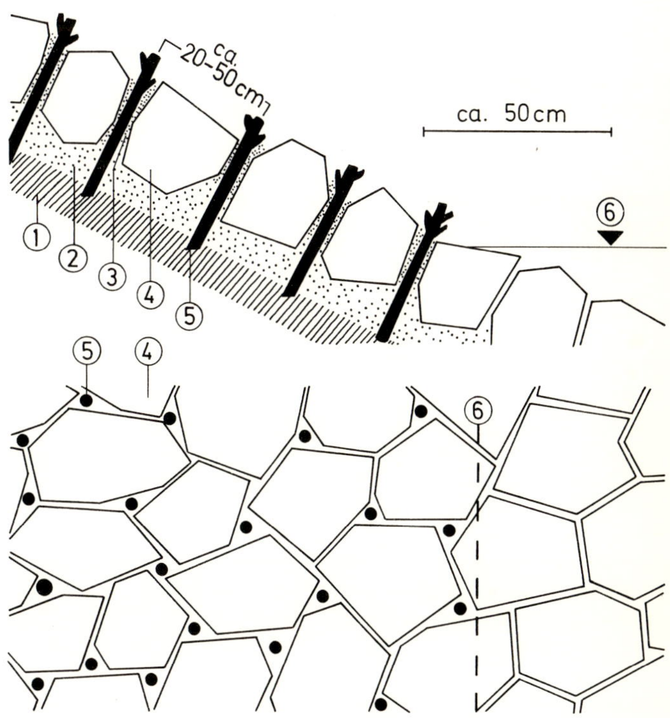

24 Natursteinpflaster mit Steckholzbesatz. 1 = Uferboden, 2 = Kies, 3 = Füllboden, 4 = Natursteinpflaster, 5 = Steckhölzer, 6 = SoMW.

Anwendungsbereich

Bauweise	Wirkungsweise und Anwendungsbereich
Steckholzbesatz ungeschützter Ufer	Kein sofortiger Uferschutz. Daher an wenig gefährdeten Ufern wie z. B.: flache Böschungen stehender oder langsam fließender Gewässer mit geringen Wasserspiegelschwankungen.
Netzbelag mit Steckholzbesatz	Sofort mäßiger Uferschutz. Daher an etwas stärker beanspruchten Ufern wie z. B.: Böschungen mit einer Neigung bis ca. 1:2, sowie an stehenden oder langsam fließenden Gewässern mit stärkeren Wasserspiegelschwankungen.
Reisiglagen mit Steckholzbesatz	Sofort guter Uferschutz. Daher an stark gefährdeten Ufern wie z. B.: Böschungen mit einer Neigung bis ca. 1:1, sowie an schnell fließenden Gewässern mit starken Wasserspiegelschwankungen, an Prallufern, Schüttböschungen usw.
Steinschüttungen mit Steckholzbesatz	Sofort guter Uferschutz. Daher an stark gefährdeten Ufern mit Steinschüttung oberhalb der SoMW-Linie.
Natursteinpflaster mit Steckholzbesatz	Sofort bester Uferschutz. Daher an sehr stark beanspruchten und besonders zu sichernden Ufern wie z. B.: Böschungen mit einer Neigung steiler als 1:1, an Steilböschungen bei Staustufen, Brücken usw.

Literatur

E. Bittmann (1965 u. 1969); Deutsche Normen DIN 19657 (1963); *E. Kirwald* (1964); *R. Prückner* (1965); Richtlinien für den Lebendverbau an Verkehrswegen (1969); *H. M. Schiechtl* (1958 u. 1969)

Steinschüttung mit Astbesatz (Steinwurf mit Weidenasteinlage)

Lebende Baustoffe

Vor allem Äste starkwüchsiger Strauchweidenarten bzw. an Ort und Stelle vorhandener bewurzelungsfähiger Hybriden: Großblättrige Weide (Salix appendiculata = S. grandifolia), Reifweide (S. daphnoides), Lavendelweide (S. eleagnos = S. incana), Glanzweide (S. glabra), Schwarzweide (S. nigricans), Lorbeerweide (S. pentandra), Purpurweide (S. purpurea), Mandelweide (S. triandra), Korbweide (S. viminalis).

Bauweise [Abb. 25]

Sie ähnelt der Bauweise »Steinschüttung mit Steckholzbesatz«, unterscheidet sich aber von dieser vor allem dadurch, daß an Stelle von Steckhölzern längere verzweigte Äste eingebracht werden. Die Weidenäste werden in Steinschüttungen oder auch in Steinpackungen schräg eingebaut, so daß sich ihre Spitzen mindestens 50 cm über dem Deckwerk befinden und ihr unterer Teil mindestens 30 cm im Uferboden steckt. Dabei ist darauf zu achten, daß die Längsachsen der Äste z. T. schräg mit der Fließrichtung und z. T. schräg gegen die Fließrichtung verlaufen. Die untersten Äste sollten etwas unterhalb der MW-Linie aus dem Deckwerk herausragen. Alle Äste sind zwischen den Steinen einzuklemmen bzw. mit Steinen seitlich zu befestigen, so daß ein Herausreißen und Abschwemmen ausgeschlossen ist. Sofern es die Wasserstände zulassen, kann die Bauweise zu allen Jahreszeiten ausgeführt werden, in denen sich die Weidenäste bewurzeln.

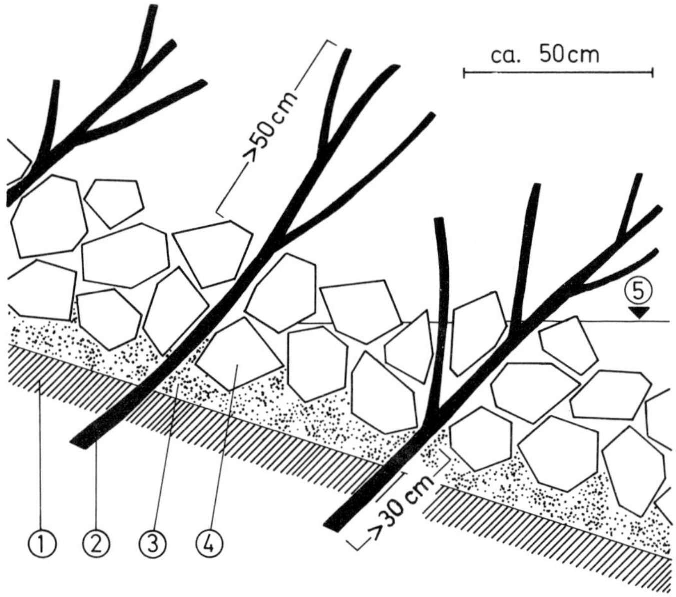

25 Steinschüttung mit Astbesatz. 1 = Uferboden, 2 = Weidenäste, 3 = Kies, 4 = Steinschüttung, 5 = SoMW.

Anwendungsbereich

Es handelt sich um eine sehr stabile Bauweise, die vor allem bei Verwendung großer Steine auch stärkeren Beanspruchungen ausreichenden Widerstand entgegensetzt. Das Bauwerk weist infolge der Steine und der herausragenden Äste eine große Rauhigkeit auf und bietet sofort nach seiner Herstellung einen sehr guten Uferschutz. Aus diesen Gründen eignet sich die Bauweise besonders für die Sicherung von Ufern schnell fließender Gewässer mit starken Wasserspiegelschwankungen, insbesondere für die Ufersicherung von Gebirgsbächen.

Nach *R. Prückner* kann sie außerdem für die Sicherung von Ufermauern eingesetzt werden. Hierbei wird bei ausreichender Profil-Dimensionierung vor der Mauer die Steinschüttung als flaches Dreieck ausgeführt und mit Weidenästen besetzt, deren Längsachsen schräg zur Fließrichtung liegen. Endlich ist die Bauweise auch bei der Beseitigung von Uferabbrüchen und Kolken anwendbar (Abschn. 2.5.2). Die Abbrüche oder Kolke werden mit Steinen ausgefüllt, in die die Weidenäste eingebaut werden.

Literatur

R. Prückner (1965)

Lebende Faschine

Lebende Baustoffe

Vor allem Ruten, aber auch Äste und Zweige insbesondere der unter »Steinschüttung mit Astbesatz« aufgeführten Weidenarten bzw. an Ort und Stelle vorhandener Hybriden.

Bauweise [Abb. 26]

Für die Anfertigung der Faschinen werden vorwiegend 100 bis 300 cm lange Weidenruten verwendet, die etwa alle 30 bis 40 cm durch Spanndraht oder Weidenruten zu ca. 10 bis 30 cm dicken und 200 bis 300 cm langen Bündeln zusammengebunden werden. Aus diesen einzelnen Faschinen können bei Bedarf sog. Faschinenwürste beliebiger Länge hergestellt werden. An der Baustelle sind die Faschinen ungefähr in Höhe der SoMW-Linie in Mulden in den Uferboden zu legen, so daß sie etwa zur Hälfte oder bis zu zwei Dritteln ihres Durchmessers im Boden bzw. im Wasser und mit dem

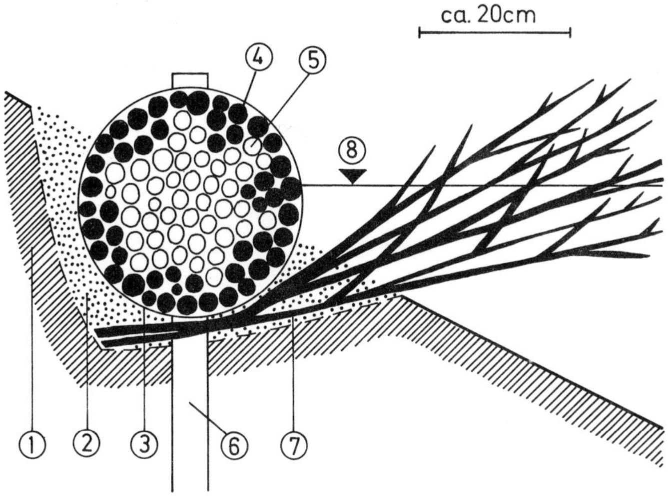

26 Kolksichere Uferfaschine. 1 = Uferboden, 2 = Füllboden, 3 = Faschine, 4 = lebende Weidenruten, 5 = totes Material, 6 = Pfahl, 7 = Weidenäste, 8 = SoMW.

übrigen Teil oberhalb SoMW liegen. Sie sind dort durch lebende oder tote Pflöcke zu befestigen, die senkrecht in Abständen von rd. 100 cm durch die Faschine in den Boden geschlagen werden.

Eine Variante ist die »Kolksichere Uferfaschine«. Hierbei wird die Faschine auf eine Lage lebender Weidenäste und -zweige oder toten Reisigs gelegt. Die Äste und Zweige sollen die Strömungs- und Angriffskraft des Wassers mindern und müssen deshalb über die Wasseroberfläche (SoMW) hinausragen. Stehen nicht genügend lebende Ruten zur Verfügung, so können Faschinen aus lebendem und totem Material hergestellt werden. Dabei bilden die toten Zweige den Kern und die lebenden Ruten den Mantel der Faschine.

Faschinen können zu allen Zeiten hergestellt und verlegt werden, in denen sich die Ruten bewurzeln.

Anwendungsbereich

Zum Uferschutz werden lebende Faschinen meist in Kombination mit anderen Bauweisen verwendet. Sie dienen in erster Linie der Fußsicherung von Spreitlagen, Steckholzbesätzen aller Art, Ansaaten, Saatgutmatten, Fertigrasen und Rasenmatten.

An Gewässern können darüber hinaus Faschinen zur Beseitigung von Schadstellen (Abschn. 2.5.2) und zur Sohlenaufhöhung (Abschn. 2.6.2) benutzt werden. Die Verwendung von Faschinen zur Sicherung von Hängen und Böschungen wird in Abschn. 4.1.2 beschrieben.

Literatur

Deutsche Normen DIN 19657 (1963); *E. Kirwald* (1964); *R. Prückner* (1965); Richtlinien für den Lebendverbau an Verkehrswegen (1969); *H.M. Schiechtl* (1969)

Ansaaten

Lebende Baustoffe

Saatgut standortgerechter Wiesengesellschaften (Abschn. 7.2).

Bauweise

An Uferböschungen ist die Saatmenge sehr hoch anzusetzen. Nach *E. Bittmann* ist bei flachen Böschungen mit 20 g/m^2 und bei steilen mit 40 g/m^2 zu arbeiten.

Sofern die Saatgutmischungen an der Baustelle zusammengestellt und nicht fertig vom Samenhandel bezogen werden, ist folgendes zu beachten:

Von allen zu verwendenden Arten sollte ein genügend hoher Anteil in der Saatmischung vorhanden sein; denn dann ist am ehesten die Gewähr für eine befriedigende Bestandsentwicklung gegeben. Mit Hilfe der in Abschn. 7.1 in den Tabellen angegebenen, aus Samenlisten entnommenen Mittelwerten über Anzahl der Samenkörner/1 g, der Reinheit und der Keimfähigkeit des Saatgutes läßt sich der gewünschte Anteil der einzelnen Arten relativ genau berechnen. Um eine Entmischung zu vermeiden, ist die Saatgutmischung erst unmittelbar vor der Aussaat zusammenzustellen.

Ansaaten können entweder an ungesicherten Ufern oder in Verbindung mit Deckwerken aus toten Baustoffen ausgeführt werden. In allen Fällen liegt die günstigste Ausführungszeit im Frühjahr nach dem Zurückgehen der Frühjahrshochwässer, da sich dann bis zum Einsetzen der Sommerhochwässer, zumindest aber bis zum Auftreten der nächsten Winterhochwässer, eine geschlossene Vegetationsdecke mit einer einigermaßen widerstandsfähigen Narbe bilden kann.

Die Ansaat ungeschützter Ufer wird mit der Hand oder mittels sog. Rasenbaumaschinen vorgenommen.

Bei manuellen Ansaaten ist zunächst oberhalb der SoMW-Linie das Grob- und Feinplanum herzustellen. Verfestigte Böden sind aufzulockern. Sofern Mutterbodenauftrag vorgesehen ist, ist der Unterboden aufzurauhen, um eine bessere Verbindung zwischen beiden Bodenarten zu erreichen. Angesät wird bei windstillem Wetter, um ein Verwehen des Saatgutes zu verhindern. Anschließend wird das Saatgut eingearbeitet, z. B. eingeigelt, und die Fläche gewalzt.

An Rasenbaumaschinen werden in der freien Landschaft vor allem die Lawnmaker-Typen verwendet. Sie werden nach Herstellung des Grobplanums eingesetzt, da sie die übrigen, zur Ansaat notwendigen Maßnahmen in einem Arbeitsgang durchführen [Abb. 27]. Ein Erdverteilerschild planiert den Boden, zwei Gitterwalzen zerkleinern Schollen und Erdklumpen und erreichen trotz tiefreichender Festigung des Bodens eine rauhe Oberfläche, die einer Verkrustung der Bodenoberfläche nach Niederschlägen entgegenwirkt. Ein zwischen den beiden Gitterwalzen liegender Federrechen sorgt für eine gleichmäßige Einarbeitung des Saatgutes, das von dem Gerät entweder für sich alleine oder in Mischung mit Dünger ausgestreut wird. Die Rasenbaumaschinen haben entweder Eigenantrieb oder werden von Traktoren gezogen. Ihre Arbeitsbreiten betragen 60, 90 und 167 cm.

Sowohl bei manuellen als auch bei maschinellen Ansaaten kann eine Reisigabdeckung der angesäten Flächen insbesondere auf leichten Böden die Deflationsgefahr herabsetzen.

Sofern Steinschüttungen im Bereich der Zone III vorhanden sind, können auch diese angesät werden. Eine Ansaat sollte jedoch nur

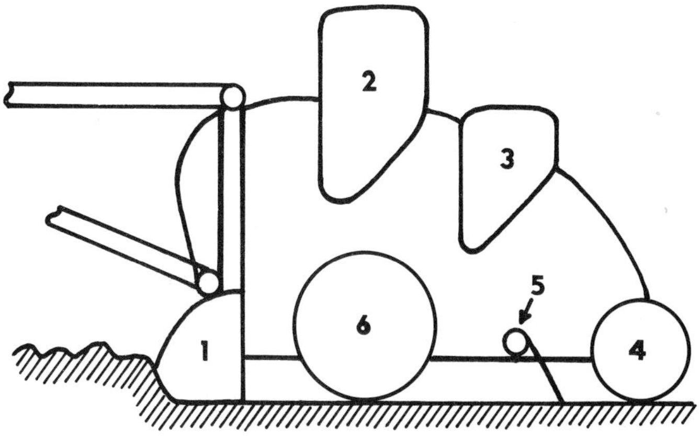

27 Lawnmaker (*B. Hellstern*, 1966). 1 = Erdverteilerschild, 2 = Düngerstreukasten, 3 = Sammelstreukasten, 4 = Gitterwalze, 5 = Abgefederte Rechen, 6 = Große Antriebsgitterwalze.

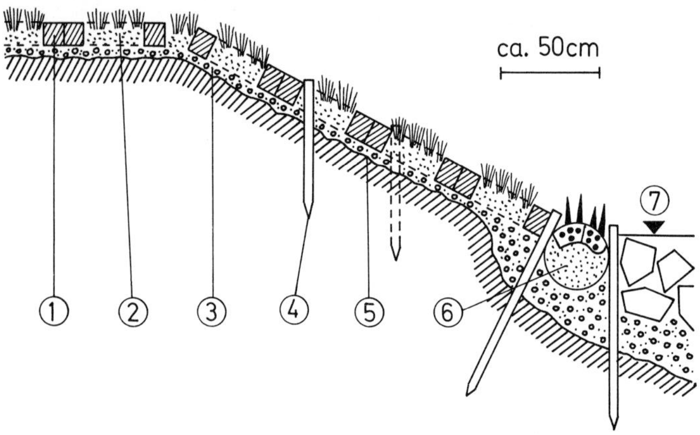

28 Ansaat in Beton-Gittersteine. 1 = Beton-Gittersteine, 2 = verfüllte Aussparungen der Beton-Gittersteine, 3 = Sand, 4 = Pfähle, 5 = Uferboden, 6 = Röhrichtwalze, 7 = SoMW.

nach Übererdung der Schüttungen vorgenommen werden. Die übrigen Ansaaten in Verbindung mit Deckwerken aus toten Baustoffen beruhen auf dem Prinzip, durch das tote Material im Boden oder an der Bodenoberfläche ein mehr oder weniger tiefreichendes, festigendes Gerüst bzw. Skelett zu schaffen, dessen Zwischenräume angesät werden. Auf diese Weise wird ein wirksamer Verbund von toten und lebenden Baustoffen erreicht.

Für die Sicherung von Uferböschungen haben die Farbwerke Hoechst Kunststoffbahnen aus Hostalen entwickelt, die mehrere Reihen 80 × 20 mm großer Schlitze für die Ansaat von Rasen enthalten. Die 25 × 1 m großen und 1,5 mm dicken Bahnen werden oberflächig parallel zur Uferlinie verlegt. Während die unterste die Sohle um etwa 50 cm überdecken sollte, überlappen die anschließenden Bahnen jeweils die nächstuntere um eine Schlitzreihe. Die Hostalenbahnen werden mit ca. 100 cm langen Pfählen oder Eisenstäben am Uferboden befestigt. Der Böschungsfuß kann bei Bedarf zusätzlich durch Faschinen, Drahtsenkwalzen, Steinschüttungen usw. gesichert werden. Die Ansaat erfolgt in die Schlitzreihen.

Ansaaten können außerdem in Pflasterungen aus Beton-Gittersteinen vorgenommen werden [Abb. 28 u. 29]. Bei den Gittersteinen, von denen verschiedene Typen im Handel erhältlich sind, handelt es sich um Betonplatten mit Aussparungen (Löcher, Schlitze usw.) für die Aufnahme von Boden und Saatgut.

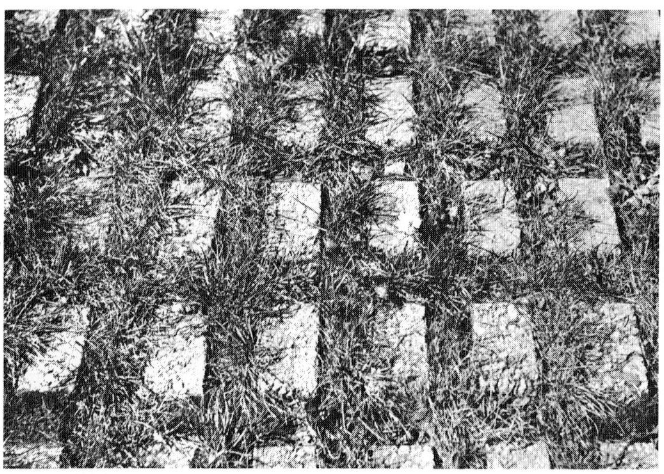

29 Angesäte Beton-Gittersteine.

Die Gittersteine werden zunächst auf der planierten Böschung je nach Typ aneinanderstoßend oder mit einigen cm Abstand verlegt. Während sie bei leichten Böden direkt auf den Uferboden gelegt werden können, empfiehlt es sich bei schweren Böden, als Unterbau eine einige cm starke Schicht aus lehmigem oder humosem Sand aufzubringen. Bei steileren Böschungen sollten die Gittersteine in Abständen von 2 bis 3 Platten mit Holzpflöcken an den Uferboden genagelt werden. Auf die Gitterstein-Böschung wird Mutterboden gestreut und in die Aussparungen eingefegt. Bei der auf diesen Arbeitsgang folgenden Ansaat haben sich vor allem 2 Methoden bewährt. Einmal kann nach dem Einfegen des Bodens sofort gesät werden. In diesem Falle ist darauf zu achten, daß vor der Ansaat die oberen 1 bis 2 cm der Aussparungen nicht mit Boden gefüllt werden. Das Saatgut ist in diese verbleibenden Vertiefungen einzubringen. Anschließend wird die Gitterstein-Fläche noch einmal mit Mutterboden überstreut und abgekehrt. Zum anderen ist es möglich, den im ersten Arbeitsgang eingebrachten Boden anzudrücken und anschließend ein Gemisch aus Boden und Saatgut einzufegen.

Für die Saat in Natursteinpflaster ist die Pflasterung der Böschung mit ausreichender Fugenbreite auszuführen. Die Fugen müssen mindestens 1,5 cm breit sein, um den Pflanzen genügend Wurzelraum zu geben. Sie werden am günstigsten mit humosem lehmigem Sand oder sandigem Lehm gefüllt. Der Boden wird in die Fugen eingefegt. Ein Einschlämmen hat sich nicht bewährt, da hierbei zu viel Boden abgespült wird. Für das Einbringen des Saatgutes sind zunächst etwa 4 cm Fugentiefe freizuhalten. Das Saatgut wird mit trockenem lehmigem Sand oder sandig lehmigem Mutterboden gemischt und dann in die freigehaltenen oberen 4 cm der Fugen eingefegt. Mit einem Gemisch aus 20 bis 40 g Saatgut und 10 bis 30 l (0,01 bis 0,03 m^3) Boden kann etwa 1 m^2 Pflasterfläche angesät werden. Bei der Wahl der Saatgutmischungen ist zu berücksichtigen, daß gepflasterte Böschungen in der Regel extremere Standorte darstellen als vergleichbare ungepflasterte Böschungen.

Anwendungsbereich

Rasenböschungen sind am Ufer an den Stellen anzulegen, an denen keine Gehölzbestände erwünscht sind, wie z.B. an Gleitufern oder dort, wo Gehölze den Abflußquerschnitt zu sehr einengen.

Da das Saatgut leicht fortgeschwemmt wird, können nur diejenigen Flächen angesät werden, die bis zur Bildung einer geschlossenen Vegetationsdecke mit befriedigender Narbe vom Wasser nicht erreicht werden. Dies ist einmal an Gewässern mit geringen bis mäßigen Wasserspiegelschwankungen der obere Bereich zwischen SoMW und MHW. An derartigen Gewässern hat es sich deswegen oft bei der Anlage von Rasenböschungen bewährt, den unteren Bereich dieser Zone mit Rasensoden oder Rollrasen zu befestigen und eine Ansaat nur im oberen auszuführen. Im gesamten Bereich zwischen SoMW und MHW können Ansaaten vor allem an stehenden oder langsam fließenden Gewässern mit geringen oder fehlenden Wasserspiegelschwankungen vorgenommen werden.

Bauweise	Wirkungsweise und Anwendungsbereich
Ansaat ungeschützter Ufer	Mäßiger oberflächiger Uferschutz. Daher an gering gefährdeten Ufern, wie z.B. flachen Böschungen stehender und langsam fließender Gewässer.
Kunststoffbahnen mit Ansaat	Guter oberflächiger Uferschutz. Die Gefahr einer Unterspülung der Bahnen ist jedoch nicht auszuschließen. Vorwiegend an kleineren Wasserläufen.

Bauweise	Wirkungsweise und Anwendungsbereich
Steinschüttung mit Ansaat	Guter Uferschutz mit größerer Tiefenwirkung. Daher an stärker gefährdeten Böschungen mit Steinschüttung oberhalb SoMW.
Gittersteinpflaster mit Ansaat	Guter oberflächiger Uferschutz. Daher an stärker beanspruchten Ufern, wie z.B. Böschungen schnell fließender Gewässer mit einer Neigung bis ca. 1:2, insbesondere an Prallufern.
Natursteinpflaster mit Ansaat	Guter Uferschutz mit größerer Tiefenwirkung. Daher an stark gefährdeten Ufern, wie z.B. an Böschungen schnell fließender Gewässer mit einer Neigung steiler als 1:2, an Steilböschungen bei Staustufen, Brücken usw.

Literatur

E. Bittmann (1965); *B. Hellstern* (1966); Hostalen im Wasserbau (o.J.); Richtlinien für den Lebendverbau an Verkehrswegen (1969)

Saatgutmatten

Hierunter sind Matten zu verstehen, die Saatgut enthalten, und die in dieser Form auf der Baustelle ausgelegt werden.

Lebende Baustoffe

In Träger- und Mulchschichten eingearbeitetes Saatgut von Wiesengesellschaften.

Bauweise

An dieser Stelle wird nur auf diejenigen Saatgutmatten eingegangen, die überwiegend im Wasserbau verwendet werden. Die übrigen werden unter Abschn. 4.1.2 behandelt.

a ERA-Matte 520 der Fa. Düsing, Gelsenkirchen.
Sie besteht aus einem Spezialpapier mit einer etwa 1 cm starken Mulchschicht aus Kokosfasern. Zwischen Papier und Mulchschicht ist das Saatgut aufgeklebt. Die Matten enthalten keinen Dünger, so daß bei Bedarf vor dem Auslegen der Matten gedüngt werden muß. ERA-Matten haben eine Größe von 10 × 0,5 m und 10 × 1 m.

b X003-Hesa-Samenmatte der Fa. Hesa, Darmstadt.
Auf einer Trägerschicht aus Zellulosevlies mit eingearbeitetem Saatgut (30 g/m²) und Dünger (70 g/m²) sind Strohmatten aufgenäht.

c Grünling-Samenmatte der Fa. Waldenfels, Haren/Ems.
Sie besteht aus einer mit Schilfrohrhalmen verstärkten Strohmatte, die einseitig eine Schicht aus Wolle und Torf enthält. In die Wolle-Torf-Trägerschicht ist Saatgut und Dünger eingearbeitet. Die Matte ist 5 cm dick und hat eine Abmessung von 15 × 2 m.

d Rollofix-Rasenmatte der Fa. Julius Wagner, Heidelberg.
Von der ENKA-GLANZSTOFF GmbH und der Rasenspezialfirma J. Wagner wurden »Stützmatten für verlegbaren Rasen« entwickelt, die aus einem ein bis mehrere cm starken Polyamidgeflecht bestehen. Die Matten werden mit Hygromull (Abschn. 5.1.2), Dünger und Grassamen gefüllt und z.T. mit Zellstoff verklebt. Die fertige Matte wiegt pro m² 4 bis 5 kg. Das Saatgut kann auch am Herstellungsort zum Keimen gebracht werden. In diesem Falle wird die Matte als Rollrasenmatte zur Baustelle transportiert und dort ausgelegt (s. »Fertigrasen«).

Vor dem Auslegen der Matten müssen die Böschungen planiert werden. Ein Aufrauhen des Bodens ist nicht notwendig. Zur Vermeidung des Abrutschens oder Fortspülens der Matten sind die Oberkanten etwa spatentief einzugraben. Die Unterkanten sind bei unbefestigten Böschungen ebenfalls einzugraben oder unter Steinen, Faschinen usw. zu verankern.

Die Mattenanschlußstellen sollten etwa 2 cm mit Boden überdeckt werden. Um ausreichenden Bodenanschluß zu erreichen, müssen die Matten nach dem Ausrollen angedrückt oder gewalzt werden. Danach sind die Matten mit Holzpflöcken, Drahtbügeln, Stahlnägeln oder eigens für die Befestigung der Matten hergestellten Spezialhaften (je nach Beanspruchung 2 bis 5 Stück/m²) am Boden zu verankern. Sind starke Wasserangriffe zu befürchten, so sollten die Matten mit Maschendraht-Sechseckgeflecht von 5 cm Durchmesser abgedeckt und befestigt werden. Die Matten können nicht nur in der Vegetationsperiode sondern bei Verwendung spezieller Saatgutmischungen auch im Winter gelegt werden.

Anwendungsbereich

Saatgutmatten bieten den Böschungen einen sofortigen Oberflächenschutz. Das eingearbeitete Saatgut ist vor dem Fortschwemmen gesichert. Das Verlegen ist relativ einfach. Nachteilig ist, daß vielfach Standard-Saatgutmischungen verwendet werden, die nicht immer der Standortqualität der Böschungen angepaßt sind. Saatgutmatten eignen sich daher besonders für die Sicherung von Böschungen fließender Gewässer mit Wellenschlag und stärkeren Wasserspiegelschwankungen. Sofern Einheits-Saatgutmischungen eingearbeitet sind, sollten sie an Böschungen mit »mittlerer Standortqualität« ausgelegt werden, da hier am ehesten Gewähr gegeben ist, daß das Einheitssaatgut Lebensbedingungen findet.

Literatur

AFZ-agrotechnik (1969); Der Rasenspezialist (1970); Informationsmaterial über Saatgutmatten der Firmen Düsing, Hesa und Waldenfels

Belag mit Fertigrasen

Lebende Baustoffe

Unter dem Begriff »Fertigrasen« werden hier einmal Rasensoden, Rasenziegel, Rasenplaggen, Rasenstücke und zum anderen Rollrasen (Rasenmatten) zusammengefaßt. Die Verwendung von Fertigrasen hat nur dann Erfolg, wenn er von Standorten stammt bzw. Pflanzenarten enthält, die der Standortqualität der Baustelle entsprechen. Andernfalls besteht Gefahr, daß nicht standortgerechte Arten auf die Baustelle gelangen, und dort deswegen größere Ausfälle eintreten.

Bauweise

Rasensoden werden aus verschiedenen Mutterbeständen gewonnen, nämlich entweder aus vorhandenem, z.B. vorher landwirtschaftlich genutztem Grünland oder aus Grasflächen, die speziell zur Sodenwerbung angesät wurden. Vorhandene Grünlandflächen sind für die Sodenherstellung besonders geeignet, wenn sie gleichmäßige, niedrige, geschlossene Gräsergesellschaften mit fester, dichter Narbe aufweisen, die auf nicht steinigen Böden in guter Kultur wachsen. Zum Zwecke der Sodengewinnung durch Ansaat erzeugte Gräserbestände sollten beim Abhub mindestens 1 Jahr alt sein, da sich andernfalls meist noch keine dichte Narbe entwickelt hat.

Die für die Sodengewinnung vorgesehenen Grasflächen sind vor dem Abhub zu mähen. Die Soden werden in Handarbeit, mittels Schälpflug oder Spezialmaschinen möglichst flach (3 bis 4 cm stark) abgeschält. Da die Soden nur kurze Zeit gelagert werden können, ohne ihren Wert als lebender Baustoff zu verlieren, sollten sie nur gewonnen werden, wenn ihre baldige Verwendung an der Baustelle sichergestellt ist.

Zum Zwecke der Andeckung ist die Böschung zu planieren und aufzurauhen. Das Aufbringen einer dünnen Mutterbodenschicht ist zu empfehlen, jedoch in vielen Fällen nicht unbedingt erforderlich. Inwieweit eine Startdüngung angebracht ist, hängt von der Standortqualität der Baustelle ab. Infolge der Überschwemmungsgefahr der Zone III sollte der zu sichernde Böschungsbereich einen geschlossenen Sodenbelag erhalten. Die oft an Hängen und Böschungen vorgenommenen Andeckungsweisen »Rasenbänder«, »Rasengitter« und »Rasenschachbretter« (Abschn. 4.1.2) haben sich an Gewässerufern in der Regel nicht bewährt. Beim Legen der Soden ist auf Fugenversatz zu achten. Dabei sind die Stoßkanten leicht anzuheben, so daß beim Anschlagen eine fugenlose Verbindung entsteht. Nach der Andeckung ist die Fläche zu walzen. Der maximale Walzdruck sollte bei einer Arbeitsbreite der Walze von 100 cm nicht größer als 125 kg sein. Als günstig hat es sich erwiesen, den Sodenbelag nach der Fertigstellung mit einer sehr dünnen Bodenschicht zu überdecken.

Vor allem an schnell fließenden Gewässern mit starken Wasserspiegelschwankungen ist der Sodenbelag gegen Abschwemmen zu sichern. Zu diesem Zwecke werden die Soden mit Holzpflöcken oder Drahtbügeln an den Uferboden genagelt, oder es wird der gesamte Sodenbelag mit Netzen oder Sechseck-Drahtgeflecht überspannt. Der Sodenbelag kann mit Ausnahme von Frostperioden das ganze Jahr hindurch ausgeführt werden.

Rollrasen wird vor allem auf Sodenanzuchtflächen, also auf natürlichem Boden, oder aber auf Kunststoffsubstraten hergestellt.

Bei der Gewinnung auf Anzuchtflächen werden mit sog. Sod-Cuttern, die einen Unterschnitt und zwei seitliche Begrenzungsschnitte ausführen, etwa 3 cm starke Streifen abgeschält. Eine Kupiervorrichtung trennt sie in die gewünschte Länge. Die Abmessungen der Bahnen betragen 30 × 167 cm. Sie wurden deshalb gewählt, weil dann zwei Bahnen 1 m^2 ergeben. Rollrasen auf Kunststoffsubstraten wird z.B. von der Fa. J. Wagner, Heidelberg, hergestellt. Die »Rollofix-Rasenmatte«, die als Saatgutmatte und als Rollrasen geliefert werden kann, wurde unter »Saatgutmatten« beschrieben. Das Substrat der »Rollofix-Schaumstoff-Rasenmatte« besteht aus 5 mm Spezialschaumstoff und 5 mm Humus. Sie wiegt 6 bis 8 kg/m^2.

Rollrasen sollte möglichst sofort nach der Lieferung verlegt werden und darf nicht länger als 1 bis 3 Tage lagern. Die Böschung muß planiert und feucht, darf aber nicht naß sein. Mutterbodenauftrag ist in der Regel nicht erforderlich. Nur bei sehr ungünstigen Verhältnissen, wie z.B. Sandböden oder steinigen Böden, ist das Aufbringen einer ca. 3 bis 5 cm starken Mutterbodenschicht zu empfehlen. Bei Bedarf sollte eine Startdüngung gegeben werden. Rollrasen ist mit Fugenversatz anzudecken, wobei die einzelnen Bahnen eng aneinander stoßen müssen. Um guten Kontakt mit dem Boden zu erreichen, muß die angedeckte Fläche gewalzt werden. Der Walzdruck sollte bei einer Arbeitsbreite von 100 cm nicht mehr als 125 kg betragen. Sehr bewährt hat sich ein Überstreuen der Rollrasenfläche mit einer dünnen Mutterbodenschicht. Bei stark beanspruchten Böschungen sind die Bahnen mit Pflöcken, verpflocktem Maschendraht-Sechseckgeflecht von ca. 5 cm Durchmesser oder mit verpflockten Kunststoffnetzen zu befestigen. Der Fuß kann in Höhe der SoMW-Linie durch Faschinen, Schilfballen, Drahtsenkwalzen usw. gesichert werden.

Anwendungsbereich
Fertigrasen gewährleistet einen sofortigen, allerdings oberflächigen Uferschutz. Er eignet sich deshalb sehr gut zum Schutz von Ufern, die einmal keinen Gehölzbestand erhalten sollen, die zum anderen aber durch Wasserangriff gefährdet sind, wie z.B. Prallufer oder Ufer schnell fließender Wasserläufe mit stärkeren Wasserspiegelschwankungen. Die Bauweise bedingt einen hohen Bedarf an Soden, der nicht immer vollständig gedeckt werden kann. Außerdem erfordert sie einen relativ hohen Arbeitsaufwand. Vielfach wird daher nur der untere, durch Wasser stärker gefährdete Bereich zwischen SoMW und MHW mit Fertigrasen belegt, während der obere angesät wird.

Literatur
K. Buchwald u. *H. Duthweiler* (1969); Der Rasenspezialist (1970); Richtlinien für den Lebendverbau an Verkehrswegen (1969); *H. Scherer* (1970); *H. M. Schiechtl* (1958)

Weitere, in diesem Abschnitt nicht behandelte Lebendbaumaßnahmen
Zur Sicherung der Gewässerufer in Zone III werden außerdem die folgenden Lebendbaumaßnahmen angewandt:

Buschlagen (Abschn. 4.1.2), Ast- und Zweiglagen (Abschn. 4.1.2), Lochpflanzung (Abschn. 4.1.2), Strohdecksaat (Abschn. 4.1.2), Ansaaten in Verbindung mit Zuschlagstoffen (Abschn. 5.1.2).

2.3 Maßnahmen zum Uferschutz im Bereich der Zone IV

Lebendbaumaßnahmen im Bereich der Zone IV haben für den Uferschutz nicht die Bedeutung der in den Zonen II und III vorzunehmenden Maßnahmen. Die in Zone IV geschaffenen Lebendbauobjekte sichern vor allem die Ufer fließender Gewässer bei den verhältnismäßig selten auftretenden Hochwässern oberhalb der MHW-Linie durch Durchwurzelung des Bodens. Sofern nicht aus wasserbaulichen oder anderen Gründen Wiesengesellschaften oder Einzelbäume angesiedelt werden müssen, sind insbesondere Hartholz-Auenwälder bzw. Eschen- oder Erlen-Eschenwälder das Bestandsziel (s. Übersicht eingangs des Abschn. 2). Während die Gehölzgesellschaften vorwiegend durch Lochpflanzung (Abschn. 4.1.2) eingebracht werden, werden die Wiesengesellschaften durch diejenigen Lebendbaumaßnahmen begründet, die im vorhergehenden Abschnitt beschrieben wurden, also durch Ansaat, Saatgutmatten und Belag mit Fertigrasen.

2.4 Kombination von Lebendbaumaßnahmen zum Uferschutz

Ein Teil der in den vorhergehenden Abschnitten behandelten Lebendbaumaßnahmen wird nicht selten an ein und demselben Ufer gleichzeitig angewandt. In dieser Hinsicht gibt es eine große Zahl von Kombinationen, deren Art in erster Linie vom Gewässertyp und der übrigen Standortqualität abhängt. Nachstehend sind einige Möglichkeiten herausgegriffen, verschiedene Lebendbaumaßnahmen zum Uferschutz zu kombinieren [Abb. 30–33].

2.5 Maßnahmen zur Beseitigung von Schadstellen

2.5.1 Allgemeines

Lebendbaumaßnahmen dienen nicht nur der prophylaktischen Sicherung unbeschädigter Ufer sondern auch der Beseitigung von Schadstellen an Ufern wie Abbrüchen, Anrissen und Kolken.

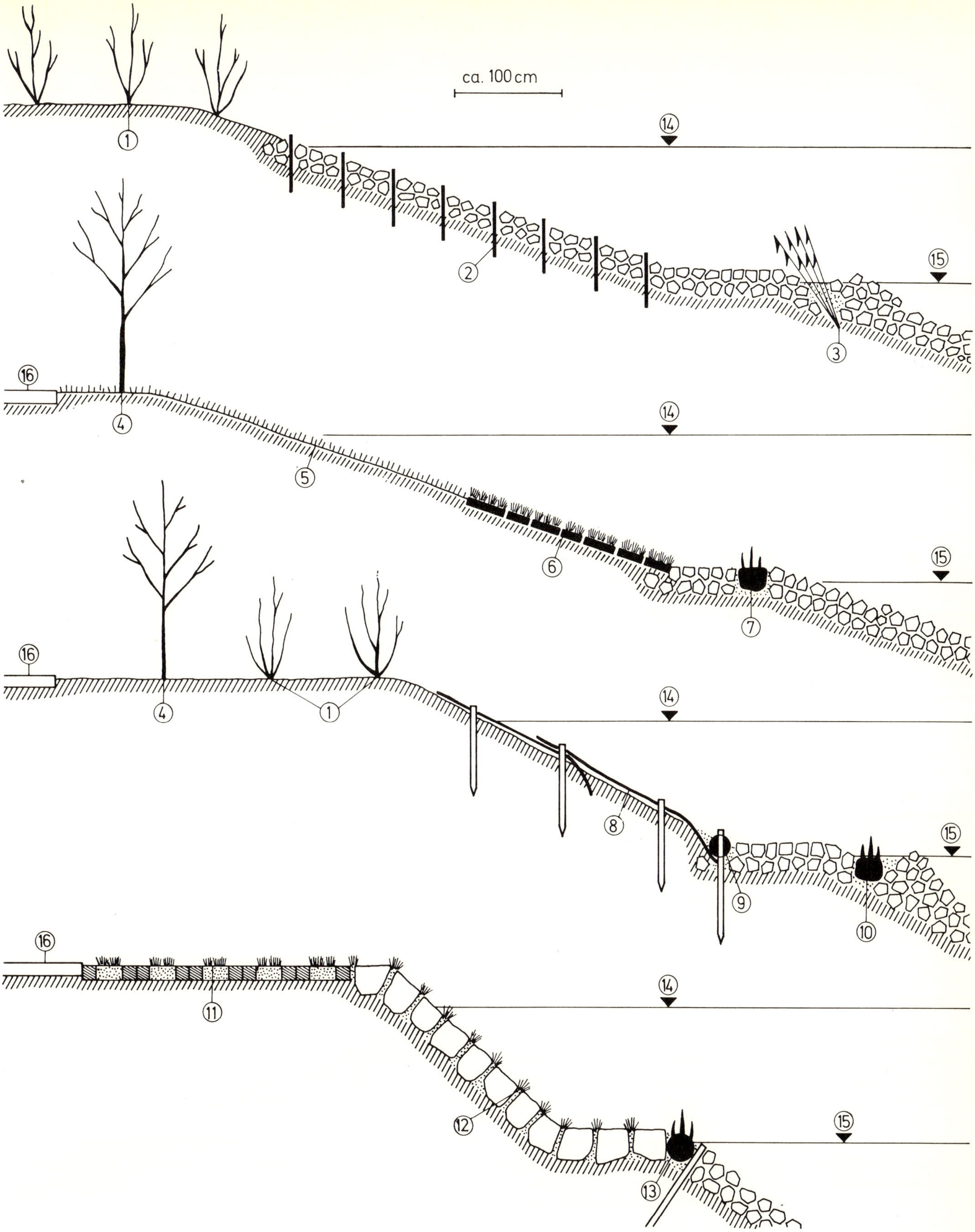

30 bis 33 Kombination von Lebendbaumaßnahmen zur Ufersicherung. 1 = Strauchpflanzung, 2 = Steinschüttung mit Setzpflockbesatz, 3 = Halmstecklingsbesatz, 4 = Baumpflanzung, 5 = Rasenansaat, 6 = Belag mit Fertigrasen, 7 = Besatz mit Rohrglanzgrasballen, 8 = Spreitlage, 9 = Faschine, 10 = Besatz mit Schilfballen, 11 = Ansaat in Beton-Gittersteine, 12 = Ansaat in Natursteinpflaster, 13 = Röhrichtwalze, 14 = MHW, 15 = SoMW, 16 = Weg.

Wirkungsweise

Die Pflanzen werden dafür auf zweierlei Weise benutzt:

a Die lebenden Baustoffe werden für sich alleine oder in Verbindung mit Boden, Steinen, totem Astwerk usw. zur sofortigen Auffüllung von Schadstellen verwendet. Die auf diese Weise beseitigten Abbrüche, Kolke usw. werden anschließend durchwurzelt und gefestigt sowie durch die entwickelten Triebe vor erneuten Angriffen gesichert.

b Die lebenden Baustoffe dienen der allmählichen Auflandung von Schadstellen. Dabei brechen die oberirdischen Teile die Energie des Wassers, mindern Strömungsgeschwindigkeit und Schleppkraft und bewirken somit eine verstärkte Sedimentation und Auflandung. Das sedimentierte Material wird durchwurzelt. Auf diese Weise schreitet die Aufhöhung fort, bis die Schadstelle vollständig verlandet ist.

Diese Wirkungen setzen in der Regel sofort nach Fertigstellung des Lebendbauobjektes ein. Die volle Wirksamkeit wird allerdings meist erst frühestens nach einer Vegetationsperiode erreicht. Der durch Lebendbau verursachte Verlandungsprozeß (Punkt b) ist relativ langwierig und erstreckt sich nicht selten über mehrere Jahre. Aus diesem Grunde sollten Schadstellen nur dort durch Lebendbau aufgelandet werden, wo eine schnelle Wiederherstellung des Ufers nicht notwendig ist.

Bestandsziel

Da als lebende Baustoffe fast ausschließlich Weidenarten und zwar insbesondere Strauchweiden eingebracht werden, ist das Bestandsziel zunächst ein Weidenbusch. Dieser stellt jedoch nicht unbedingt das endgültige Bestandsziel dar. Vor allem bei der allmählichen Auflandung durch Lebendbau werden die Weiden nicht selten nach Erfüllung ihrer Aufgaben, also nach Beseitigung der Schadstelle, durch andere Bestände ersetzt; z.B. dann, wenn das aufgehöhte Gelände als Grünland genutzt werden soll oder wenn als Schlußgesellschaft Wald geplant ist.

2.5.2 Lebendbaumaßnahmen

Ast- und Zweigpackungen

Ast- und Zweigpackungen werden in sehr vielen Varianten ausgeführt und sind vor allem als »Rauhpackung«, »Rauhwehr« und »Buschmatratze« bekannt. Diese Begriffe werden jedoch unterschiedlich gebraucht. Einmal bezeichnen gleiche Begriffe verschiedene Bauweisen, und zum anderen werden verschiedene Bezeichnungen für die gleichen oder nur unwesentlich von einander abweichenden Methoden benutzt. Da allen die Verwendung einer oder mehrerer Schichten lebender Weidenäste und -zweige zur Beseitigung von Schadstellen gemeinsam ist, werden sie hier als »Ast- und Zweigpackungen« zusammengefaßt.

Lebende Baustoffe

Äste und Zweige insbesondere der folgenden Strauchweidenarten bzw. an Ort und Stelle vorhandener bewurzelungsfähiger Hybriden: Großblättrige Weide (Salix appendiculata), Ohrweide (S. aurita), Grauweide (S. cinerea), Reifweide (S. daphnoides), Lavendelweide (S. eleagnos = S. incana), Glanzweide (S. glabra), Schwarzweide (S. nigricans), Lorbeerweide (S. pentandra), Purpurweide (S. purpurea), Mandelweide (S. triandra), Korbweide (S. viminalis).

Bauweise

Bei kleineren flachen, nicht weit ins Land hineinreichenden Abbrüchen werden zunächst etwa 60 bis 80 cm lange Pfähle im 1-m-Verband etwa 40 bis 60 cm tief in das Ufer geschlagen. Zwischen die Pfähle wird eine dichte Schicht von Weidenästen und -zweigen in der Weise auf den Abbruch gelegt bzw. gepackt, daß sich die Spitzen oben befinden und die Enden möglichst ins Wasser hineinragen. Durch Drahtverspannung und Einschlagen der Pfähle wird die Packung bis auf etwa 10 cm zusammengepreßt und auf den Boden der Schadstelle gedrückt. Die Astpackung ist anschließend mit Erde so stark zu überrieseln, daß alle Hohlräume zwischen den Ästen ausgefüllt sind [Abb. 34].

Größere, weiter ins Land hineinreichende Uferabbrüche werden ebenfalls zunächst verpfählt und dann mit mehreren Ast- und Zweigschichten ausgefüllt. Sie werden aber im Gegensatz zu der eben beschriebenen Bauweise nicht schräg vertikal sondern horizontal gepackt. Dabei können die Äste in verschiedenen Richtungen zur Uferlinie liegen:

a Die Äste werden unregelmäßig ohne bestimmte Richtung aufeinander gepackt.

b Sie werden in einer Richtung gepackt. Sie sollten dann am besten senkrecht zur Uferlinie liegen, so daß die Astenden zum Abbruchufer und die Spitzen zum Flußbett weisen [Abb. 35].

c Verschiedene Schichten verlaufen rechtwinklig zueinander. Die Äste der einen Schicht liegen senkrecht zur Uferlinie, und diejenigen der nächsten verlaufen parallel zu ihr [Abb. 36].

d Es können wechselweise und senkrecht zueinander Ast- und Faschinenschichten gepackt werden [Abb. 37].

Die einzelnen Schichten sind sorgfältig mit Boden zu überschütten. Hohlräume zwischen den Ästen dürfen nicht zurückbleiben, damit spätere Sackungen im Bauwerk vermieden werden. In diesem Zusammenhang hat sich auch das Beschweren der Schichten mit größeren Steinen als günstig erwiesen.

Bei der Herstellung der Packung ist darauf zu achten, daß das Bauwerk wasserseitig mit der gleichen Böschungsneigung hergestellt wird, wie sie das seitlich an die Schadstelle angrenzende unbeschädigte Ufer aufweist. Nach Fertigstellung der Astpackung sind die Pfähle mit Draht zu verspannen und so tief in den Boden zu schlagen, daß die Packung zusammengepreßt wird und nicht mehr federt.

Stehen nicht genügend bewurzelungsfähige Weidenäste zur Verfügung, so ist auch totes oder nicht bewurzelungsfähiges lebendes Material verwendbar. Es werden dann bei mehrschichtigen Packungen die unteren, unter der SoMW-Linie liegenden Lagen aus totem Astwerk hergestellt oder bei einschichtigen Packungen tote und lebende Baustoffe gemischt. Im letzteren Falle sollte mindestens 25% des Astwerkes bewurzelungsfähig sein. Abgesehen von sehr hohen Wasserständen können Astpackungen zu allen Zeiten gelegt werden, in denen sich die Weiden bewurzeln.

Anwendungsbereich

Die Astpackung stellt eine sehr stabile Lebendbauweise dar, die nicht nur einen sofortigen guten Uferschutz gewährleistet, sondern auch

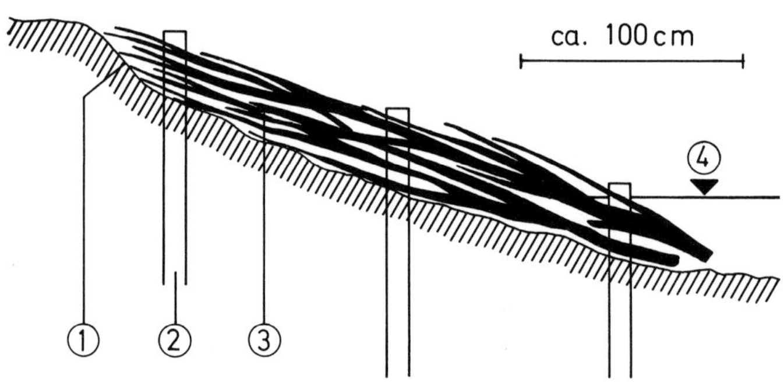

34 Astpackung schräg am Ufer. 1 = Abbruchufer, 2 = Pfähle, 3 = Weidenäste, Zwischenräume mit Boden verfüllt, 4 = SoMW.

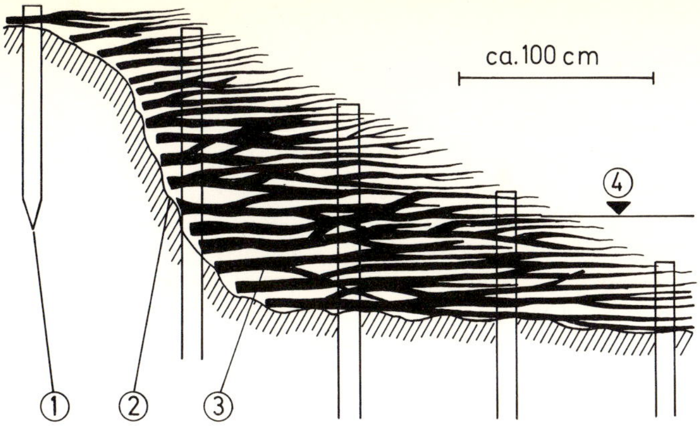

35 Waagerechte Astpackung in einer Richtung. 1 = Pfähle, 2 = Abbruchufer, 3 = Weidenäste, Zwischenräume mit Boden verfüllt, 4 = SoMW.

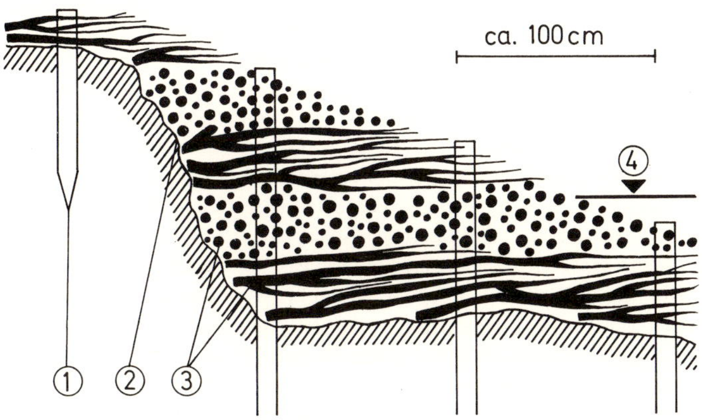

36 Waagerechte Astpackung in zwei Richtungen. 1 = Pfähle, 2 = Abbruchufer, 3 = rechtwinklig zueinander liegende Schichten von Weidenästen, Zwischenräume mit Boden verfüllt, 4 = SoMW.

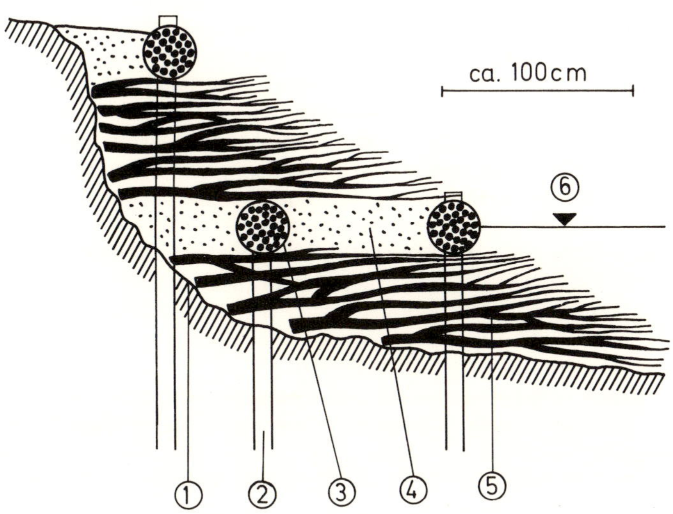

37 Waagerechte Astpackung mit zwischengelagerten Faschinen. 1 = Abbruchufer, 2 = Pfähle, 3 = Faschinen, 4 = Füllboden, 5 = Weidenäste, Zwischenräume mit Boden verfüllt, 6 = SoMW.

im Verlauf der Entwicklung der Pflanzen ein neues widerstandsfähiges Ufer schafft. Sie ist daher für die Beseitigung von Uferabbrüchen an stehenden, langsam und schnell fließenden Gewässern geeignet. Die Wahl der einen oder anderen Variante hängt vor allem von der Art der Schadstelle, den Strömungs- und Wasserstandsverhältnissen und der vorgesehenen Böschungsneigung ab.

Literatur

Deutsche Normen DIN 19657 (1963); *E. Kirwald* (1964); *R. Prückner* (1965); Richtlinien für den Lebendverbau an Verkehrswegen (1969)

Gitterbuschbauwerk

Lebende Baustoffe
Siehe »Ast- und Zweigpackungen«.

Bauweise [Abb. 38]

In der geplanten Uferlinie wird zunächst je nach Wassertiefe eine Pfahl- oder Pflockreihe (» Piloten «) geschlagen. Der Abstand der Piloten sollte etwa 200 bis 300 cm betragen. Im Anschluß daran werden in die durch die Piloten und das derzeitige Abbruchufer gebildete Fläche verzweigte starke Äste oder sogar kleine Bäume dicht an dicht und senkrecht zur geplanten Uferlinie gelegt. Während die Astenden zum Abbruchufer weisen sollten, müssen die Spitzen etwa 50 bis 80 cm über die Pilotenreihe hinaus in das Flußbett ragen. Bei Schadstellen mit geringer Wassertiefe reicht eine Astlage aus, bei tieferen sind mehrere Lagen zu legen. Es müssen nicht unbedingt lebende bewurzelungsfähige Äste, sondern es kann auch totes oder lebendes nicht bewurzelungsfähiges Material verwendet werden. In gleicher Richtung werden dann zwischen die Astlage lebende Weidenäste dicht schräg in den Boden gestoßen. Aus Gründen der Stabilität des Bauwerkes sind die Äste im Bereich der Pilotenreihe besonders tief und dicht zu stecken. Der Astbesatz ist mit größeren, etwa im Abstand von 100 bis 150 cm gelegten Steinen zu beschweren. Nach ihrer Fertigstellung sollte die Lage eine Stärke von ca. 50 bis 100 cm aufweisen.

In der gleichen Weise, jedoch senkrecht zu der ersten Lage, also etwa parallel zur geplanten Uferlinie, wird anschließend eine weitere Lage aus lebenden Weidenästen hergestellt. Die Äste sollten schräg in Fließrichtung geneigt sein, so daß also ihre Spitzen flußabwärts liegen. Bei Mangel an lebendem Material können an Stelle dieser zweiten Astlage einzelne, parallel zueinander und senkrecht zur Uferlinie verlaufende Astreihen gesetzt werden. Auch die zweite Astlage bzw. die Astreihen sind mit einzelnen größeren Steinen zu beschweren. Der » Kopf « des Bauwerkes, also der Beginn der Schadstelle, sollte durch Steine besonders gut gesichert werden, da hier die Gefahr einer Zerstörung durch den Wasserangriff am größten ist. Nach dem Niederdrücken der zweiten lebenden Astlage durch Steine sollte die Oberfläche des Bauwerkes etwa 100 cm über NW liegen.

Abschließend ist das beschädigte Ufer durch dicht an dicht in den Boden gesteckte lebende Weidenäste, also ähnlich wie durch eine Spreitlage, vor weiteren Abbrüchen zu sichern. Bei größeren Kolken ist es meist nicht erforderlich, die gesamte aufzulandende Kolkfläche durch Gitterbuschbau zu verbauen. In der Regel reicht es aus, die Verlandung nur zu Beginn des Kolkes, also im oberen Bereich, auf diese Weise einzuleiten und im unteren Bereich andere, weniger Material verbrauchende Lebendbauobjekte wie Buschbautraversen und lebende Bürsten zu erstellen (s. unten). Das Gitterbuschbauwerk wird am günstigsten im Frühjahr nach dem Rückgang des Winterhochwassers möglichst bei NW hergestellt.

Anwendungsbereich

Das Gitterbuschbauwerk ist ein sehr stabiles Bauwerk, das auch starken Wasserangriffen standhält. Es ist daher gut für die Verlandung von Kolken an schnellfließenden Gewässern mit starken Wasserspiegelschwankungen und Geschiebeführung, insbesondere an Gebirgsflüssen geeignet.

Literatur
R. Prückner (1965)

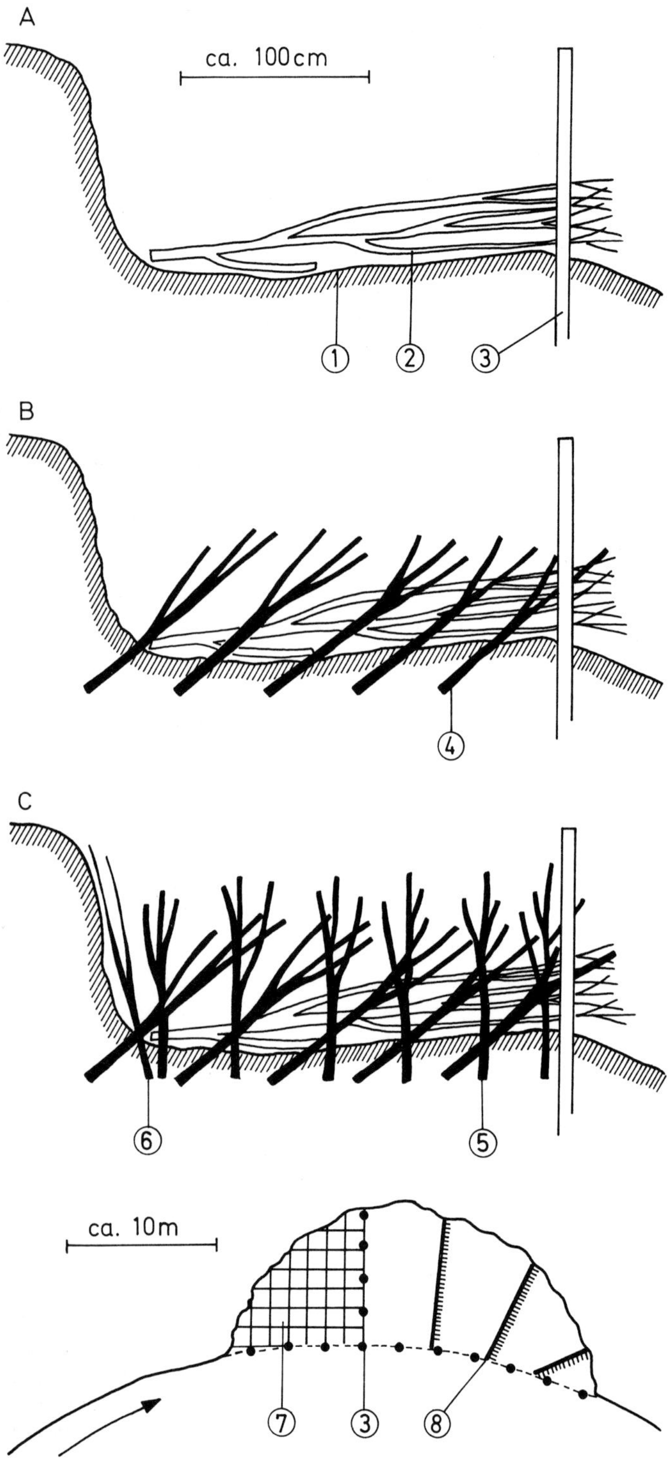

38 Gitterbuschbauwerk (vereinfacht). 1 = Uferboden, 2 = lebende oder tote Astlage, 3 = Piloten, 4 = erster Besatz mit lebenden Weidenästen rechtwinklig zur Fließrichtung, 5 = zweiter Besatz mit lebenden Weidenästen in Fließrichtung, 6 = Astlage zur Sicherung des Abbruchufers, 7 = räumliche Anordnung des Gitterbuschbauwerkes im Kolk, 8 = Buschbautraversen.

Buschbautraverse
Lebende Baustoffe
Siehe »Ast- und Zweiglagen«.

Bauweise [Abb. 39]
Die Ausführungsart ist von der Wassertiefe des Kolkes abhängig. Liegt z. Z. des Baues der Boden des Kolkes trocken, so werden vom Abbruchufer bis zur geplanten Böschungslinie, also quer zum Kolk bzw. quer zur Strömungsrichtung, 30 bis 40 cm breite Gräben mit dreieckigem Querschnitt so tief ausgehoben, daß das Wasser an die Grabenoberfläche tritt. Die dem Beginn des Kolkes zugewandten (flußaufwärtigen) Grabenseiten sind steiler als die flußabwärtigen auszuführen. Der Grabenaushub wird auf den flußabwärtigen Grabenseiten gelagert, so daß diese Seiten verlängert werden. In die Gräben werden ca. 100 bis 150 cm lange lebende Weidenäste schräg eingestoßen, so daß sie auf der flacheren und längeren Grabenseite aufliegen, also in Richtung Kolkende (flußabwärts) geneigt sind. Die Äste sind dicht zu stecken. Nach Herstellung der ersten Astlage ist diese durch weitere schräg gesteckte Äste so weit zu verdichten, bis eine geschlossene, in sich verflochtene Astwand entstanden ist. Lücken sind unbedingt zu vermeiden, da sich hier infolge der beschleunigten Durchströmung einmal Rinnen bilden können, die zu einer Beschädigung oder Zerstörung der Traverse führen, und zum anderen dann die gewünschte gleichmäßige Sedimentation nicht mehr gewährleistet ist.

Um die Adventivwurzelbildung der Weidenäste zu fördern, können die Gräben nach Fertigstellung der Astwand bis zu einem gewissen Grade mit Boden verfüllt werden. Zur Beschwerung der Äste werden abschließend in die Gräben Lagen größerer Steine oder verpflockte Drahtsenkwalzen (Drahtschotterwalzen) eingebracht.

Steht während der Bauausführung der Kolkboden unter Wasser, so ist das Ausheben von Gräben nicht möglich. In diesen Fällen muß daher die flache Grabenseite, auf der die Äste aufliegen würden, durch Hilfsbauten ersetzt werden. Zu diesem Zwecke werden auf der Linie der geplanten Traverse je nach Wassertiefe Pflöcke oder Pfähle schräg eingeschlagen, so daß sie in Richtung Kolkende geneigt sind. An den Pflöcken werden Latten, Stangen, Rundhölzer usw. befestigt. Die Weidenäste werden dann in den Boden gestoßen, so daß sie auf den Latten aufliegen. Im übrigen gleicht die Ausführung der oben beschriebenen. Nach Fertigstellung der Traverse können die Pflöcke und Latten entfernt und beim Bau der nächsten Traverse wiederverwendet werden.

Besonders sorgfältig sind die Anfangs- und Endpunkte der Traversen zu sichern. Dort, wo die Traverse ans Abbruchufer stößt, ist ein etwa 50 cm tiefer Einschnitt auszuheben und derart mit größeren Steinen zu verfüllen, daß diese Steinfüllung Anschluß an die Beschwerungssteine oder die Drahtsenkwalze der Astwand bekommt. Zwischen den letzten Steinen in Richtung des Abbruchufers sind Weidenäste so einzustoßen, daß sie Verbindung zur Astwand erhalten und das Abbruchufer fächerförmig bedecken. Das wasserseitige Ende der Traverse muß genau mit der geplanten Uferlinie abschließen. Es wird durch große Steine besonders gesichert. Da hier infolge Wirbelbildung Ausspülungen im Boden entstehen können, sind unter die letzten Steine Weidenäste fächerförmig quer zur Strömungsrichtung zu legen, die die Energie des Wassers zerteilen. Die Äste müssen lückenlos in die Astwand der Traverse übergehen.

Sofern es die Wasserstände zulassen, kann die Buschbautraverse zu allen Zeiten gebaut werden, in denen sich die Weidenäste bewurzeln.

Die Verlandung von Kolken wird durch ein System von Traversen erreicht. Dabei wird die erste, also flußaufwärtige Traverse am Kolkanfang, im spitzen Winkel zur geplanten Uferlinie angelegt, um die Strömung zum Teil aus dem Kolk in das vorgesehene Flußbett abzulenken. Die nächsten Traversen werden senkrecht und die letzte

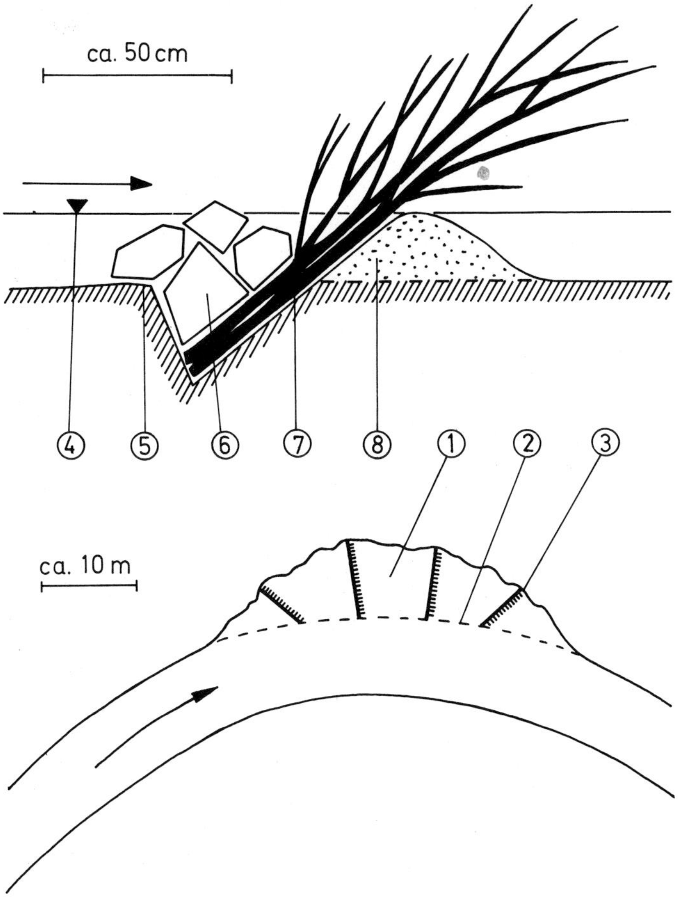

39 Buschbautraverse. 1 = Kolk, 2 = geplante Uferlinie, 3 = Buschbautraversen, 4 = SoMW, 5 = Kolksohle, 6 = Steine, 7 = Weidenäste, 8 = Grabenaushub.

im stumpfen Winkel zur geplanten Böschungslinie errichtet, so daß eine gleichmäßige Sedimentation und Auflandung verursacht wird. Der Abstand der einzelnen Traversen beträgt in der Regel das ein- bis anderthalbfache ihrer Länge.

Bei Wasserläufen mit starker Angriffskraft werden Buschbautraversen nicht selten in Kombination mit dem Gitterbuschbauwerk angewandt (s. oben). Das Gitterbuschbauwerk wird dabei im flußaufwärtigen Bereich des Kolkes als Leitwerk, zur Abwehr und Minderung der stärksten Angriffskraft des Wassers sowie zur Einleitung der Sedimentation eingebaut, während die Buschbautraversen im nunmehr beruhigten flußabwärtigen Bereich des Kolkes die Auflandung übernehmen. Ist die geplante Uferlinie, wie z.B. in Außenkurven, sehr starken Wasserangriffen ausgesetzt, so kann sie zusätzlich durch Wolfbau fixiert und gesichert werden. Hierbei werden in der vorgesehenen Uferlinie in ca. 200 bis 300 cm Abstand Pfähle eingeschlagen, an denen Latten, Stangen od. dgl. in vertikalem Abstand von etwa 20 bis 30 cm befestigt werden. Die untere Latte sollte in Höhe des NW liegen, während die oberste über SoMW hinausragen muß. Der Wolfbau hat die Aufgabe, das Wasser mit verminderter Strömungsgeschwindigkeit in den Kolk hineinfließen zu lassen, den Stromstrich in das geplante Flußbett zu lenken sowie Geschiebe oder Treibgut fernzuhalten, das die Traversen beschädigen könnte.

Anwendungsbereich
Die Buschbautraverse erträgt verhältnismäßig starke Beanspruchungen und erfordert nur geringen Aufwand an lebenden Baustoffen. Sie eignet sich daher besonders für die Verlandung größerer Kolke, die nicht vollständig durch Gitterbuschbau verbaut werden können, und die erst im Verlauf mehrerer Jahre aufgelandet zu werden brauchen.

Literatur
R. Prückner (1965)

Lebende Bürsten (Lebende Kämme)
Lebende Baustoffe
Setzpflöcke der unter »Ast- und Zweiglagen« aufgeführten Weidenarten bzw. an Ort und Stelle vorhandener bewurzelungsfähiger Hybriden.

Bauweise
Lebende Bürsten werden in erster Linie in Verbindung mit Buschbautraversen eingesetzt. Sobald der Kolk durch die Buschbautraversen vollständig oder teilweise bis ungefähr auf SoMW-Höhe verlandet ist, werden zwischen die Traversen parallel zu ihnen verlaufende Reihen von Setzpflöcken gesteckt. Da die Sedimentation nicht selten mit zunehmender Entfernung vom Abbruchufer in Richtung Flußbett abnimmt, können die Setzpflockreihen u.U. zunächst nur in Ufernähe gesteckt und müssen mit dem Fortschreiten der Aufhöhung in den Folgejahren in Richtung Flußbett verlängert werden.

Der Abstand der Setzpflockreihen beträgt etwa 100 cm. Die Setzpflöcke, die eine Mindestlänge von 50 cm aufweisen sollten, werden bis zu zwei Drittel oder drei Viertel ihrer Länge senkrecht oder mäßig flußabwärts geneigt in den Boden gesteckt. Der Abstand in der Reihe beträgt rd. 10 cm.

Abgesehen von hohen Wasserständen und der Zeit, in der sich die Weiden nicht bewurzeln, können lebende Bürsten das ganze Jahr über angelegt werden.

Anwendungsbereich
Für sich alleine angewandt, erreichen lebende Bürsten nicht die Wirksamkeit und Widerstandsfähigkeit gegenüber Beanspruchungen wie Buschbautraversen. Sie unterstützen jedoch die Wirkung der Buschbautraversen erheblich zu dem Zeitpunkt, an dem die Auflandung des Kolkes vollständig oder teilweise bis etwa SoMW fortgeschritten ist. Lebende Bürsten werden deshalb in der Regel in Kombination mit Buschbautraversen zur endgültigen Verlandung größerer Kolke eingesetzt.

Literatur
R. Prückner (1965)

Weitere, in diesem Abschnitt nicht behandelte Lebendbaumaßnahmen
Schadstellen können außerdem durch Steinschüttungen mit Astbesatz (Abschn. 2.2.2) und durch parallel, rechtwinklig oder abwechselnd in beiden Richtungen zur Uferlinie gelegte Faschinen mit Steinzwischenlagen ausgefüllt werden.

2.6 Maßnahmen zur Sohlenfixierung und -hebung

2.6.1 Allgemeines

Es handelt sich um Lebendbaumaßnahmen, die eine Sohlenerosion, also eine Eintiefung des Wasserlaufes verhindern und darüber hinaus eine Hebung der Sohle bewirken. Dieses Ziel wird durch tote und auch durch lebende Querbauten erreicht, die, wie aus der Bezeichnung hervorgeht, das gesamte Flußbett durchqueren. Lebende Querbauten können nur in Wasserläufen angelegt werden, die dauernd einen sehr geringen Wasserstand aufweisen, oder die längere Zeit trocken fallen. Sie werden vor allem in Wildbächen einschließlich zeitweilig wasserführender Runsen und Rinnen zur Sohlenhebung und außerdem zur Verlandung von Hinter- oder Nebenrinnen von Wasserläufen errichtet.

Wirkungsweise
Die lebenden Querbauten üben folgende Wirkungen aus:
a Schotter, Geröll und Geschiebe werden durch sie mechanisch zurückgehalten.
b Hinter dem Querbauwerk, also oberhalb von ihm, werden Strömungsgeschwindigkeit und Schleppkraft des Wassers verringert und die Sedimentation gefördert.
c Durch das zurückgehaltene bzw. sedimentierte Material wird die Sohle oberhalb des Querbauwerkes angehoben. Das Material wird vom Querwerk aus durchwurzelt und gefestigt.
d Auf diese Weise entsteht, sofern mehrere Querbauten hintereinander angelegt werden, eine treppenförmige Sohle.

Die Wirkung der Querbauwerke setzt sofort nach ihrer Fertigstellung ein und steigt mit dem Heranwachsen der Pflanzen. Der Vorgang der Sohlenhebung ist vor allem abhängig von den Wasserstandsverhältnissen, der Strömungsgeschwindigkeit, der Dauer der Wasserführung, vom Gefälle sowie vom Boden und vom Gestein. Er erstreckt sich nicht selten über mehrere Jahre. Der Abstand der Querbauten richtet sich nach der Reichweite ihrer Wirkung. Diese hängt nach *G. Strele* (1950) von der Höhe des Bauwerkes und dem Gefälleunterschied zwischen derzeitiger und zukünftiger aufgehöhter Bachsohle ab. Da lebende Querbauten im Laufe ihrer Entwicklung an Höhe zunehmen, vergrößert sich auch ihre Reichweite.

Bestandsziel
Die obigen Effekte werden am besten durch dichte, jedoch ausreichend vom Wasser durchströmbare, elastische Strauchbestände erreicht. Da Weiden als lebende Baustoffe für die Querschwellen besonders geeignet sind, sind als Bestandsziel vorwiegend Strauchweidengebüsche anzustreben.

Räumliche Anordnung in Wildbächen
Beim Wildbachverbau hat sich in der Regel eine Kombination von lebenden und toten Querwerken als günstig erwiesen. Die toten, starken Belastungen aussetzbaren Bauwerke übernehmen in größeren Abständen an besonders schwierigen und gefährlichen Stellen die Anhebung der Sohle und das Zurückhalten der größten Steine. Nachdem durch sie bis zu einem gewissen Grade die Sohlenhebung fortgeschritten und die Geschiebeführung gemindert ist, werden zwischen ihnen auf der teilweise aufgehöhten Sohle die schwächer belastbaren lebenden Querwerke angelegt, die dann die endgültige Sohlenhebung und -sicherung bewirken. Dabei ist das nächsthöhere lebende Querwerk im allgemeinen dort zu errichten, wo die durch das untere lebende Querwerk zu bildende neue Sohlenoberfläche die derzeitige Sohlenoberfläche schneiden soll [Abb. 40].

2.6.2 Lebendbaumaßnahmen

Lebende Querschwellen bestehen zum größten Teil aus den gleichen Elementen, bzw. werden durch die gleichen Bauweisen erstellt, die zum Uferschutz und zur Sicherung von Hängen verwendet werden, wie z.B. Faschinen, Buschlagen, Flechtwerke und mit Steckhölzern besetzte Steinmauern. Sie unterscheiden sich aber von den Lebendbaumaßnahmen zum Uferschutz und zur Hangsicherung durch ihre abweichende räumliche Anordnung (quer zur Längsachse der Gewässersohle) und durch die andere Zielsetzung. Bei allen lebenden

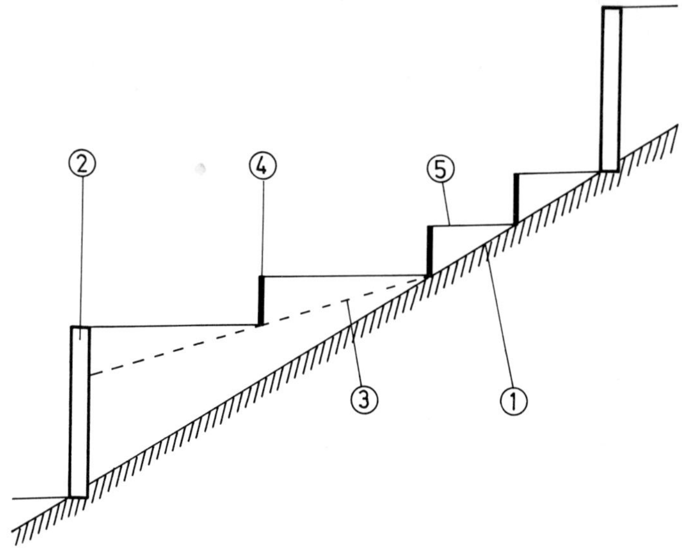

40 Tote und lebende Querwerke in einem Wildbach (Schema in Anlehnung an *G. Strele*, 1950). 1 = derzeitige Sohle, 2 = tote Querwerke, 3 = teilweise angehobene Sohle, 4 = lebende Querwerke, 5 = vollständig angehobene Sohle.

Querbauten liegt die günstigste Ausführungszeit im Frühjahr nach dem Abklingen der Frühjahrshochwässer. Sofern es die Wasserstände zulassen, kann aber auch in den übrigen Jahreszeiten, in denen sich die Weiden bewurzeln, gebaut werden.

Buschschwellen
Lebende Baustoffe
Äste und Zweige insbesondere der folgenden Strauchweidenarten bzw. an Ort und Stelle vorhandener bewurzelungsfähiger Hybriden: Großblättrige Weide (Salix appendiculata), Ohrweide (S. aurita), Grauweide (S. cinerea), Reifweide (S. daphnoides), Lavendelweide (S. eleagnos = S. incana), Glanzweide (S. glabra), Schwarzweide (S. nigricans), Lorbeerweide (S. pentandra), Purpurweide (S. purpurea), Mandelweide (S. triandra), Korbweide (S. viminalis).

Bauweise [Abb. 41]
Die Buschschwelle ist die einfachste der lebenden Querbauten. Auf der Sohle wird ein Graben mit dreieckigem Querschnitt ausgehoben. Die Weidenäste und -zweige werden dicht an dicht in der Weise eingelegt, daß sie auf der vorderen, also talseitigen Grabenböschung aufliegen und sich etwa zu drei Viertel bis vier Fünftel ihrer Länge im Graben befinden. Das Buschwerk wird mit Draht verflochten,

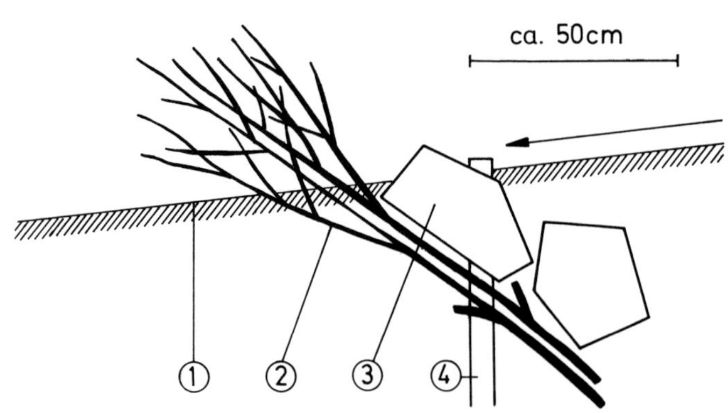

41 Buschschwelle. 1 = Sohle, 2 = Weidenäste, 3 = Steine, 4 = Pfahl.

mit Metall- oder Holzstäben am Boden befestigt und leicht mit dem Grabenaushub abgedeckt. Anschließend wird die Buschlage mit größeren Steinen beschwert und der Graben vollständig zugefüllt. Die Böschungen des Wasserlaufes sind an den Anschlußstellen der Buschschwelle mit einer durch Pflöcke und Drahtverspannung gesicherten dichten Lage aus Weidenästen und -zweigen besonders zu schützen. Buschschwelle und Astlage müssen lückenlos ineinander übergehen, um eine seitliche Umspülung und Zerstörung des Bauwerkes zu verhindern. Kombinationsmöglichkeiten von Buschschwellen mit Faschinenschwellen sowie mit Flechtzaunschwellen werden unter »Faschinenschwellen« und »Flechtzaunschwellen« beschrieben.

Anwendungsbereich
Buschschwellen stellen keine sehr stabilen Querbauten dar. Sie halten nur in geringem Maße Boden und kaum größere Steine zurück. Sie mindern aber recht gut Strömung und Schleppkraft des Wassers und fördern somit die Sedimentation von Feinmaterial. Buschschwellen sind daher besonders für die Verlandung von Hinter- und Nebenrinnen mit schwachem Gefälle, für die Verbauung von zeitweilig wasserführenden Runsen und in Wildbächen als Sekundärwerke zur endgültigen Sohlenhebung und -fixierung geeignet.

Literatur
H. M. Schiechtl (1969)

Faschinenschwellen
Lebende Baustoffe
Vor allem Ruten der unter »Buschschwellen« aufgeführten Strauchweidenarten bzw. an Ort und Stelle vorhandener bewurzelungsfähiger Hybriden.

Bauweise
Die Herstellung von Faschinen wurde in Abschn. 2.2.2 beschrieben. Ihre Verwendung als Querbauten geschieht in mehreren Varianten.

Die einfache Faschinenschwelle besteht aus einer Faschine. Sie wird in einen quer über die Sohle gezogenen Graben bis zur Hälfte oder bis zu zwei Dritteln ihres Durchmessers versenkt [Abb. 42]. Ihre Wirkung kann durch eine Buschlage erhöht werden. Diese wird zunächst in einen Graben mit dreieckigem Querschnitt auf die vordere talseitige Böschung gelegt und bis zu einem gewissen Grade mit dem Grabenaushub bedeckt. Anschließend wird die Buschlage durch die Faschine bedeckt und beschwert. Es handelt sich also um eine Kombination von Busch- und Faschinenschwelle [Abb. 43].

Eine sofortige stärkere Abtreppung der Sohle kann durch doppelte Faschinenschwellen erreicht werden. Hierbei sind zwei Faschinen schräg übereinander zu legen. Ihre Wirksamkeit kann ebenfalls durch eine zwischen die beiden Faschinen eingebaute Buschlage verstärkt werden [Abb. 44]. Darüber hinaus ist auch der Bau von Faschinenschwellen möglich, die aus drei und mehr Faschinen bestehen.

Die Faschinen sind in Abständen von etwa 50 cm mit mindestens 100 cm langen Metallstäben oder Holzpfählen auf der Sohle zu befestigen. Besondere Sorgfalt ist auf ihre seitliche Verankerung zu legen, um eine seitliche Umspülung und Auflösung des Bauwerkes zu verhindern. Zu diesem Zwecke werden an den Böschungen Einschnitte ausgeführt, in die die Faschinenenden gelegt und verpfählt werden. Nach Zufüllung der Einschnitte können die Verbindungsstellen durch Lagen lebender Weidenzweige, die neben der Faschine in die Sohle gesteckt werden und auf den Böschungen wie eine Spreitlage aufliegen, zusätzlich gesichert werden.

Die Kombination von Faschinen- und Flechtzaunschwelle wird unter »Flechtzaunschwellen« behandelt.

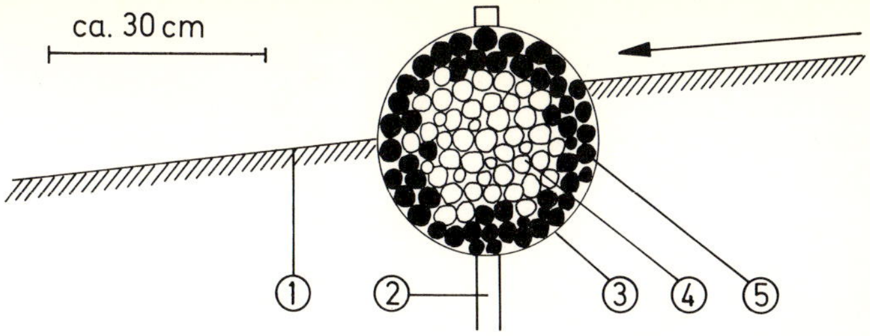

42 Faschinenschwelle. 1 = Sohle, 2 = Pfahl, 3 = Faschine, 4 = totes Material, 5 = lebende Weidenruten.

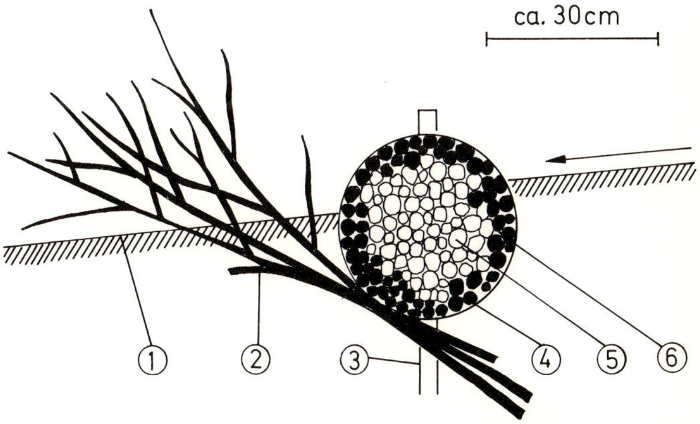

43 Kombination von Busch- und Faschinenschwelle. 1 = Sohle, 2 = Weidenäste, 3 = Pfahl, 4 = Faschine, 5 = totes Material, 6 = lebende Weidenruten.

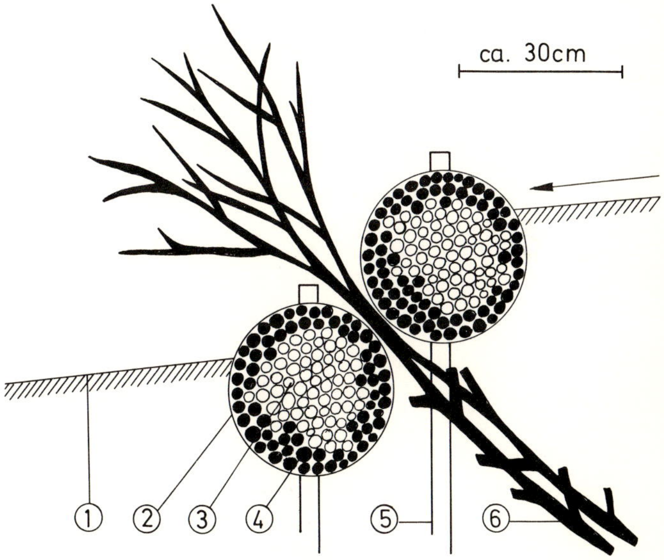

44 Doppelte Faschinenschwelle mit Buschlage. 1 = Sohle, 2 = Faschine, 3 = totes Material, 4 = lebende Weidenruten, 5 = Pfahl, 6 = Weidenäste.

Anwendungsbereich
Faschinenschwellen weisen ebenfalls keine allzugroße Stabilität auf und halten nur in geringem Maße Boden und größere Steine zurück. Sie festigen jedoch die Sohle und fördern nach ihrem Heranwachsen die Sedimentation. Sie sind deshalb vor allem für den Verbau von Runsen und in Wildbächen als Sekundärwerke zur endgültigen Sohlenhebung und -fixierung verwendbar.

Literatur
H. M. Schiechtl (1969); *G. Strele* (1950)

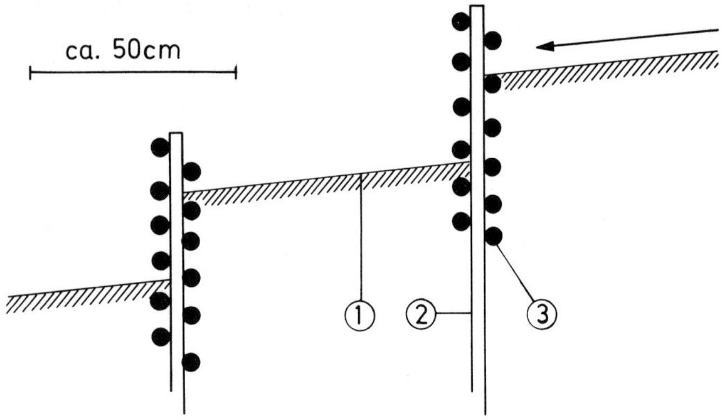

45 Doppelte Flechtzaunschwelle. 1 = Sohle, 2 = Pfahl, 3 = Weidengeflecht.

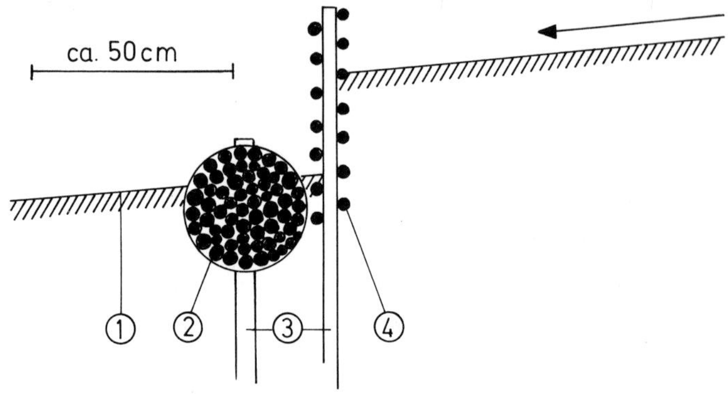

47 Kombination von Faschinen- und Flechtzaunschwelle. 1 = Sohle, 2 = Faschine, 3 = Pfähle, 4 = Weidengeflecht.

Flechtzaunschwellen

Lebende Baustoffe

Ruten der unter »Buschschwellen« aufgeführten Strauchweidenarten bzw. an Ort und Stelle vorhandener bewurzelungsfähiger Hybriden.

Bauweise

Die Herstellung von Geflechten wird in Abschn. 4.1.2 beschrieben. Flechtzaunschwellen werden im allgemeinen als einfache oder doppelte Flechtzaunschwellen [Abb. 45] gebaut. Die Geflechte müssen bis etwa zur Hälfte ihrer Höhe in die Sohle versenkt werden, um eine Unterspülung zu vermeiden. Sie sind mit mindestens 100 cm langen Metallstäben bzw. mit lebenden oder toten Pfählen im Abstand von mindestens 50 cm zu verankern. Durch ein bergseits angebrachtes engmaschiges Drahtgeflecht können sie zusätzlich gegen Zerreißen und Schurf geschützt werden. Seitlich sollten die Flechtzäune etwas an den Böschungen hochgezogen und die Flechtzaunenden in die Böschungen eingelassen werden, um eine Umspülung und Zerstörung des Bauwerkes zu verhindern.

Diese Anschlußstellen können durch Zweiglagen (s. »Faschinenschwellen«) zusätzlich gesichert werden.

Flechtzaunschwellen können mit Buschschwellen und Faschinenschwellen kombiniert werden. Bei der Kombination mit Buschschwellen werden über den Buschlagen vor der Zufüllung des Grabens Flechtzäune hergestellt, so daß diese nach der Verfüllung teilweise im Boden eingesenkt sind [Abb. 46]. Eine Verstärkung der Flechtzaunschwellen kann auch dadurch erreicht werden, daß vor den Flechtzäunen, also talseitig, in die Sohle eine oder mehrere Faschinen eingebaut werden [Abb. 47].

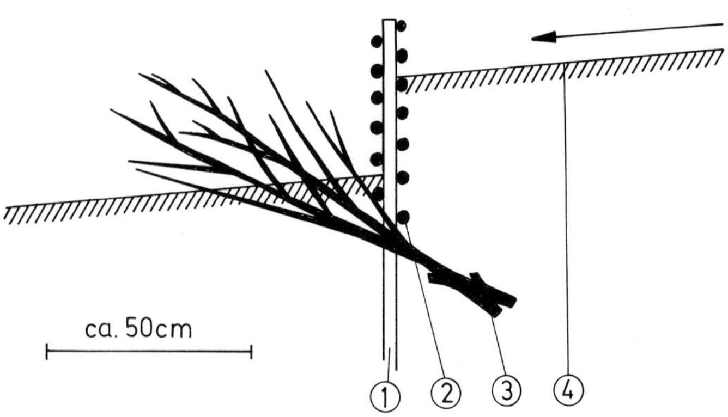

46 Kombination von Busch- und Flechtzaunschwelle. 1 = Pfahl, 2 = Weidengeflecht, 3 = Weidenäste, 4 = Sohle.

Anwendungsbereich

Flechtzaunschwellen sind nicht sehr stabil und können leicht durch Geschiebe und Geröll zerrissen werden. Sie halten aber recht gut auf der flußaufwärtigen Seite Feinmaterial zurück und fördern dort infolge Minderung von Energie und Schleppkraft des Wassers die Sedimentation. Sie können daher besonders für die Verlandung von Hinter- und Nebenrinnen, zum Verbau geröllarmer Runsen und in Wildbächen als Sekundärwerke zur endgültigen Sohlenhebung und -sicherung verwendet werden.

Literatur

E. Kirwald (1951); Richtlinien für den Lebendverbau an Verkehrswegen (1969); *H. M. Schiechtl* (1969); *G. Strele* (1950)

Setzpflock- und Setzstangenschwellen (Lebende Palisaden)

Lebende Baustoffe

Vor allem Setzpflöcke und Setzstangen der unter »Buschschwellen« aufgeführten Weidenarten bzw. an Ort und Stelle vorhandener bewurzelungsfähiger Hybriden.

Bauweise [Abb. 48]

Setzpflöcke oder Setzstangen werden quer über die Sohle und in seitliche, in die Böschungen eingeschnittene Schlitze mindestens zu einem Drittel ihrer Länge tief eingeschlagen. Der Abstand der einzelnen Setzpflöcke oder Setzstangen sollte je nach ihrem Durchmesser ungefähr zwischen 10 und 15 cm liegen. Ein oder mehrere, waagerecht angebrachte und seitlich in den Böschungen verankerte Querhölzer können die Stabilität der Schwellen beträchtlich erhöhen. Bei Bedarf können die Pflöcke oder Stangen auch durch Flechtwerk verbunden werden. Sofern hierbei lebende Ruten verwendet werden, ist das Querwerk bergseitig mit Boden zu hinterfüllen, damit ein Anwachsen der Ruten gewährleistet ist.

Anwendungsbereich

Setzpflock- und Setzstangenschwellen sind recht stabile Bauwerke, die insbesondere für den Verbau größerer Runsen in feinmaterialreichen und steinhaltigen Substraten geeignet sind.

Literatur

Richtlinien für den Lebendverbau an Verkehrswegen (1969)

Holzschwellen mit Steckholz-, Setzpflock-, Ast- oder Zweigbesatz (Lebende Querschwelle, Krainerwand)

Lebende Baustoffe

Vor allem Steckhölzer, Setzpflöcke, Äste oder Zweige der unter »Buschschwellen« aufgeführten Weidenarten bzw. an Ort und Stelle vorhandener bewurzelungsfähiger Hybriden.

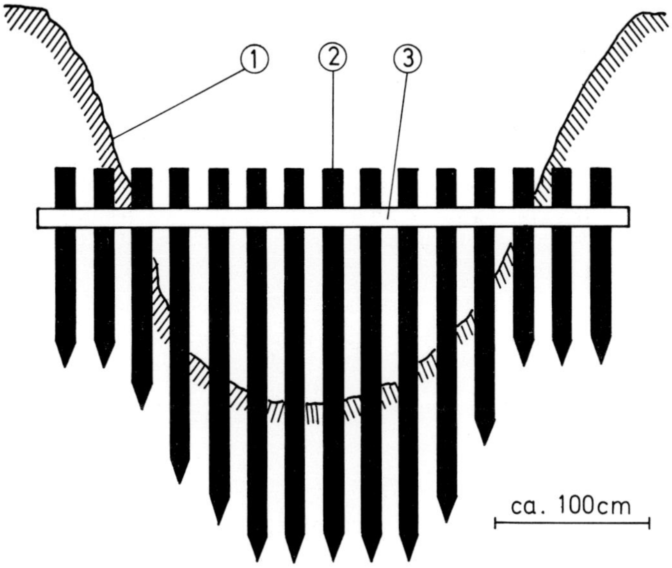

48 Setzstangenschwelle. 1 = Oberfläche der Runse, 2 = Setzstangen, 3 = Querholz.

Bauweise [Abb. 49]
Es werden abwechselnd Rundhölzer (»Querhölzer«) quer zur Längsachse der Sohle und im rechten Winkel dazu Pfähle (»Zangen«) übereinander gelegt und bergseitig mit Boden hinterfüllt. Die Querhölzer sind seitlich in die Böschungen einzulassen, um der Schwelle die erforderliche Stabilität zu geben. Auf der Vorderseite, also der Talseite des Bauwerkes senkrecht oder schräg eingeschlagene Pfähle können eine weitere Verstärkung bewirken. Holzschwellen werden je nach Höhe und Beanspruchung senkrecht oder mit bergseitiger Neigung gebaut. Sie sollten nach *H.M. Schiechtl* nicht höher als 300 cm sein. Als lebende Baustoffe werden Steckhölzer, Setzpflöcke, Äste oder Zweige verwendet. Sie sind entweder während der Errichtung der Holzkonstruktion in die von den Querhölzern gebildeten Zwischenräume einzulegen, oder das Bauwerk wird nach seiner Fertigstellung mit Setzpflöcken oder Steckhölzern besetzt. In den hinterfüllten Boden können bei Bedarf ebenfalls die obigen lebenden Baustoffe eingebracht werden.

Anwendungsbereich
Die Holzschwelle ist ein verhältnismäßig stabiles Bauwerk und kann bei entsprechender Ausführung viel Boden und auch größere Steine zurückhalten. Sie eignet sich aus diesen Gründen vor allem für die Verbauung stärker geneigter, größerer Runsen mit geröllhaltigem Boden sowie als Querwerk erster Ordnung für die Sohlenhebung kleinerer Wildbäche.

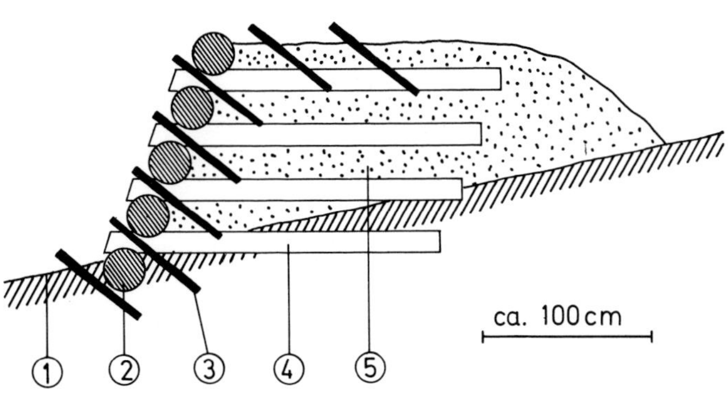

49 Holzschwelle mit Setzpflockbesatz. 1 = Sohle, 2 = Querhölzer, 3 = Setzpflöcke, 4 = »Zangen«, 5 = Hinterfüllung mit Boden.

Literatur

E. Kirwald (1964); Richtlinien für den Lebendverbau an Verkehrswegen (1969); *H.M. Schiechtl* (1969); *G. Strele* (1950)

Steinschwellen mit Steckholz-, Setzpflock-, Ast- oder Zweigbesatz
Lebende Baustoffe
In erster Linie Steckhölzer, Setzpflöcke, Äste oder Zweige der unter »Buschschwellen« aufgeführten Weidenarten bzw. an Ort und Stelle vorhandener bewurzelungsfähiger Hybriden.

Bauweise
Die wichtigsten Steinschwellen sind: »Drahtschotterbehälter mit Astlagen«, »Natursteinmauer mit Steckholz-, Setzpflock- oder Astbesatz« sowie »Betonfertigstein-Mauer mit Steckholz-, Setzpflock- oder Astbesatz«.

Beim Bau von Schwellen mit Drahtschotterbehältern werden Drahtbehälter (Gabionen), die in verschiedenen Größen geliefert werden, schichtenweise mit Schotter und Ästen gefüllt. Damit die Adventivwurzelbildung ermöglicht wird, ist dem Schotter ein verhältnismäßig hoher Anteil an Feinmaterial beizumengen. Außerdem müssen die Astenden bergseits aus dem Drahtschotterbehälter ausreichend weit herausragen, so daß sie nach der Hinterfüllung der Schwelle mit Boden bedeckt sind und sich bewurzeln können. Aus Stabilitätsgründen sind die Drahtschotterbehälter etwas in die Sohle und seitlich in die Böschungen einzusenken. Bei Bedarf muß ein Fundament aus einem Rost von Rundhölzern oder dgl. gebaut werden. Seine Zwischenräume sollten ebenfalls mit Ästen in der Weise ausgefüllt werden, daß deren Spitzen talseitig den Boden am Fuß des Drahtschotterbehälters vor Erosion sichern [Abb. 50].

Natursteinmauern und Mauern aus Beton-Fertigteilen werden je nach Höhe und Beanspruchung senkrecht oder mit schräg bergseits geneigter Vorderseite errichtet. Auch ihre Höhe sollte nach *H.M. Schiechtl* 300 cm nicht übersteigen. Als lebende Baustoffe werden Steckhölzer, Setzpflöcke oder Äste verwendet. Sie sind während des Mauerbaues einzulegen, so daß ihre Enden in den Boden hineinragen, mit dem die Mauern bergseits hinterfüllt werden. Dieses Erdreich kann ebenfalls mit Steckholz, Setzpflöcken oder Ästen besetzt werden.

Anwendungsbereich
Steinschwellen stellen die stabilsten Querwerke dar. Sie können starken Beanspruchungen ausgesetzt werden und sind in der Lage, größere Bodenmassen, Geröll und Geschiebe zurückzuhalten. Sie können deshalb gut zum Verbau größerer, steilerer Runsen sowie in Wildbächen als Querwerke erster Ordnung zur Aufhöhung der Sohle verwendet werden.

Literatur

H.M. Schiechtl (1969); *G. Strele* (1950)

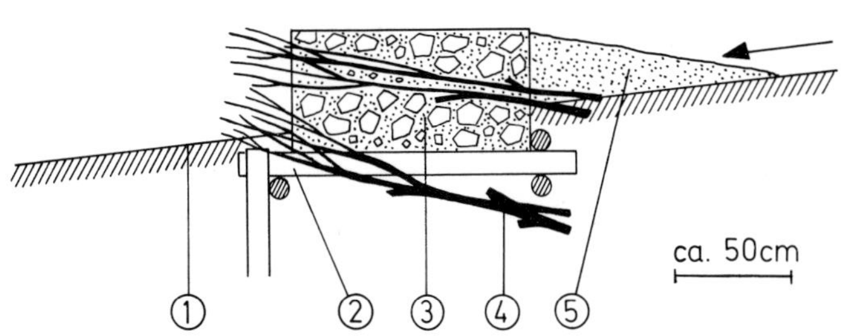

50 Drahtschotterschwelle mit Asteinlage. 1 = Sohle, 2 = Holzrost, 3 = mit Steinen und Feinmaterial gefüllter Drahtschotterbehälter, 4 = Weidenäste, 5 = Hinterfüllung mit Boden (in Anlehnung an *H.M. Schiechtl*, 1969).

Ausbuschung

Lebende Baustoffe

Vor allem Äste und Zweige der unter »Buschschwellen« aufgeführten Weidenarten bzw. an Ort und Stelle vorhandener Hybriden.

Bauweise

Die Ausbuschung stellt streng genommen kein Querwerk, sondern ein auf der Sohle angelegtes Längsbauwerk dar. Sie kann aber auch als eine Reihe unmittelbar aufeinanderfolgender Querbauten, nämlich von Buschschwellen aufgefaßt werden.

Beim Bau werden Äste und Zweige in der Weise auf der Sohle eingebracht, daß sich die Astenden bergseits höher als die talwärts weisenden Spitzen im Boden befinden. Die Lagen sind unmittelbar übereinander zu legen, so daß die aus dem Boden ragenden Zweigspitzen der höheren Lage diejenigen der nächstunteren dachziegelartig überdecken. Etwa alle 300 cm ist die Ausbuschung durch Querhölzer und Draht zu befestigen. Bei Mangel an lebendem Material kann ungefähr bis zu 50 % totes oder nicht bewurzelungsfähiges Astwerk beigemischt werden [Abb. 51]. Eine Variante besteht darin, daß, ähnlich wie beim Buschlagenbau (Abschn. 4.1.2), auf der Sohle dicht aufeinanderfolgende Stufen mit Gegengefälle gebaut werden, auf die die Äste und Zweige gelegt und mit dem Aushub der darüber liegenden Stufe bedeckt werden [Abb. 52].

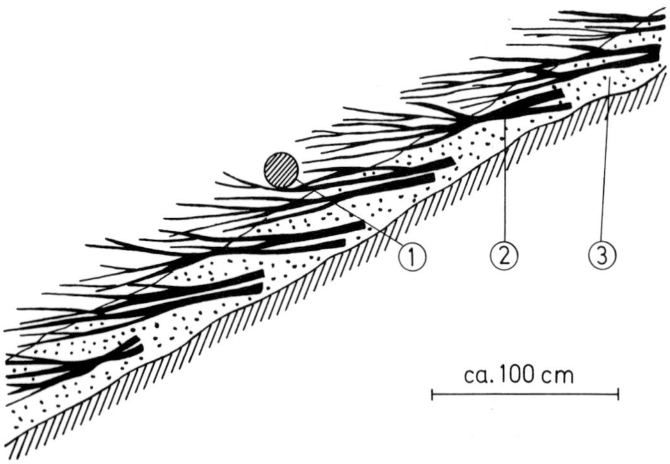

51 Ausbuschung. 1 = Querholz, 2 = Weidenäste, 3 = Bodenbedeckung der Weidenäste.

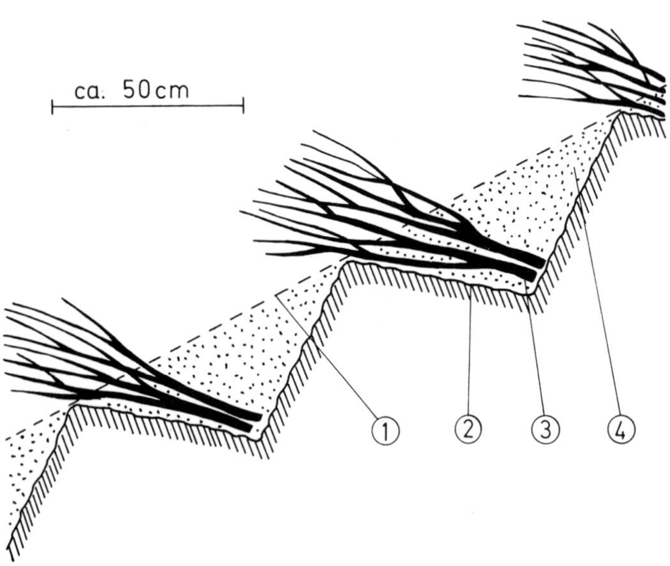

52 Ausbuschung. 1 = Sohle, 2 = ausgehobene Stufen, 3 = Weidenäste, 4 = Bodenbedeckung der Weidenäste.

Anwendungsbereich

Die Ausbuschung ist bei verhältnismäßig großem Materialverbrauch wenig stabil, schützt aber die gesamte Sohle recht gut durch Bedeckung sowie durch Durchwurzelung und hält viel Feinmaterial zurück. Sie ist deshalb insbesondere beim Verbau kleinerer tief eingeschnittener Runsen mit nur zeitweiliger Wasserführung anzuwenden.

Literatur

E. Kirwald (1951); Richtlinien für den Lebendverbau an Verkehrswegen (1969); *H. M. Schiechtl* (1958 u. 1969)

2.7 Maßnahmen zur Beruhigung der Wasseroberfläche

Im Zusammenhang mit der Planung »Hochwasser-Rückhaltebecken Fahle Heide bei Gifhorn/Nds.« wurde von *F. Steiniger* der Vorschlag gemacht, auf dem Rückhaltebecken lebende schwimmende Inseln anzulegen (*U. Schlüter*, 1968 b; *F. Steiniger*, 1968).

Auf größeren Wasserflächen können derartige Inseln neben landschaftsökologischen (Biotop für Tiere, Förderung der Selbstreinigung) und landschaftsästhetischen Wirkungen wahrscheinlich folgende Effekte ausüben:

a Sie mindern den Wellenschlag und setzen auf diese Weise die Gefahr von Uferbeschädigungen herab.

b Sie können vom Wind erzeugte Oberflächenströmungen unterbrechen. Da solche Oberflächenströmungen entgegengesetzte erodierende Grundströmungen zur Folge haben können, werden letztere durch die Unterbrechung der Oberflächenströmungen ebenfalls ausgeschaltet und die Gefahr einer Sohlenerosion vermindert.

Zur Ausübung dieser günstigen Funktionen könnten auch bodenfeste Inseln gebaut werden. Die schwimmenden Inseln weisen jedoch gegenüber den bodenfesten eine Reihe Vorteile auf, die ihre Verwendung besonders auf Gewässern mit starken Wasserspiegelschwankungen wie Rückhaltebecken und Talsperren empfehlenswert macht:

a Sie folgen den Wasserspiegelschwankungen. Das Pflanzenwachstum wird durch diese also nicht gestört.

b Es geht durch sie kein Stauraum verloren, ein Gesichtspunkt, der vor allem bei Hochwasser-Rückhaltebecken und Talsperren eine Rolle spielt.

c Ihre Lage kann bei Bedarf verändert und somit wasserbaulichen Erfordernissen angepaßt werden.

In Mittel- und Südosteuropa werden natürliche schwimmende Inseln vorwiegend aus Arten der Röhrichte gebildet (*H. J. Dahl*, vorauss. 1972). Es ist daher naheliegend, als Bestandsziel für künstliche schwimmende Inseln ebenfalls röhrichtartige Gesellschaften anzustreben.

Da über den Bau schwimmender Inseln keine Erfahrungen vorliegen, wurde vom Verfasser ein diesbezügliches Forschungsvorhaben angeregt. Auf Grund dessen werden z. Z. am Institut für Landschaftspflege und Naturschutz der TU Hannover von *H. J. Dahl* in einer Dissertation folgende Fragen bearbeitet:

a Welche Pflanzenarten der Röhrichtzone können verwendet werden?

b Sind die Schwimmkörper aus Hygromull (Abschn. 5.1.2), die die BASF, Ludwigshafen, entwickelte und dem Institut für

53 Schwimmende Inseln. Der Versuch des Institutes für Landschaftspflege.

Landschaftspflege freundlicherweise kostenlos zur Verfügung stellte, bis zur Entwicklung der Pflanzenbestände als Trägersubstrat geeignet?

c Mittels welcher Bauweisen können die Röhrichtarten am besten auf den Hygromull-Schwimmkörpern angesiedelt werden?

d Ist eine Düngung der künstlichen schwimmenden Inseln erforderlich oder reicht der Nährstoffgehalt des Wassers für die Ernährung der Pflanzen aus?

Die Versuche werden auf einem mesotrophen See im Norden Hannovers durchgeführt.

Die Untersuchungen *H.J. Dahls* werden 1971 abgeschlossen sein und voraussichtlich 1972 veröffentlicht werden. Auf Grund der z.Z. gültigen Promotionsordnung ist es nicht vorteilhaft, vor Abschluß der Promotion Ergebnisse zu veröffentlichen. Die vorzeitige Bekanntgabe von Ergebnissen wird außerdem von der BASF aus patentrechtlichen Gründen nicht gewünscht. Es sei hier nur angedeutet, daß die Untersuchungen bis jetzt recht erfolgversprechend verlaufen [Abb. 53–55].

54 Schwimmkörper aus Hygromull mit Wasserschwaden. Etwa drei Monate nach der Einbringung.

55 Schwimmkörper aus Hygromull mit Schilf. Etwa drei Monate nach der Einbringung.

3 Lebendbau an der Küste

Nachstehend wird auf die folgenden Lebendbaumaßnahmen eingegangen:

a Maßnahmen zur Landgewinnung
b Maßnahmen zum Deichschutz
c Maßnahmen zur Dünenfestlegung

An der Küste werden darüber hinaus vor allem Windschutzpflanzungen auf der landwirtschaftlichen Nutzfläche, Lebendbaumaßnahmen zur Sicherung von Steilküsten sowie in Flußmündungen Uferschutzmaßnahmen geplant. Da hierfür dieselben oder ähnliche Lebendbauweisen zur Anwendung kommen, wie sie im Binnenland für Windschutzpflanzungen, für die Sicherung von Hängen und zum Uferschutz an Gewässern eingesetzt werden, wird auf sie hier nicht eingegangen, sondern auf die Abschnitte 2, 4 und 5.2 verwiesen. Die für diese Aufgaben an der Küste geeigneten lebenden Baustoffe sind Abschn. 7 zu entnehmen.

3.1 Maßnahmen zur Landgewinnung

3.1.1 Allgemeines

Bei der Landgewinnung werden Pflanzen in Verbindung mit kulturtechnischen Maßnahmen dafür verwendet, im Watt die Schlicksedimentation und -bindung zu verstärken und somit eine allmähliche Aufhöhung der Flächen zu erreichen.

Wirkungsweise

Die Pflanzen werden also für die Einleitung oder Förderung eines länger dauernden ökologischen Prozesses eingesetzt. Dabei üben sie folgende Wirkungen aus:

a Die oberirdischen Teile zerteilen die Energie des Wassers und schaffen auf diese Weise Ruhezonen, in denen eine verstärkte Sedimentation der Sinkstoffe stattfindet.
b Wurzeln und Rhizome festigen das abgelagerte Material.
c Die Pflanzen sind bis zu einem gewissen Grade Bestandteil des Biotopes für diejenigen Tiere des Watts, die ihrerseits wesentlich zum Verlandungsprozeß beitragen (s. unten).

Natürliche Vegetationsentwicklung und Bestandsziel

Die Landgewinnung nimmt den natürlichen Verlandungsprozeß zum Vorbild, der deswegen nachstehend in seinen wichtigsten Phasen angedeutet werden soll.

Die Küste ist durch Hebungen und Senkungen, durch den Gezeitenwechsel (Ebbe und Flut) sowie durch Wellenschlag und Strömungen ständig der Zerstörung und dem Aufbau ausgesetzt. Abgesehen von Küstenhebungen bilden die im Wasser in ungeheuren Mengen vorhandenen organischen und anorganischen Sinkstoffe die entscheidende Grundlage für den Aufbau der Küste. Nach *O. Linke* (1939) reichen die Sinkstoffe für eine jährliche Sedimentation von 3,0 m aus, sofern die Teilchen sich absetzen können und nicht vom Ebbestrom fortgeschwemmt werden.

Durch Sedimentation vor allem in den Stillwasserperioden (Zeit der tiefsten Ebbe bzw. der höchsten Flut) reichert sich auf dem Wattboden allmählich eine dünne Schicht von Ablagerungen an, die durch neu hinzukommende immer stärker und dichter wird. Je nach dem Tongehalt der Sedimente wird zwischen Sandwatt (Tongehalt $<10\%$) und Schlickwatt (Tongehalt $>10\%$) unterschieden.

Hat das Watt eine bestimmte Höhe unter MThw erreicht, so schalten sich in den Verlandungsprozeß Pflanzen ein und üben die oben angedeuteten Wirkungen aus.

Im Bereich etwa zwischen 1,30 bis 0,80 m unter MThw treten Seegras-Wiesen (Zosteretea marinae Pign. 53) auf, an die sich mit zunehmender Aufhöhung eine Grünalgenzone (Entheromorpha-Zone) anschließt. In diesen Bereichen sind Diatomeen stark an der Sedimentbindung beteiligt (*E. Wohlenberg*, 1954). Etwa ab 40 bis 10 cm unter MThw folgt die für die Landgewinnung wichtige Zone des Queller-Watts (Salicornietum strictae W. Christ. 55) und neuerdings auch der Schlickgras-Bestände (Spartinetum townsendii Corill. 53). Über die Frage, inwieweit in der Initialphase des Queller-Watts die einzeln stehenden Queller-Pflanzen die Anlandung begünstigen, bestehen Meinungsverschiedenheiten. Nach *H. Ellenberg* (1963, S. 458/59) fördern die Pflanzen in dieser Phase nicht die Auflandung, sondern bewirken im Gegenteil in ihrem unmittelbaren Bereich die Bildung kleiner Kolke. *E. Wohlenberg* (1933) beschreibt zwar auch diese kleinen Kolke, weist aber andererseits auf eine verstärkte Sedimentation zwischen den Pflanzen hin. Die sedimentierende und schlickbindende Wirkung der Queller-Pflanzen in der Optimalphase des Salicornietums ist dagegen unbestritten. Nach *H. Ellenberg* (1963, S. 460) erfolgt die Aufhöhung allerdings passiv, da der Queller die neuen Sedimente nicht durchwurzelt. Sobald der Wattboden bis etwa auf 10 cm unter MThw angehoben ist, siedelt sich die wohl leistungsfähigste marschbildende Gesellschaft, die Andel-Wiese (Puccinellietum maritimae W. Christ. 27) an. Sie leitet vom Watt zur Marsch über. Die Arten dieser Gesellschaft fördern in starkem Maße die Sedimentation, durchwurzeln die Ablagerungen weitgehend und bewirken intensive Oxydationsprozesse im Boden. Da der Andel im Gegensatz zum Queller durch den Schlick hindurch wachsen kann, ist er in der Lage, in seinem Wachstum mit stärkerer Sedimentation Schritt zu halten und auf Ablagerungen größerer Mächtigkeit neue Polster zu bilden.

Hat das Watt eine Höhe von mehr als 25 cm über MThw erreicht, so wird das Puccinellietum meistens durch den Strandnelkenrasen abgelöst, der auch als Salzschwingelrasen bezeichnet wird (Oenantho-Juncetum maritimi Tx. 37 = Juncetum maritimi Bilik 56 = Armerietum maritimae). In dieser Zone erfolgen nur noch bei Sturmfluten Ablagerungen. Der Boden wird allmählich durch die Niederschläge entsalzt, und es finden dort tiefgreifende Oxydationsprozesse statt. Mit zunehmender Entsalzung kann sich eine Tieflandsweide (Lolio-Cynosuretum Tx. 37) einstellen.

Am Verlandungsprozeß sind in starkem Maße Tiere beteiligt. Der Umfang des Buches gestattet es nicht, näher darauf einzugehen.

Es sei nur darauf hingewiesen, daß Muscheln, Schnecken, Krebse und Würmer durch ihre strömungsstabilen Kotteilchen und durch ihre in den Wattboden gegrabenen Gänge und Röhren, deren Wände sich durch Oxydation verfestigen, die Festlegung des Schlickes fördern (*E. Wohlenberg*, 1931).

Die Lebendbaumaßnahmen beginnen mit der Ansiedlung des Salicornietums bzw. des Spartinetums und enden mit dem Aufbau des Puccinellietums. Inwieweit dann dieses Bestandsziel durch Weiterentwicklung des Puccinellietums zum Oenantho-Juncetum, zum Lolio-Cynosuretum oder anderen Gesellschaften verändert wird, bleibt in der Regel der Natur überlassen.

Kulturtechnische Maßnahmen

Dieser natürliche Verlandungsprozeß wird durch kulturtechnische und Lebendbaumaßnahmen beschleunigt. Die Landgewinnung beginnt mit kulturtechnischen Maßnahmen. Sie werden nach dem ökologischen Grundprinzip vorgenommen, den »kleinen Wasserhaushalt« des Sedimentes zu ändern, d.h. das Watt aus dem Zustand der Wasserübersättigung in den der Wasseruntersättigung zu überführen (*E. Wohlenberg*, 1969b). Zur Erreichung dieses Zieles wird zunächst ein System aus Lahnungen, Gräben und Grüppen hergestellt [Abb. 56 u. 57].

Die Lahnungen lassen sich in Haupt- und Querlahnungen untergliedern. Sie haben die Aufgabe, Ruhezonen zu bilden, in denen sich die Sinkstoffe des bei der Flut einströmenden Wassers beschleunigt absetzen. Während die Hauptlahnungen die Einzugsbereiche benachbarter Hauptentwässerungsgräben trennen, sollen die Querlahnungen ihnen das Wasser zuführen. Die Lahnungen bestehen meist aus 2 Pfahlreihen, die im Abstand von ca. 25 bis 80 cm in den Wattboden eingerammt werden. Ihre Zwischenräume werden je nach Beanspruchung mit Heidekraut, Reisig, Totfaschinen, Natur- oder Kunststeinen ausgefüllt. Die Oberkante der Lahnungen liegt etwa 30 bis 40 cm über MThw. Seewärts sind die Lahnungen wegen des dort herrschenden stärkeren Wellenangriffes besonders stabil auszuführen. Um ein Freispülen der eingerammten Pfähle zu vermeiden, erhalten die Lahnungen in regelmäßigen Abständen kleinere, zu ihnen rechtwinklig verlaufende Vorsprünge, sog. Abweiser. In neuerer Zeit werden auch Kunststofflahnungen, z.B. aus Hostalen, gebaut. Sie setzen sich aus einer in 40 cm Abstand geschlagenen Pfahlreihe zusammen, um die 100 cm hohe und 3 mm dicke, im oberen Bereich geschlitzte Hostalenbahnen gelegt werden. Eine Drahtüberspannung verhindert den Auftrieb der Bahnen (Hostalen im Wasserbau, o.J.).

Zwischen den Lahnungen wird ein Netz aus Hauptentwässerungsgräben und Quergräben angelegt. Die Hauptentwässerungsgräben verlaufen in der Regel in Abständen bis zu 200 m und münden in einen Priel. Sie nehmen das Wasser der in Abständen bis zu 100 m etwa rechtwinklig zu ihnen gelegenen Quergräben von maximal rd. 200 m Länge auf.

Innerhalb der durch die Gräben gebildeten Flächen wird ein System von Grüppen angelegt, die parallel zu den Hauptentwässerungsgräben verlaufen und mit den Quergräben in Verbindung stehen. Durch sie erhält das Watt eine Oberflächengliederung in die tief gelegenen Grüppen mit stark wasserhaltigem Sediment und die gewölbten »Äcker« mit geringem Wassergehalt. Die Grüppen werden etwa 50 cm unter MThw angelegt und erhalten eine Tiefe von 25 cm, eine Breite von 2,00 bis 2,50 m und eine Länge bis zu 100 m. Der Abstand der Grüppen beträgt 10 m. Der Aushub wird seitlich auf die »Äcker« geworfen. Sie bekommen dadurch das gewölbte Profil, das eine gute Oberflächenentwässerung ermöglicht. Durch mehrmaligen Aushub der Grüppen werden die »Äcker« allmählich trockengelegt. Neben der übrigen hieraus resultierenden Standortänderung wird hierdurch auch der Wattwurm bekämpft,

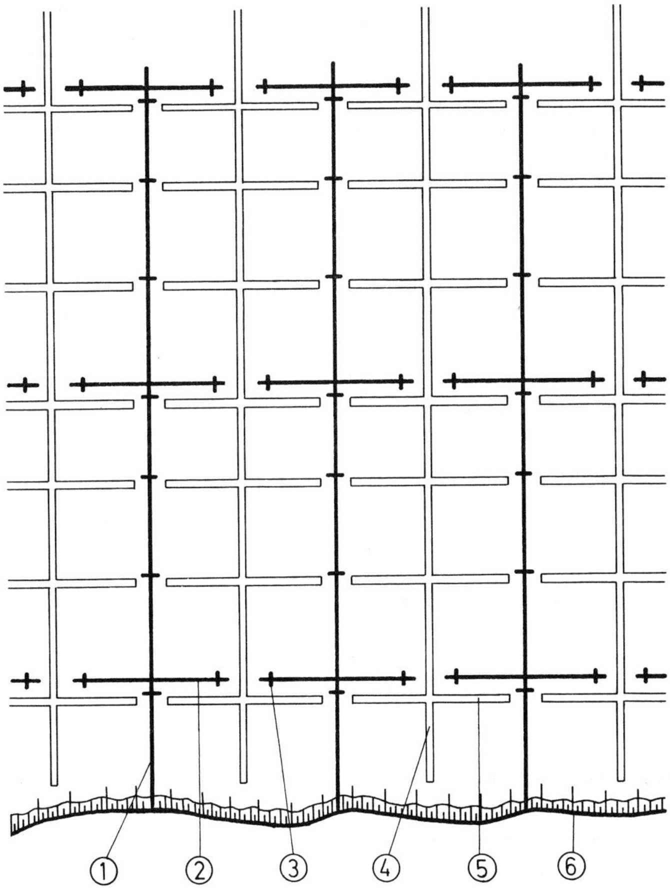

56 Kulturtechnische Vorarbeiten bei der Landgewinnung (unmaßstäbliches Schema). 1 = Hauptlahnungen, 2 = Querlahnungen, 3 = Abweiser, 4 = Hauptentwässerungsgräben, 5 = Quergräben, 6 = Vorlandufer-Abbruch.

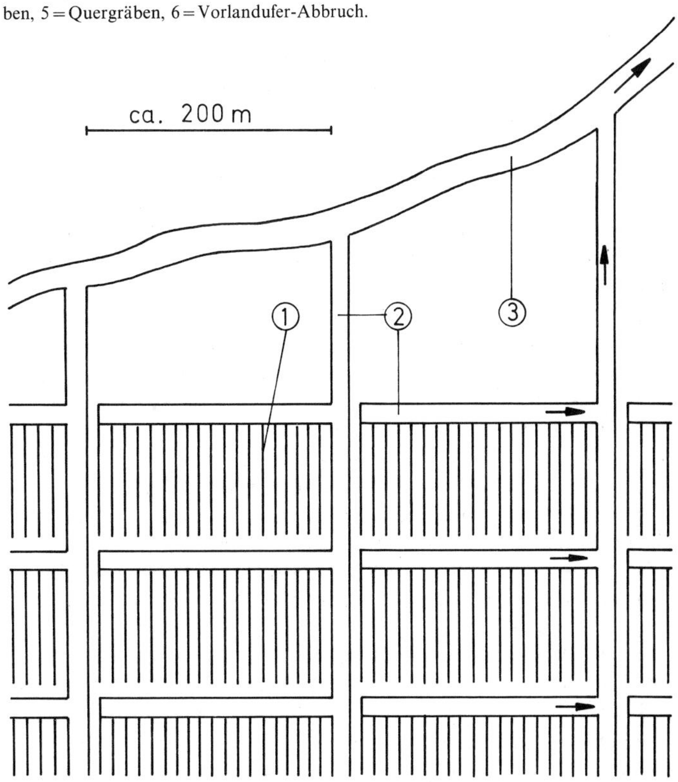

57 Kulturtechnische Vorarbeiten bei der Landgewinnung (Schema). 1 = Grüppen, 2 = Entwässerungsgräben, 3 = Priel.

der die späteren Queller-Ansaaten durch Entwurzeln zerstören könnte, und zum anderen das Zwergseegras, das die lichtbedürftigen Queller-Keimlinge durch Beschattung schädigt. Ist die Aufhöhung bis auf etwa 40 bis 10 cm unter MThw fortgeschritten, so wird mit Lebendbaumaßnahmen begonnen [Abb. 58]. Sie haben zunächst das Ziel, das Queller-Watt bzw. Salzschlickgras-Bestände aufzubauen (*W. Hinrichs*, 1931; *P. Lafrenz*, 1957; *E. Wohlenberg*, 1933, 1938, 1939 u. 1969 b).

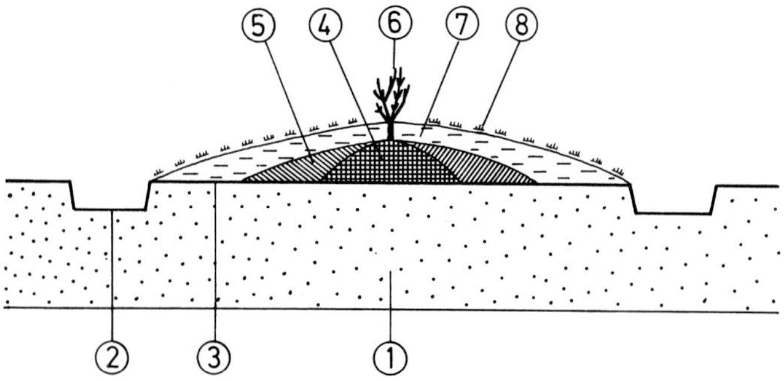

58 Profilgestaltung als ökologisches Grundgesetz der Landgewinnung (*E. Wohlenberg*, 1969 b). 1 = Wattboden, 2 = Grüppe, 3 = Wattacker, 4 = erster Grüppenaushub, 5 = weiterer Grüppenaushub, 6 = Queller-Ansaat, 7 = späterer Grüppenaushub, 8 = Belag mit Rasenbändern der Andelwiese.

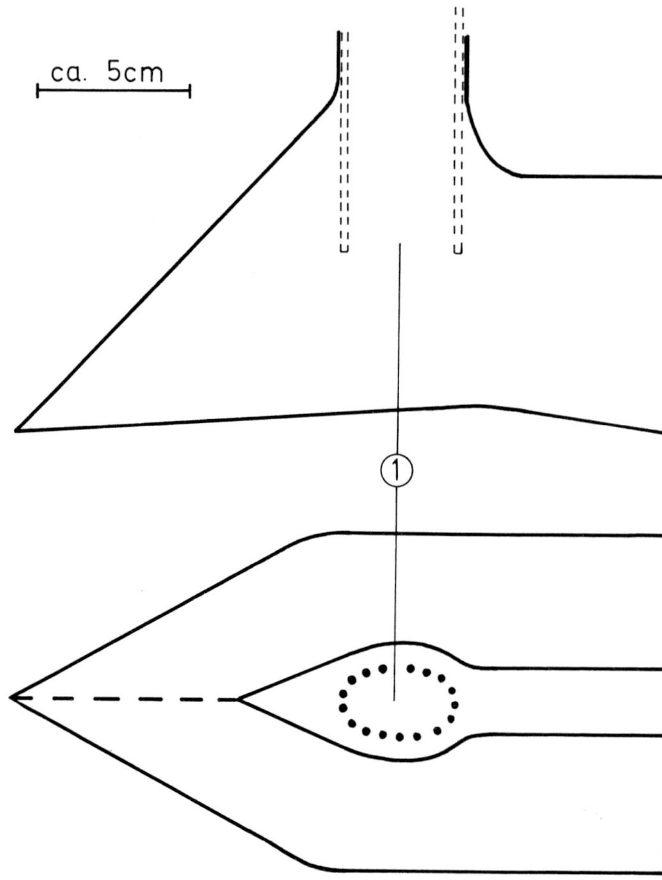

59 Drillschar (*E. Wohlenberg*, 1938). 1 = Saatrohr.

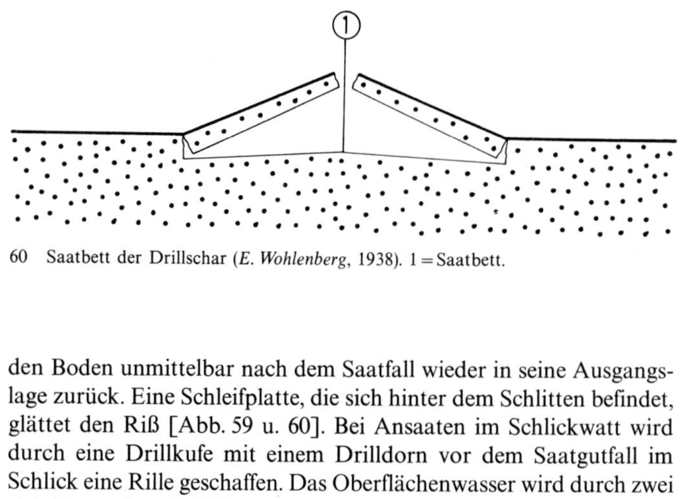

60 Saatbett der Drillschar (*E. Wohlenberg*, 1938). 1 = Saatbett.

3.1.2 Lebendbaumaßnahmen

Ansaat (Salicornia-Impfung)

Lebende Baustoffe

Saatgut vom Queller (Salicornia europaea var. stricta = Salicornia strictissima) und vom Salzschlickgras (Spartina townsendii).

Bauweise

Für die Gewinnung des Queller-Saatgutes werden Queller-Bestände im Herbst abgemäht. Anschließend wird die Samengewinnung im Drusch- und Spülverfahren durchgeführt.

Beim Druschverfahren werden die Pflanzen bei Temperaturen zwischen 25 und 30° C auf einer heizbaren Unterlage getrocknet und dann gedroschen. Durch Siebe unterschiedlicher Maschenweite wird der Samen von der Spreu getrennt und bis zur Ansaat im Frühjahr luftig und trocken gelagert. Die Keimfähigkeit beträgt bei Handdrusch etwa 90 % und bei Maschinendrusch etwa 50 %. Das Spülverfahren entspricht mehr den natürlichen Vorgängen. Es kann aber nur angewendet werden, wenn das Pflanzenmaterial ausreichend trocken und das Zellgefüge schon spröde ist. In einem Behälter werden die sich auf einem Sieb befindenden Pflanzen mit einem scharfen Wasserstrahl behandelt. Nach dem Ablassen des Wassers bleiben die Samen im Behälter unter dem Sieb zurück. Anschließend wird der Samen durch Druckluft getrocknet und wie beim Druschverfahren bis zur Ansaat gelagert. Durch das Spülverfahren wird eine hohe Keimfähigkeit bis etwa 100 % erreicht.

Im März/April wird die Ansaat mit Hilfe des Watt-Drillschlittens vorgenommen. Sie erfolgt in Reihen, da bei flächiger Saat die Gefahr der Abschwemmung besteht. Für 1 km Saatlinie sind rd. 500 g Saatgut erforderlich. Da die anzusäenden Flächen unterhalb der MThw-Linie liegen, muß der Samen so eingebracht werden, daß er bei Flut nicht fortgespült werden kann. Hierfür dient der an dem Drillschlitten angebrachte Saatbettbereiter, der bei Ansaaten im Sandwatt eine Drillschar und bei Saaten im Schlickwatt eine Drillkufe ist. Im Sandwatt hebt die Drillschar die Wattoberfläche kurz vor dem Saatfall bandförmig in einer Maximalstärke von 1 cm ab und bringt den Boden unmittelbar nach dem Saatfall wieder in seine Ausgangslage zurück. Eine Schleifplatte, die sich hinter dem Schlitten befindet, glättet den Riß [Abb. 59 u. 60]. Bei Ansaaten im Schlickwatt wird durch eine Drillkufe mit einem Drilldorn vor dem Saatgutfall im Schlick eine Rille geschaffen. Das Oberflächenwasser wird durch zwei sich hinter dem Drilldorn vereinigende Bleche abgehalten. Die Rille wird nach dem Samenfall durch eine hinter dem Schlitten angebrachte Schleifplatte geschlossen [Abb. 61 u. 62].

Nach der bandförmigen Ansaat wird die weitere Verbreitung des Quellers der Natur überlassen. Nur in den Fällen, in denen ungünstige Bedingungen die Entwicklung stören, muß die Saat im folgenden Frühjahr wiederholt werden.

In geringem Umfange wird auch das Salzschlickgras angesät. Es wurde erstmals 1870 im Wattgebiet vor Southampton beobachtet und in den 20er Jahren an der holländischen, ostfriesischen und schleswig-holsteinischen Westküste verwendet. Infolge seiner relativ

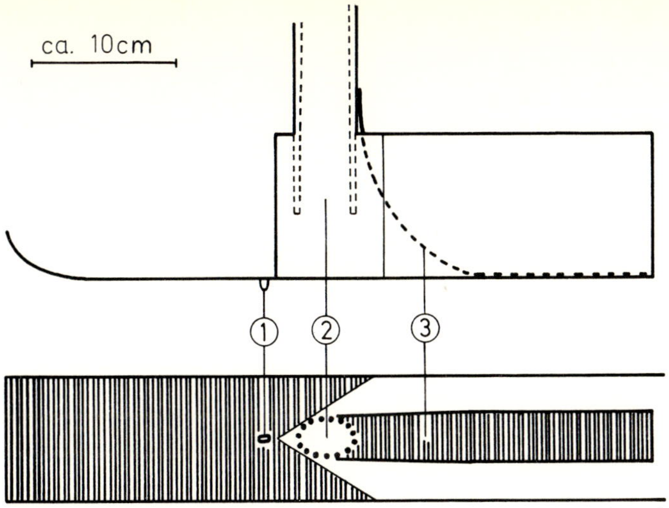

61 Drillkufe (*E. Wohlenberg*, 1938). 1 = Drilldorn, 2 = Saatrohr, 3 = Schleifplatte.

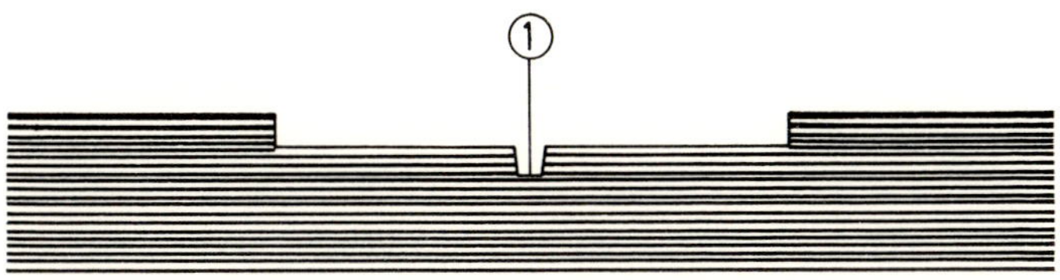

62 Saatbett der Drillkufe (*E. Wohlenberg*, 1938). 1 = Saatrille.

weiten ökologischen Amplitude und seines starken Wachstums leistet es bei der Landgewinnung Dienste, es weist aber auch unbestreitbare Nachteile auf:

a Im Gegensatz zum Queller sollen in seinem Wurzelbereich Reduktionsvorgänge auftreten.

b Durch Wurzelkonkurrenz und Beschattung verdrängt es Diatomeen sowie den Queller und behindert die spätere Ansiedlung des Andels.

Die Samenreife erfolgt in der Zeit zwischen Ende Oktober und Dezember.

Die Ansaat wird im Frühjahr vorgenommen.

Anwendungsbereich

Queller-Ansaaten können im Schlickwatt und im Sandwatt vorgenommen werden. Entscheidend für das Gelingen der Lebendbaumaßnahme ist nicht die Korngrößenverteilung der Ablagerungen, sondern die Überflutungsdauer. Daher können vor allem diejenigen Flächen erfolgreich mit Queller besiedelt werden, die etwa 40 bis 10 cm unter der MThw-Linie liegen.

Das Salzschlickgras zeigt das beste Wachstum im Schlickwatt. Obwohl es in das Queller-Watt (Salicornietum) eindringt, wächst es noch bis zu 90 cm unter MThw. Wegen seiner Nachteile sollte das Salzschlickgras nur dort ausgesät werden, wo die Queller-Ansaat keinen Erfolg bringt. Der Hauptanwendungsbereich liegt dann wesentlich tiefer als der des Quellers, also seewärts vor dem Queller-Watt.

Literatur

W. Christiansen (1955); *E. Kolumbe* (1931 u. 1933); *K. König* (1949); *E. Wohlenberg* (1933, 1938, 1939, 1953, 1954 u. 1969 b)

Ballenbesatz

Lebende Baustoffe

Ballen vom Salzschlickgras (Spartina townsendii).

Bauweise

Die Pflanzen oder Ballen des Salzschlickgrases werden im Frühjahr aus vorhandenen Beständen geworben. Sie werden in »Pulks« gesetzt, wobei jeder »Pulk« aus 3 bis 7 Pflanzen oder Ballen besteht. Der Abstand der »Pulks« beträgt etwa 2 bis 10 m. Die Entwicklung der »Pulks« zu einer geschlossenen Vegetationsdecke kann dadurch gefördert werden, daß die »Pulks« in den Folgejahren durch Reihenpflanzungen verbunden werden.

Anwendungsbereich

Infolge des hohen Arbeitsaufwandes bei Werbung, Transport und Setzen des Pflanzmaterials ist diese Bauweise zugunsten der Ansaat in den Hintergrund getreten. Der Ballenbesatz hat aber im Vergleich zur Ansaat den Vorteil, daß die Pflanzen oder Ballen nicht so leicht wie die Samen fortgeschwemmt werden. An besonders gefährdeten Stellen sollte daher trotz des größeren Arbeitsaufwandes auf den Ballenbesatz zurückgegriffen werden. Im übrigen siehe »Ansaat«.

Literatur

H. A. Klein (1965); *E. Kolumbe* (1931 u. 1933); *K. König* (1949)

Verwendung von Fertigrasen (Rasenbänder, Impfbänder)

Ist die Aufhöhung des Watts bis auf etwa 10 cm unter bis 30 cm über MThw fortgeschritten, so kann mit der Ansiedlung des Andels begonnen werden.

Lebende Baustoffe

Rasenbänder vom Andel (Puccinellia maritima)

Bauweise

Infolge der Beweidung der Andel-Wiesen ist eine Samengewinnung in größerem Umfange und damit eine Ansaat des Andels nicht möglich. Es kommt daher nur die vegetative Ansiedlung in Frage. Zu diesem Zweck werden aus Andel-Wiesen im Vorland mit einem sog. Vierbahnen-Schneideschlitten wenige cm breite Rasenbänder gewonnen. Dabei schneiden vier senkrecht stehende, gegeneinander versetzte Messer die Bänder senkrecht, während zwei Horizontalmesser die Streifen vom Boden trennen. Die Andel-Streifen werden an der Baustelle in vorgeschnittene Pflanzfurchen gelegt. Schon einige Wochen nach ihrem Einbau beginnen sich die Andelbänder seitwärts auszubreiten und den Queller zu verdrängen. Nach *E. Wohlenberg* (1969 b) können sie trotz Beweidung durch Schafe in drei Jahren etwa die 20fache Breite der ursprünglich eingelegten Bänder erreichen.

Anwendungsbereich

Da beim Verlandungsprozeß die Andel-Wiese das erste Landstadium darstellt, dienen die Andel-Bänder der direkten Überführung des Watts in Marschland. Sie können im vegetationslosen Watt und in Queller-Beständen gelegt werden. Entscheidend für das Gelingen der Lebendbaumaßnahme sind die Wasserstandsverhältnisse. Die Ansiedlung der Andel-Wiese hat nur auf denjenigen Wattflächen Aussicht auf Erfolg, die zwischen 10 cm unter und 30 cm über MThw liegen.

Literatur

W. Hinrichs (1931); *E. Wohlenberg* (1969 b)

3.2 Maßnahmen zum Deichschutz

3.2.1 Allgemeines

Zwischen der Landgewinnung und dem Schutz der Seedeiche besteht ein enger Zusammenhang. Die neu gewonnenen Landflächen müssen eingedeicht und die Deiche vor der Zerstörung gesichert werden.

Wirkungsweise

Diese Schutzaufgaben übernimmt an Küstendeichen eine dichte, geschlossene Rasendecke mit fester Narbe und intensiv durchwurzelter oberer Bodenschicht:

a Die Gräser bilden vor allem in der obersten Bodenschicht ein dichtes, fest zusammenhängendes Netz senkrechter und waagerechter Wurzeln und schützen auf diese Weise den Deichkörper. Nach *P. Wieland* (1967) befinden sich 85% der Wurzelmasse in den obersten 10 cm.

b Bis zu einem gewissen Grade bilden außerdem die lebenden und abgestorbenen oberirdischen Teile eine Schutzschicht auf dem Boden.

Natürliche Vegetationszonierung und Bestandsziel

Während die Frage, ob Deiche im Binnenland neben einer Rasendecke auch Gehölzbestände erhalten können, noch nicht geklärt ist, muß das Bestandsziel von Lebendbaumaßnahmen an Seedeichen aus folgenden Gründen eine Rasendecke sein:

a Meist dürfte der Aufbau einer Gehölzgesellschaft nicht möglich sein; denn in vielen Fällen stellen hier Gräsergesellschaften die derzeitigen natürlichen Schlußgesellschaften dar.

b Sofern Gehölze Lebensbedingungen finden und angesiedelt werden, ist eine Gefährdung der Deiche durch Mäuse und Windwurf der Gehölze nicht von der Hand zu weisen.

Entscheidend für den erfolgreichen Aufbau einer geschlossenen schützenden Rasendecke ist die Berücksichtigung der natürlichen Vegetationszonen an einem Deich. Sie gleichen in der Regel den bei der Landgewinnung beschriebenen (Abschn. 3.1.1). Im untersten, noch marin beeinflußten Bereich des Deiches auf der Außenseite, etwa in einer Höhe zwischen 10 cm unter und 30 cm über MThw, ist die Andelwiese (Puccinellietum) anzusiedeln. Nach oben schließt sich der Strandnelkenrasen (Oenantho-Juncetum) an. Er nimmt den mittleren Bereich der Außenböschung ein und wird nur noch bei Springtiden und Sturmfluten vom Meerwasser erreicht. Oberhalb davon ist die Weidelgrasweide (Lolio-Cynosuretum) einzubringen. Sie bedeckt auch die Krone, sofern diese nicht als Fahrweg befestigt ist, und die Innenböschung. Diese drei Vegetationszonen stellen das Bestandsziel dar und sind sowohl beim Belag der Deiche mit Fertigrasen, bei Ansaaten und auch bei der kombinierten Anwendung beider Lebendbauweisen anzusiedeln [Abb. 63].

Bau der Deichkörper

Hinsichtlich der Herstellung der Deichkörper können nur einige Hinweise allgemeiner Art gegeben werden, die zum Verständnis der Lebendbaumaßnahmen notwendig sind. Seedeiche lassen sich in Winter-, Sommer-, Schlaf-, Ring-, Kuver-, Kaje- und Schardeiche gliedern.

Bei ausreichendem Deichvorland sind die Deiche in der Regel nicht durch Deckwerke aus Stein, Beton, Asphalt usw. gesichert, sondern bestehen aus einem Sandkern, der mit einer Schicht aus magerem Klei abgedeckt ist. Klei ist ein toniger, steinfreier, kohlensauren Kalk enthaltender Schwemmlandboden, der aus der Seemarsch gewonnen wird. Die Stärke der Kleiabdeckung beträgt auf der Außenseite (Seeseite) mindestens 100 cm und auf der Innenseite (Landseite) rd. 50 cm. Die Deichkörper werden durch Schüttung oder im Spülverfahren gebaut. Ein Regelprofil eines solchen Deiches ist in Abb. 64 dargestellt.

Ist das Deichvorland sehr schmal oder nicht vorhanden, so sind die Deiche zumindest außen durch Deckwerke aus toten Baustoffen zu befestigen. Lebendbaumaßnahmen lassen sich dann nur auf der Innenseite ausführen [Abb. 65].

3.2.2 Lebendbaumaßnahmen

Belag mit Fertigrasen

Lebende Baustoffe

Es werden Soden (»Schnittsoden«) und Rollrasen (»Rollsoden«) verwendet. Während die Andelwiese und der Strandnelkenrasen nur durch Soden angesiedelt werden können, kann die Weidelgrasweide in Form von Soden und Rollrasen an Deichen angedeckt werden.

Bauweise

Die Soden haben eine Länge und Breite von etwa 30 × 30 cm und eine Stärke von rd. 10 cm.

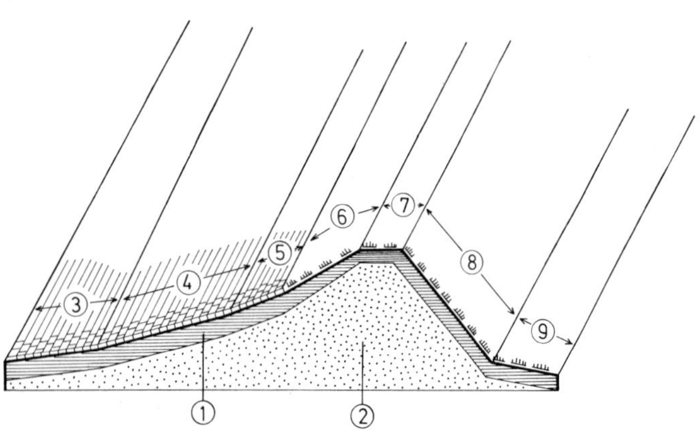

63 Besodung und Ansaat eines Seedeiches (*E. Wohlenberg*, 1969 a). 1 = Kleischicht, 2 = Sandkern, 3 = Soden der Andelwiese, 4 = Soden des Strandnelkenrasens, 5 = Soden der Tieflandsweide, 6 = Außenböschung oberhalb des maßgebenden Sturmflutwasserstandes, Ansaat der Tieflandsweide, 7 = Krone, Ansaat der Tieflandsweide, 8 = Innenböschung, Ansaat der Tieflandsweide, 9 = Innenberme, Ansaat der Tieflandsweide.

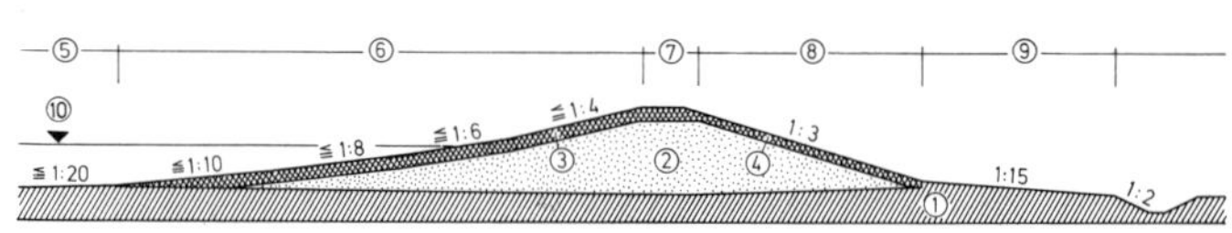

64 Regelprofil eines Deiches (vereinfachte Darstellung in Anlehnung an *P. Wieland*, 1967). 1 = Gewachsener Boden, 2 = Sandkern, 3 = 100 cm starke Kleischicht, 4 = 50 cm starke Kleischicht, 5 = Deichvorland, 6 = Außenböschung, 7 = Krone, 8 = Innenböschung, 9 = Innenberme, 10 = maßgebender Sturmflutwasserstand.

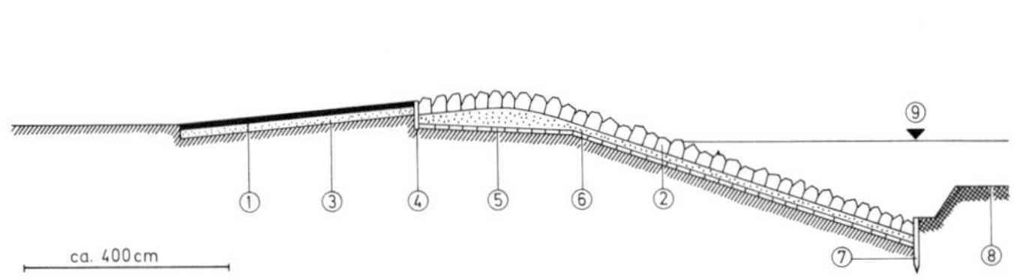

65 Lebendbau an einem außenseits mit totem Deckwerk befestigten Deich; vereinfachte Darstellung. 1 = Rasensodenbelag, 2 = Setzsteine, 3 = Kleischicht, 4 = Betonplatte, 5 = Rasensoden, 6 = Grobschotter, 7 = Pfahl, 8 = Wattoberfläche, 9 = MThw.

Soden der Andelwiese werden im Deichvorland gewonnen. Sie sind die genetisch jüngsten. Ihre Durchwurzelung ist relativ locker und die Schichten sind nur lose zusammenhängend. Außerdem enthalten sie viel Wasser. Infolge dieser Instabilität kann die Andelwiese nur in Sodenform und nicht als Rollrasen angesiedelt werden.

Die Gewinnung der Soden des Strandnelkenrasens erfolgt in der Regel ebenfalls im Deichvorland. Hauptmerkmale guter Eignung sind die teppichartig kurz verbissene Grasnarbe und ein intensiv durchwurzeltes, aus mehreren fest zusammenhängenden Schichten bestehendes Profil. Dieser mehrschichtige, feste Aufbau gewährleistet den besten Schutz der Deiche. Da er nur bei dickeren Soden und nicht bei dem nur 2 bis 3 cm starken Rollrasen erhalten werden kann, ist auch das Aufbringen des Strandnelkenrasens als Rollrasen nicht möglich.

Die Soden der Weidelgrasweide stammen aus dem eingedeichten Marschland. Sie müssen unbedingt aus Dauerweiden gewonnen werden, die vor allem die trittfesten und eine dichte Narbe bildenden Arten Lolium perenne, Cynosurus cristatus, Poa pratensis und Trifolium repens enthalten. Soden von Wechselweiden weisen horstbildende Arten wie Dactylis glomerata, Festuca pratensis, Alopecurus pratensis, Lolium multiflorum ssp. italicum und Trifolium pratense auf und sind deshalb zum Schutz der Außenseiten der Seedeiche ungeeignet.

Auch heute noch erfolgt die Gewinnung der Soden zweckmäßigerweise im Handbetrieb. Die Rasenbestände werden zunächst in etwa 30 cm breite Bahnen geschnitten und anschließend auf eine Länge von rd. 30 cm gekürzt. Arbeitsgeräte sind insbesondere das Sodenmesser und der Sodenpflug. Die Soden können in niedrigen Stapeln kurzfristig gelagert werden. Es ist aber darauf zu achten, daß sie nicht austrocknen oder verfaulen. Nach Möglichkeit sind sie jedoch sofort nach der Werbung am Deich einzubauen.

Mit der Besodung kann begonnen werden, sobald der Boden frostfrei ist. Der Arbeitsplan sollte danach ausgerichtet sein, daß bis zum Einsetzen der Herbststurmfluten ein Anwachsen des Fertigrasens gewährleistet ist. Vor der Besodung ist die Kleiabdeckung des Deiches leicht aufzurauhen und mit einer dünnen, gut durchfeuchteten Mutterbodenschicht zu überziehen. Nach Herstellung des Feinplanums wird mit der Besodung am Böschungsfuß begonnen. Die Soden werden im Verband gelegt. Sie sollten zunächst etwas übereinander liegen, um später nach dem Anklopfen einen möglichst engen Fugenschluß zu erreichen [Abb. 66]. Nach dem Verlegen werden die Soden festgeklopft oder gewalzt und mit einer dünnen Erdschicht überdeckt. Evtl. später auftretende größere Fugen sind mit Boden zu verfüllen und anzusäen. Die oberste Sodenreihe sollte mit Holznägeln am Deichkörper befestigt werden. An besonders gefährdeten Stellen ist eine Sicherung des Sodenbelages durch Maschendraht, Kunststoffnetze, Holzpflöcke usw. zu empfehlen.

Die Besodung hat sich mindestens bis zur Höhe des »maßgebenden Sturmflutwasserstandes« zu erstrecken, der einige dcm höher als der tatsächlich gemessene liegt. Außerdem ist es vorteilhaft, die Ränder der Deichkrone mit je einer Sodenreihe besonders zu sichern. Alle übrigen Flächen, also die Außenböschung oberhalb des »maßgebenden Sturmflutwasserstandes«, die Deichkrone und die Innenböschung können angesät werden (s. »Ansaat«).

Rollrasen wird in 100 bis 200 (167) cm langen Bahnen von 30 cm Breite und 2 bis 3 cm Stärke verwendet. Aus standörtlichen Gründen kann auf Anzuchtflächen gewonnener Rollrasen der Rasenindustrie in der Regel nicht verwendet werden. Ebenso ist es nicht möglich, die Andelwiese und den Strandnelkenrasen in Form von Rollrasen anzusiedeln, sondern es kann nur die Weidelgrasweide als Rollrasen aufgebracht werden (s. oben). Sofern daher Rollrasen angedeckt werden soll, ist er aus denselben Gründen, die für die Gewinnung von Soden dieser Gesellschaft maßgebend sind, ebenfalls aus gepflegten Dauerweiden (Weidelgrasweiden) des eingedeichten Marschlandes zu gewinnen (s. oben). Für die Verlegung von Rollrasen gilt sinngemäß das unter Abschn. 2.2.2 »Fertigrasen« Gesagte.

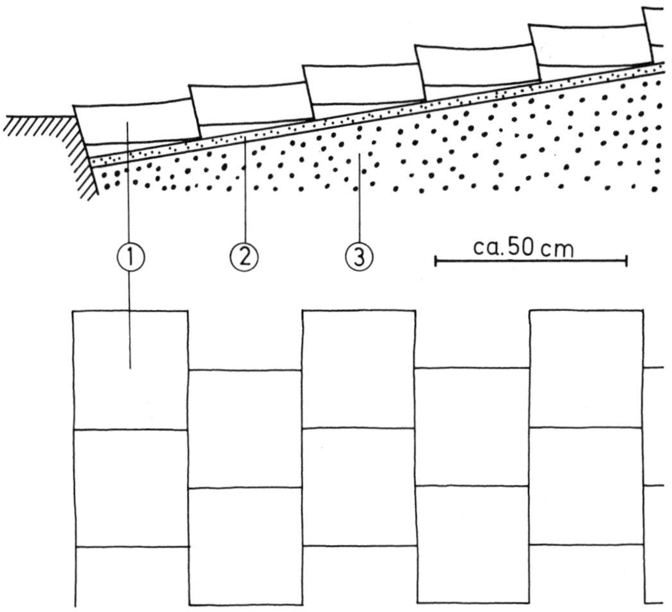

66 Technik der Besodung eines Deiches. 1 = Rasensoden, 2 = dünne Mutterbodenschicht, 3 = Kleischicht.

Der Fertigrasenbelag entwickelt sich nur dann zu einer geschlossenen, widerstandsfähigen Grasnarbe, wenn er nach dem Anwachsen regelmäßig durch Schafe beweidet wird. Durch Tritt und Verbiß wird die feste, teppichartig kurze Narbe erzeugt, die einen ausreichenden Schutz der Deichkörper gewährleistet.

Anwendungsbereich

Wie oben angedeutet, wird die flächige Besodung heute vor allem im besonders gefährdeten Außenbereich der Deiche bis zum »maßgebenden Sturmflutwasserstand« vorgenommen. Diese Höhe entspricht ungefähr einer Höhe von rd. 300 cm unter der Deichkrone. Außerdem sind die Kronenränder der Deiche mit je 1 Reihe Soden zu befestigen. Die übrigen Flächen werden in der Regel angesät.

Literatur

W. Bothmann (1953); *P. Lafrenz* (1957); *A. Scholz* (1957); *P. Wieland* (1967); *E. Wohlenberg* (1954, 1965 u. 1969a); *E. Wohlenberg, H. Snuis* (1955)

Ansaat

Lebende Baustoffe

In erster Linie Saatgut, das vorwiegend Arten der Weidelgrasweide enthält. In geringerem Maße auch Saatgut salzertragender Gräser wie insbesondere Puccinellia distans als Ersatz für Puccinellia maritima, Festuca rubra litoralis und Agrostis alba stolonifera.

Bauweise

Nach Fertigstellung des Planums wird die Kleischicht aufgerauht und mit einer 1 bis 2 cm starken Mutterboden- oder biologisch aktiven Kleischicht überzogen. Eine anschließende Düngung mit 30 dz/ha Ätzkalk, 6 dz/ha Thomasmehl, 2 dz/ha Kali und 3 dz/ha Nitrophoska rot hat sich als vorteilhaft erwiesen. Die Saatgutmenge beträgt für Außenböschungen 8 bis 10 g/m^2 und für die Deichkronen und Innenböschungen 5 bis 6 g/m^2. Hinsichtlich der Technik der Saat wird auf Abschn. 2.2.2 »Ansaat« verwiesen.

Die angesäten Flächen sind die ersten zwei Monate von Beweidung freizuhalten, danach aber unbedingt zu beweiden.

Anwendungsbereich

Mit Saatgut von Arten der Weidelgrasweide werden die nicht besodeten Flächen, wie die Außenböschungen oberhalb des »maßgebenden Sturmflutwasserstandes«, die Deichkronen und die Innenböschungen angesät (s. oben).

Die Verwendung der o.a. salzertragenden Gräser erstreckt sich vor allem auf kleinere Schadstellen im unteren, marin beeinflußten Bereich der Deiche. Nach *E. Wohlenberg* »gibt es bei Instandsetzungsarbeiten beschädigter Böschungen zahlreiche Möglichkeiten für die preisgünstigere Anwendung der Ansaat mit Hilfe von Salzgräsern«.

Literatur

P. Wieland (1957); *E. Wohlenberg* (1969a)

Weitere, in diesem Abschnitt nicht behandelte Lebendbaumaßnahmen

Deiche werden außerdem durch Ansaaten in Verbindung mit Zuschlagstoffen (Anspritzverfahren) begrünt und gesichert (Abschn. 5.1.2).

3.3 Maßnahmen zur Dünenfestlegung

3.3.1 Allgemeines

Wirkungsweise

Bei der Festlegung von Dünen durch Lebendbau wird durch die Ansiedlung von Pflanzen ein länger dauernder ökologischer Prozeß ausgelöst:

a Die Pflanzen breiten sich aus und bewirken auf ihrer Leeseite die Ablagerung von Flugsand.

b Sie durchziehen den Sand mit Wurzeln und Rhizomen.

c Durch die stetige Sandablagerung und das damit Schritt haltende Pflanzenwachstum wird die mit Rhizomen und Wurzeln durchzogene Schicht immer mächtiger und setzt auf diese Weise verändernden Einflüssen immer stärkeren Widerstand entgegen.

Natürliche Vegetationsentwicklung und Bestandsziel

Die natürliche Vegetationsentwicklung geht in enger Wechselwirkung mit der Genese der Dünen vor sich (Nomenklatur und pflanzensoziologische Systematik nach *E. Oberdorfer*, 1967, und *F. Runge*, 1961).

Am Strand treten zunächst Spülsaumgesellschaften (Cakiletalia maritimae Tx. ap. Oberd. 49) auf, deren annuelle Arten nitrophil und salzertragend sind. Sie tragen kaum zur Dünenbildung bei, verursachen nur geringe Sandablagerungen auf ihrer Leeseite und bewirken die wenige cm hohen, vergänglichen Embryonaldünen (Kleinstdünen).

Wesentlicheren Anteil an der Dünenbildung hat die Binsenquecken-Vordünen-Gesellschaft (Minuartio-Agropyretum juncei Tx. (37) 55), die am Strand oberhalb der MThw-Linie vorkommt. Ihre Arten, insbesondere Binsenquecke (Agropyron junceum), Salzmiere (Honckenya peploides) und evtl. Strandroggen (Elymus arenarius) sammeln den Sand zu breiten und flachen, nur 10 bis 60 (150) cm hohen Primärdünen (Vordünen). Auch sie sind noch in der Lage, höhere Salzkonzentrationen zu ertragen.

Mit zunehmender Sandablagerung auf der Leeseite dieser Arten erhöhen sich die Primärdünen und wachsen aus dem Bereich des kapillaren Salzwasseranstieges heraus. Ist die Salzkonzentration unter 1% abgesunken, findet die für die Dünenbildung und -sicherung wichtigste Gesellschaft, die Helmdünen-Gesellschaft (Elymo-Ammophiletum Br.-Bl. et De L. 36) Lebensbedingungen. Der vorherrschende Vertreter dieser Gesellschaft, der Strandhafer (Ammophila arenaria), weist mehr und höhere Halme pro Flächeneinheit auf als der Strandroggen und die Binsenquecke und ist deswegen ein sehr guter Sandfänger. Sein Wachstum hält mit der Sandablagerung Schritt, so daß auf diese Weise die mehrere Meter hohen Weißdünen entstehen können. Der Strandhafer erträgt nicht nur die stetige Sandzufuhr, er ist im Gegenteil auf die Sandnachlieferung als Nährstoffquelle angewiesen. Nach *H. Lux* (1969) enthält eine neu aufgewehte Sandschicht von 40 cm Stärke neben Kalk etwa 65 kg/ha pflanzenverfügbare Phosphorsäure und 145 kg/ha pflanzenverfügbares Kali. Infolge der ständigen Erhöhung der Dünen rückt außerdem das Rhizom- und Wurzelsystem der Pflanzen passiv in tiefere, Feuchtigkeit enthaltende Sandschichten, so daß im Laufe der Zeit die Dünen mehrere Meter tief mit Rhizomen und Wurzeln durchzogen sein können, und die Wasserversorgung des Strandhafers immer gesicherter wird.

An progressiven Küstenabschnitten schreitet die Dünenbildung in Richtung See voran. Dies hat zur Folge, daß die mit der Helmdünen-Gesellschaft bestandenen Weißdünen in den Binnendünenbereich gelangen, in dem die Sandzufuhr nachläßt. Infolge der geringen Sorbtionskapazität des Sandes werden die Nährstoffe ausgewaschen und die Dünen entkalkt. Die Weißdüne bildet sich allmählich zur Graudüne um. Gleichzeitig entwickelt sich die Helmdünen-Gesellschaft zur Sandschwingel-Strandhafer-Gesellschaft (Elymo-Ammophiletum festucetosum arenariae Tx. 37). Die Weiterentwicklung der Vegetation auf alternden Weißdünen bzw. auf Graudünen verläuft in Abhängigkeit von der geographischen Lage und in Wechselwirkung mit der weiteren Veränderung des Standortes unterschiedlich. Sie kann an dieser Stelle nicht näher erläutert werden. In erster Linie können die folgenden Gesellschaften auftreten: Meerstrand-Silbergrasflur (Violo-Corynephoretum (Bösch 41) Westh. 47), Sternmoos-Rasen (Tortulo-Phleetum arenarii Tx. 37), Straußgras-Dünenrasen (Agrostio-Poetum humilis Tx. 55), Kriechweiden-Krähenbeer-Heide (Salici-Empetretum Tx. 50), Kriechweiden-Glockenheide-Gesellschaft (Saliceto arenariae-Ericetum tetralicis Tx. et Buchw. 42), Dünenrosen-Gestrüpp (Roso-Salicetum arenariae Tx. 52), Sanddorn-Dünenweiden-Busch (Hippophao-Salicetum arenariae Tx. 37), Sanddorn-Holunder-Busch (Hippophae rhamnoides-Sambucus nigra-Ass. Boerboom 60).

Die Lebendbaumaßnahmen werden sowohl auf im unmittelbaren Küstenbereich gelegenen Dünen (»Küstendünen«) als auch auf weiter von der Küste entfernt liegenden (»Binnendünen«) getroffen. Für Küsten- und Binnendünen ist das Bestandsziel zunächst die Helmdünen-Gesellschaft, deren wichtigste Arten deshalb als erste einzubringen sind. Während die Helmdünen-Gesellschaft auf Küstendünen (Weißdünen) mit ausreichender Sandzufuhr das endgültige Bestandsziel darstellt, ist sie auf Binnendünen, insbesondere auf Grau- und Braundünen, jedoch nicht selten nur ein vorläufiges Bestandsziel. Die hier fehlende oder mangelhafte, für das optimale Wachstum des Strandhafers aber notwendige Sandnachlieferung bewirkt dann hier die Degenerationsphase der angesiedelten Helmdünen-Gesellschaft und kann zu einer erneuten Zerstörung der Vegetationsdecke und somit zu Dünenschäden führen. Um dieses zu vermeiden, muß daher, sofern keine oder nur eine ungenügende natürliche Zuwanderung der Folgegesellschaften erfolgt, diese Entwicklung durch Lebendbau eingeleitet werden. Derartige degenerierte Helmdünen-Gesellschaften werden daher nicht selten mit Arten der Folgegesellschaften angesät (s. »Ansaat«).

Vorarbeiten

Die Ausführung der Lebendbaumaßnahmen erfordert in der Regel technische Vorarbeiten und die Verwendung toter Baustoffe. Die

Befestigung von Küstendünen ist vor allem dann notwendig, wenn Primärdünen (Vordünen) durch Wind und Wasser zerstört worden sind, oder wenn an retrogressiven Küstenabschnitten der Rückgang von Randdünenkliffs verhindert werden soll. Ziel ist es hier, neue Vordünen zu schaffen. Sie sollen entweder die zerstörten ersetzen oder bei gefährdeten Randdünenkliffs ihre Sandsubstanz statt derjenigen des Randdünenkliffs dem Angriff und Abtrag des Meeres aussetzen und das Kliff auf diese Weise schützen. Maßnahmen zur Neubildung von Vordünen haben nur dann Aussicht auf Erfolg, wenn ein ausreichend breiter Strand vorhanden ist oder geschaffen werden kann. Dieses Ziel wird durch wasserbautechnische Bauwerke wie z.B. Buhnen erreicht, auf deren Anlage hier nicht näher eingegangen werden kann. Die Aufwehung von Vordünen wird dann durch Sandfangzäune aus Reisig, Schilfrohr oder neuerdings auch aus Kunststoff eingeleitet, die parallel zur Küste bzw. zum Kliff angelegt werden. Die Sandfangzäune erzeugen in Bodennähe Zonen relativer Windruhe, die die Sandablagerung bewirken. Beim Bau der Sandfangzäune aus Reisig (Bestecke) wird ca. 60 bis 70 cm langes, seitlich eingekürztes Reisig in Reihen etwa 20 bis 30 cm tief in den Sand gesteckt, so daß also rd. 40 bis 50 cm des Reisigs herausragen [Abb. 67 u. 68]. Der Abstand in den Reihen ist so zu wählen, daß verhältnismäßig geschlossene, aber noch etwa 50% durchblasbare Reisigwände entstehen. Für Sandfangzäune aus Kunststoff wird z.B. Hostalen verwendet. Die Bahnen, die gerollt geliefert werden, weisen 80 × 20 mm große Schlitze auf, sind 25 m lang, 40 cm hoch und 2 mm dick. Sie werden mit oben gebogenen Moniereisen verankert und können nach ihrer Einsandung zusammen mit den Befestigungseisen hochgezogen und wiederverwendet werden. Die Reihenabstände der Sandfangzäune richten sich nach der Standortqualität der Baustelle. Parallel zu den Sandfangzäunen sind reihenweise Halmstecklinge von Arten der Helmdünen-Gesellschaft zu stecken (s. »Halmstecklingsbesatz«).

Die Festlegung von Binnendünen kommt dann in Frage, wenn deren Vegetationsdecke, z.B. durch Erholungssuchende, zerstört worden und der Sand wieder in Bewegung geraten ist. Vor den Lebendbaumaßnahmen sind die Dünen so auszuformen, daß gleichmäßige Strömungsverhältnisse entstehen und Windstaue, Wirbelbildungen und Düseneffekte vermieden werden. Die günstige aerodynamische Form wird dadurch erreicht, daß Kupsten (Restdünen), Windrisse und -düsen, Steilkanten, Kessellöcher und Einschnitte je nach Größe der Schadstelle in Handarbeit oder mit Planierraupen eingeebnet bzw. aufgefüllt werden. Zur Vermeidung einer zu starken Ausblasung bzw. zur Förderung der Sandablagerung sind bei Bedarf die oben erwähnten Sandfangzäune zu verwenden. Im Gegensatz zu denjenigen der Küstendünen verlaufen sie auf Binnendünen oft netzförmig und bilden quadratische, rechteckige oder dreieckige Felder, deren Kantenlänge den Erfordernissen der Baustelle angepaßt sein muß. Im Anschluß daran werden die Sandflächen von Lee nach Luv mit Halmstecklingen der Helmdünen-Gesellschaft besetzt.

67 Reisigbesteck

3.3.2 Lebendbaumaßnahmen

Halmstecklingsbesatz (Halmpflanzung)

Lebende Baustoffe

In erster Linie Halme des Strandhafers (Helm, Ammophila arenaria), aber auch Halme des Baltischen Strandhafers (Ammophila baltica) und des Strandroggens (Blauer Helm, Elymus arenarius).

Bauweise

In Beständen der Helmdünen-Gesellschaft sind junge kräftige Halme unter der Sandoberfläche so tief abzustechen, daß sie zahlreiche Knoten und evtl. auch schon Wurzelansätze aufweisen. Die Halme werden gebündelt zur Baustelle transportiert. Dort sind sie in Büscheln zu etwa 4 bis 7 Halmen in Spalten oder Löcher zu setzen, die zweckmäßigerweise mit dem Spaten hergestellt werden. Sie

68 Reisigbesteck parallel zur Küste.

69 Fächerförmiges Halmstecklingsbüschel.

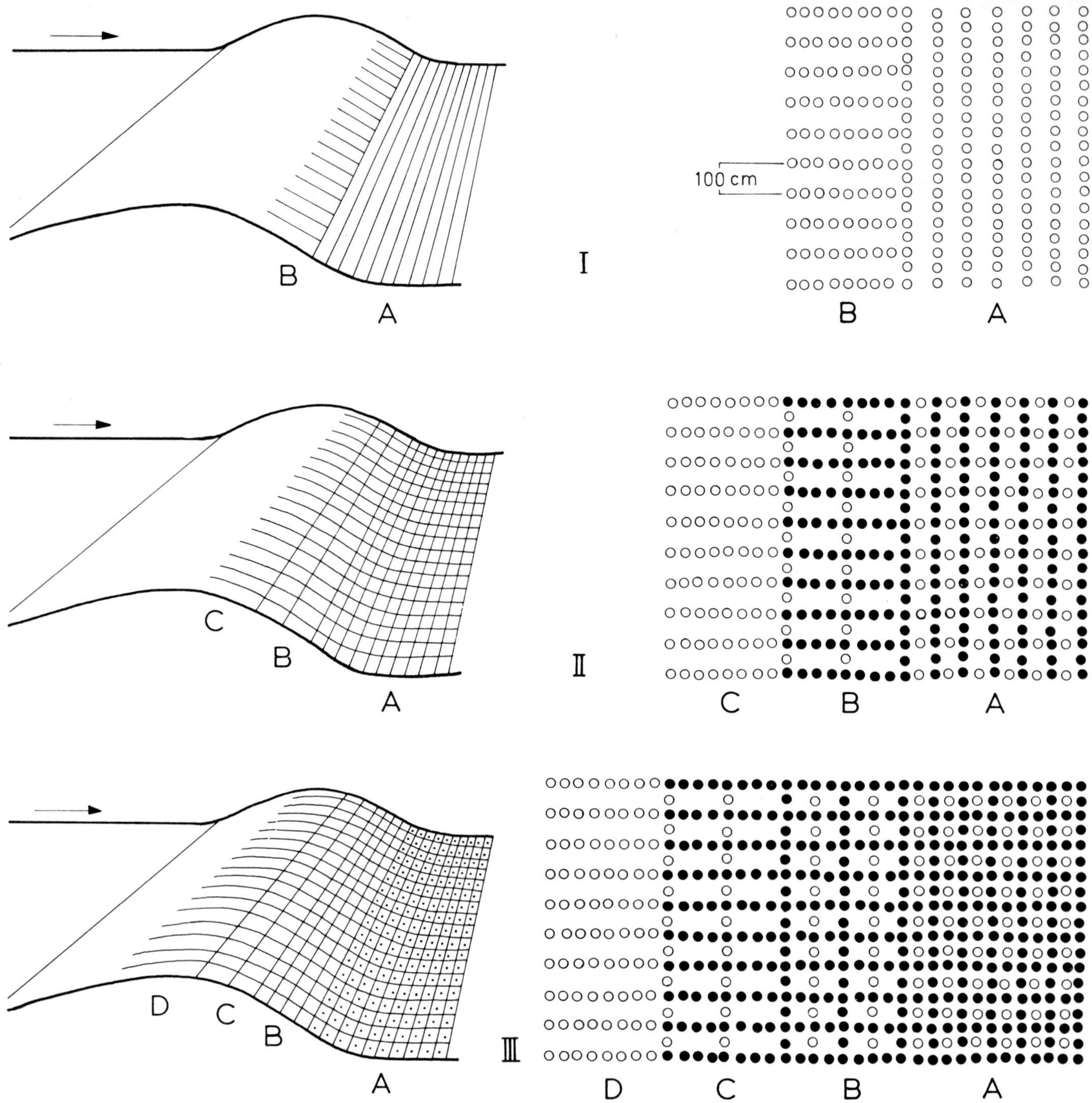

70 Festlegung einer Düne durch Halmstecklingsbesatz in mehreren Bauabschnitten (Schema in Anlehnung an *H. Lux*, 1964).

müssen ungefähr bis zu einem Drittel oder bis zur Hälfte, bzw. rd. 20 cm tief im Sand stehen. Beim Einbringen ist darauf zu achten, daß die Büschel nicht als »Rundbüschel«, sondern als »Fächer« gesetzt werden, deren Breitseiten senkrecht zur Hauptwindrichtung stehen. Hierdurch ist einmal ein engerer Kontakt der einzelnen Halme mit dem Sand gewährleistet, und zum anderen wird eine bessere Sandablagerung auf ihrer Leeseite bewirkt [Abb. 69].

Kleine, eng begrenzte Schadstellen können in der Regel in einem Bauabschnitt mit Büscheln im 50 × 50 cm-Verband besetzt werden. Die Befestigung ausgedehnter Dünenflächen erfordert jedoch mehrere Bauabschnitte. Damit keine zu schnelle Festlegung des Sandes erfolgt und die für das Wachstum der Pflanzen notwendige Sandnachlieferung möglichst lange erhalten bleibt, beginnen die Arbeiten auf der Leeseite der Dünen und schreiten nach Luv fort. Die hierbei angewendete Methodik kann infolge der großen Vielfalt der Dünenbaustellen nur schematisch dargestellt werden und ist in der Praxis den Gegebenheiten der einzelnen Baustellen entsprechend zu variieren:

Erster Bauabschnitt (erstes Jahr):

a Besatz des Lee-Fußes mit Büschelreihen, die parallel zu den Höhenlinien verlaufen (Horizontalreihen); Büschelabstand etwa 50 cm, Reihenabstand etwa 100 cm [Abb. 70, I a].

71 Aus Halmstecklingsbesatz hervorgegangener Strandhaferbestand.

72 Durch Halmstecklingsbesatz in Verbindung mit Reisigbestecken festgelegte Düne.

b Besatz des Lee-Hanges mit Büschelreihen, die senkrecht zu den Höhenlinien angeordnet sind (Vertikalreihen); Büschelabstand etwa 50 cm, Reihenabstand etwa 100 cm [Abb. 70, I b).

Zweiter Bauabschnitt (zweites Jahr):

a Verdichtung der Horizontalreihen zu einem Quadratnetz von 100 × 100 cm [Abb. 70, II a].

b Verdichtung der Vertikalreihen zu einem Rechtecknetz von 200 × 100 cm [Abb. 70, II b].

c Verlängerung der Vertikalreihen bis zur Kuppe [Abb. 70, II c].

Dritter Bauabschnitt (drittes Jahr):

a Weitere Verdichtung des Quadratnetzes am Lee-Fuß in Form der »ausgebüschelten Quadrate« [Abb. 70, III a].

b Weitere Verdichtung des Rechtecknetzes am Lee-Hang zu einem Quadratnetz von 100 × 100 cm [Abb. 70, III b].

c Verdichtung der im vergangenen Jahr verlängerten Vertikalreihen zu einem Rechtecknetz von 200 × 100 cm [Abb. 70, III c].

d Verlängerung der Vertikalreihen bis auf den Luv-Hang [Abb. 70, III d].

In dieser Weise werden die Arbeiten fortgesetzt, bis die gesamte Düne festgelegt ist [Abb. 71 u. 72]. Besteht Gefahr, daß die Sandzufuhr für die Ernährung des Halmstecklingsbesatzes nicht ausreicht, so müssen auf der Luvseite längere Zeit einzelne Flächen vom Halmstecklingsbesatz freigehalten werden. Sie dienen dann als Sandquelle für die Versorgung der begrünten Flächen.

Da das neuentwickelte Wurzelsystem der Halme weitaus geringer als das weitverzweigte älterer Bestände ist, sind die Pflanzen zunächst nicht in der Lage, auch ein reichhaltiges Nährstoffangebot des Sandes optimal zu verwerten. Hinzu kommt, daß die Halme bei der Festlegung von Binnendünen, insbesondere von aufgerissenen Grau- und Braundünen, ohnehin mit einem Substrat vorlieb nehmen müssen, das durch Auswaschung und mangelnde Sandzufuhr sehr nährstoffarm ist. Durch Düngung kann daher auf kleinem Raum eine höhere Nährstoffkonzentration geschaffen werden, die für die Ernährung der bewurzelten Halme mit ihrem relativ kleinen Wurzelsystem ausreicht. Während eine Düngung bei Lebendbaumaßnahmen auf Weißdünen mit befriedigender Sandnachlieferung vorteilhaft ist, ist sie bei der Befestigung von nährstoffarmen Grau- und Braundünen durch Halmstecklingsbesatz unbedingt notwendig. Nach *H. Lux* wirken sich Gaben eines Ammoniak und Salpeter enthaltenden Stickstoffdüngers (60 kg N/ha) und eine Phosphorsäuredüngung besonders günstig aus. Gedüngt werden sollte im Juni/Juli des auf das Einbringen der Halmstecklinge folgenden Jahres.

Anwendungsbereich

Der Halmstecklingsbesatz eignet sich für die Festlegung nährstoffreicher Weißdünen und in Verbindung mit Düngung auch zur Befestigung nährstoffarmer Grau- und Braundünen. An letzteren Standorten sollten in erster Linie Halmstecklinge des im Vergleich zu den übrigen Arten anspruchsloseren Baltischen Strandhafers verwendet werden.

Literatur

P. Gerhardt, J. Abromeit, P. Bock u. *A. Jentzsch* (1900); *H. Lux* (1964 u. 1969)

Ansaat

Lebende Baustoffe

Saatgut vom Silbergras (Corynephorus canescens), Schafschwingel (Festuca ovina) und vom Sandrotschwingel (Festuca rubra arenaria).

Bauweise

Da die Saat, wie in Abschn. 3.3.1 angedeutet wurde, in degenerierten Helmdünen-Gesellschaften, also unter einer Vegetationsdecke vorgenommen wird, ist der Einsatz von Maschinen nicht möglich, sondern das Saatgut muß in Handarbeit ausgestreut werden. Vor der Saat ist eine Auflockerung des Sandes durch Harken od. dgl. empfehlenswert, weil dann das Saatgut in den dabei entstehenden kleinen Rillen festgehalten wird und vor Verwehung geschützt ist. Die Saatgutmenge beträgt 9 bis 10 g/m^2 (Abschn. 7). Ein Walzen nach der Aussaat ist wegen der vorhandenen Vegetationsdecke ebenfalls nicht möglich. Die günstigste Ausführungszeit liegt im Herbst, etwa zwischen Mitte September und Anfang Oktober, da in dieser Zeit mit Feuchtigkeits- und Temperaturverhältnissen im Boden zu rechnen ist, die für Keimung und Wachstum vorteilhaft sind. Am besten wird unmittelbar vor oder während Niederschlagsperioden ausgesät; denn dann kann einmal das Wasser optimal ausgenutzt werden, und zum anderen ist das feuchte Saatgut weitgehend vor dem Fortwehen gesichert. Eine Stickstoff- und Phosphorsäuredüngung ist nach *H. Lux* nicht nur beim Halmstecklingsbesatz, sondern auch bei der Ansaat zu empfehlen.

Anwendungsbereich

Die Ansaat wird vor allem auf Grau- und Braundünen unter degenerierten Helmdünen-Gesellschaften zur Sicherung des Bodens und zur Einleitung der Sukzession vorgenommen. Sie ist in erster Linie dann erforderlich, wenn keine oder nur eine mangelhafte natürliche Zuwanderung von Arten der Folgegesellschaften erfolgt. Die Saat hat nur bei fehlender oder geringer Sandzufuhr Erfolg. So erträgt das Silbergras nach *H. Lux* nur eine Übersandung von 10 cm/Jahr.

Literatur
H. Lux (1964 u. 1969)

Weitere, in diesem Abschnitt nicht behandelte Lebendbaumaßnahmen
Dünen werden auch durch Ansaat in Verbindung mit Zuschlagstoffen (Anspritzverfahren) begrünt (Abschn. 5.1.2). Ohne den Wert dieser Verfahren herabsetzen zu wollen, sei hier auf die Problematik ihrer Anwendung für die Festlegung vegetationsloser Dünen hingewiesen. Da derartige Dünen mit diesen Bauweisen großflächig in einem Arbeitsgang begrünt werden, besteht Gefahr einer sofortigen Unterbindung der Sandnachlieferung. Überdies wird nicht selten auf Weißdünen Saatgut von Gräsern verwendet, die nicht aus der dort standortgerechten Helmdünen-Gesellschaft, sondern aus Folgegesellschaften stammen, und die nur ein verhältnismäßig flaches Wurzelwerk ausbilden. Dies alles kann zur Folge haben, daß eine weitere Aufhöhung der Dünen unterbleibt, kein tiefreichendes, festigendes Netz aus Rhizomen und Wurzeln im Dünenkörper entsteht (Abschn. 3.3.1), sondern daß die Vegetation nur als dünne, relativ instabile »Haut« die Oberfläche bedeckt und stärkeren Beanspruchungen nicht gewachsen ist. Eine Begrünung vegetationsloser Dünen durch Ansaat in Verbindung mit Zuschlagstoffen ist daher nur dann vorzunehmen, wenn eine sofortige Festlegung unter allen Umständen erforderlich ist.

Dagegen können derartige Ansaatverfahren empfehlenswert sein, wenn degenerierte Helmdünen-Gesellschaften in Folgegesellschaften überführt werden sollen. Da in diesen Fällen in der Regel das tiefreichende Rhizom- und Wurzelgerüst der Helmdünen-Gesellschaft vorhanden ist, besteht die Gefahr einer nur oberflächigen Begrünung der Dünen nicht. Bei Verwendung geeigneter Zuschlagstoffe hat dann ein maschinelles Anspritzen gegenüber der manuellen Ansaat die Vorteile, daß einmal der Arbeitsaufwand herabgesetzt wird, zum anderen das Saatgut besser am Sand haftet und endlich die Wasserversorgung des Saatgutes günstiger gestaltet werden kann.

4 Lebendbau an Hängen und Böschungen

Durch Lebendbau zu sichernde, nicht mit Gewässern in Verbindung stehende Hänge und Böschungen entstehen vor allem beim Straßenbau sowie bei der Anlage von Siedlungen und Industriewerken. Sie treten außerdem an Entnahmestellen wie Kiesgruben und Steinbrüchen sowie an Deponien wie Hochkippen und Halden auf.

Die hier zu treffenden Lebendbaumaßnahmen dienen in erster Linie der Festlegung und Sicherung der Hänge und Böschungen. Außerdem werden Lebendbaumaßnahmen zur Hangentwässerung bzw. zur Sammlung und Ableitung des Wassers durchgeführt.

4.1 Maßnahmen zur Sicherung von Hängen und Böschungen

4.1.1 Allgemeines

Hänge und Böschungen sind insbesondere gegen Rutschungen, Steinschlag sowie gegen Flächen- und Rinnenerosion durch Oberflächenwasser zu sichern. Der Lebendbau wird hier sowohl prophylaktisch zur Vermeidung möglicher als auch zur Beseitigung realer Schäden eingesetzt.

Wirkungsweise

Die Vegetationsdecke übt dabei die folgenden Schutzwirkungen aus:

a Die Wurzeln durchziehen den Boden bzw. dringen in Risse, Spalten und Klüfte des Gesteins ein und festigen auf diese Weise das Substrat. Während am Oberhang infolge der Durchwurzelung erosionsgefährdeter Bodenschichten die Erosionsgefahr beseitigt oder gemindert wird, wird abgeschwemmter und am Unterhang aufgetragener Boden vor allem durch Gehölze dort fortlaufend durchwurzelt und gefestigt [Abb. 73]. Insbesondere tiefwurzelnde Arten vermögen außerdem verschiedene Boden- und Gesteinsschichten miteinander zu »vernageln« und somit die Gefahr von Rutschungen zu mindern oder zu beseitigen.

b Durch ihre Transpiration tragen die Pflanzen zur Hangentwässerung bei und verringern auch dadurch die Rutschgefahr. Sie werden in dieser Hinsicht besonders dann wirksam, wenn ihre Wurzeln wasserführende Schichten oder Quellhorizonte erreichen.

c Die oberirdischen Pflanzenteile mindern oder beseitigen Oberflächenerosion, indem sie bei Niederschlägen die Wucht des Tropfenaufpralls herabsetzen, die Energie des abfließenden Oberflächenwassers zerteilen, die Verlagerung von Boden verhindern sowie abgeschwemmten Boden festhalten.

d Sie halten größere Steine mechanisch zurück und verringern auf diese Weise die Gefahr von Steinschlag.

Natürliche Vegetation und Bestandsziel

Abgesehen von wenigen Ausnahmen stellen Hänge und Böschungen Standorte für Waldgesellschaften dar. Die Ausnahmen erstrecken sich vor allem auf Fälle, in denen das Gestein zutage tritt oder nur eine sehr geringe Verwitterungsschicht vorhanden ist, sowie auf Bereiche, wo aus klimatischen Gründen kein Gehölzwachstum möglich ist, wie z.B. direkt an der Küste und in der alpinen Stufe des Hochgebirges.

In der Regel sollte daher die betreffende natürliche Waldgesellschaft (heutige potentiell natürliche Vegetation) das Bestandsziel sein und nur in den Fällen, in denen die Zielsetzung der Lebendbau-

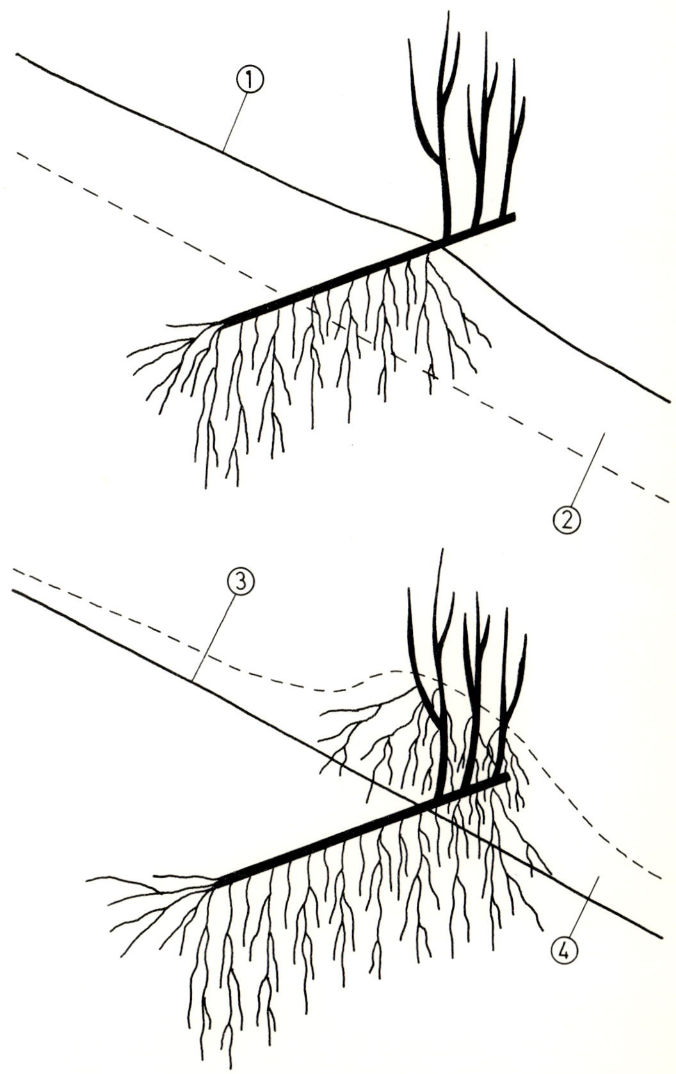

73 Wirkung von Lebendbauobjekten zur Hangbefestigung am Beispiel des Buschlagenbaues (Schema). 1 = Oberhang, Hangoberfläche, 2 = Durchwurzelung des erosionsgefährdeten Bereiches am Oberhang und somit Verhinderung bzw. Minderung der Erosion, 3 = Unterhang, ursprüngliche Hangoberfläche, 4 = fortlaufende Durchwurzelung und Festigung des am Unterhang aufgetragenen Bodens.

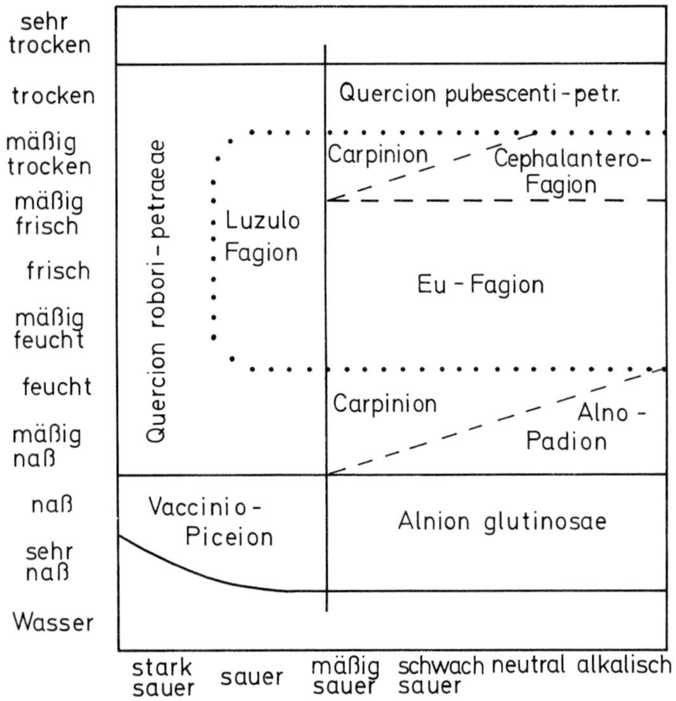

74 Feuchtigkeits- und Säurebereiche der Verbände bzw. Unterverbände mitteleuropäischer Waldgesellschaften in der submontanen Stufe (in Anlehnung an *H. Ellenberg*, 1963).

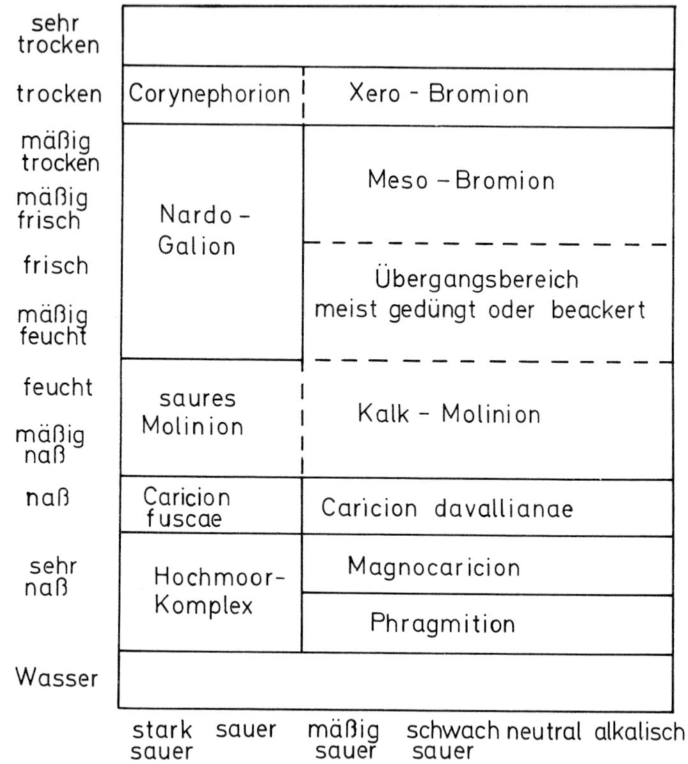

75 Feuchtigkeits- und Säurebereiche der Verbände bzw. Unterverbände mitteleuropäischer ungedüngter Wiesengesellschaften in der submontanen Stufe (in Anlehnung an *H. Ellenberg*, 1963).

maßnahme eine Wiesengesellschaft erfordert, eine wenig Pflege beanspruchende Ersatzgesellschaft dieser Waldgesellschaft angesiedelt werden. Die Standortqualität der Hänge und Böschungen ist äußerst vielfältig und bedingt eine Vielzahl von Waldgesellschaften bzw. deren Wiesen-Ersatzgesellschaften. Nicht selten weist ein und derselbe Hang mehrere unterschiedliche Wald- und Wiesengesellschaften auf. An dieser Stelle kann daher keine detaillierte Zusammenstellung der an Hängen möglichen Wald- und Wiesengesellschaften gegeben werden. Einen allgemeinen Überblick mögen die beiden von *H. Ellenberg* (1963) entwickelten Schemata [Abb. 74 u. 75] vermitteln. In ihnen ist das Vorkommen der Verbände bzw. Unterverbände mitteleuropäischer Laubwald- und ungedüngter Wiesengesellschaften in Abhängigkeit von der Bodenfeuchte und dem Basengehalt dargestellt. Nach *H. Ellenberg* (1963, S. 66) sind es nämlich vor allem die Bodeneigenschaften, die in einem begrenzten klimatisch einheitlichen Gebiet über Wuchsmöglichkeit und Leistung der Pflanzen entscheiden, insbesondere die Feuchtigkeit und der Nährstoffreichtum, der im großen und ganzen mit seinem Basengehalt parallel geht. Die Schemata wurden zwar für die submontane Stufe entwickelt, sie sind jedoch auch auf die kolline und planare Stufe übertragbar (*H. Ellenberg*, 1963, S. 704).

Vorarbeiten

Die Vorarbeiten haben sich vor allem auf die Schaffung eines für den Lebendbau geeigneten Reliefs und auf die Entwässerung der festzulegenden Hänge und Böschungen zu erstrecken. Besondere technische Baumaßnahmen, wie z. B. das Verankern und Plombieren von Fels oder den Bau von Stütz- und Fangmauern sowie von Steinschlag-Schutzdächern, sollen an dieser Stelle nur erwähnt werden.

Zur Herstellung eines geeigneten Reliefs sind Einschnitts- und Auftragsböschungen mit ausreichendem flachem Neigungswinkel zu bauen.

Höhere Böschungen sollten etwa alle 10 bis 15 m Bermen erhalten, um den Oberflächenabfluß zu unterbrechen, Steinschlag zu mindern und die Pflege zu erleichtern. Bei Auftragsböschungen sollte die Neigung nicht steiler als 1:2, nach Möglichkeit jedoch 1:3 und flacher sein. In Einschnitten ist das Gestein schonend, ohne tieferliegenden festen Fels zu lockern, entsprechend Verwitterungsbeständigkeit, Standfestigkeit, Einfallswinkel der Schichten und Wasserführung abzubauen. Lockeres und brüchiges Gestein ist sorgfältig abzuräumen. Je standfester und verwitterungsbeständiger das Gestein ist, desto steiler können die Böschungen hergestellt werden. Neigt z. B. das Gestein zur schnellen Verwitterung, so ist ein flacher Neigungswinkel etwa wie bei Bodenanschnitten zu wählen. Bei gebanktem bzw. geschichtetem Fels mit zwischenliegenden, rasch verwitternden Schichten sind die harten, schwer verwitterbaren Schichten hervortretend herauszuarbeiten, so daß ein ausreichend abgetrepptes Profil entsteht, während die weichen Schichten abzuböschen sind. Dabei sollten lange, geradlinig verlaufende Stufen möglichst vermieden und Formen angestrebt werden, die dem Schichtenverlauf und der Struktur des Gesteins entsprechen. Ist Mutterbodenauftrag geplant, so sind die Böschungen aufzurauhen, damit eine gute Verzahnung von Mutterboden und Unterboden bzw. Gestein gewährleistet ist. Die Stärke der Mutterbodenschicht richtet sich in erster Linie nach dem Neigungswinkel, der geologischen Beschaffenheit des Untergrundes, der Struktur des Mutterbodens und der Zielsetzung der Lebendbaumaßnahme. In der Regel werden um so sicherer Mutterbodenrutschungen vermieden, je geringer die Mächtigkeit der Mutterbodenschicht ist. Stärken von 10 cm und weniger sind im allgemeinen ausreichend.

Besonderer Wert ist auf die Ausbildung der Böschungskronen und -füße zu legen. Die Oberkanten sind ausreichend abzurunden, um das Entstehen von Hohlkehlen zu vermeiden. Bei Bedarf sind oberhalb des Hanges Gräben oder Mulden zum Abfangen des Oberflächenwassers anzulegen (s. unten). Die Unterkanten sollten auf 1:3 und flacher ausgerundet werden. Auf diese Weise wird der Sicherheitsabstand zwischen Hang und Bauwerk (z.B. Straße) vergrößert und eine Berme für eine Hangfuß-Pflanzung geschaffen. Zusätzlich errichtete niedrige Mauern können hier als Geröllfang dienen [Abb. 76].

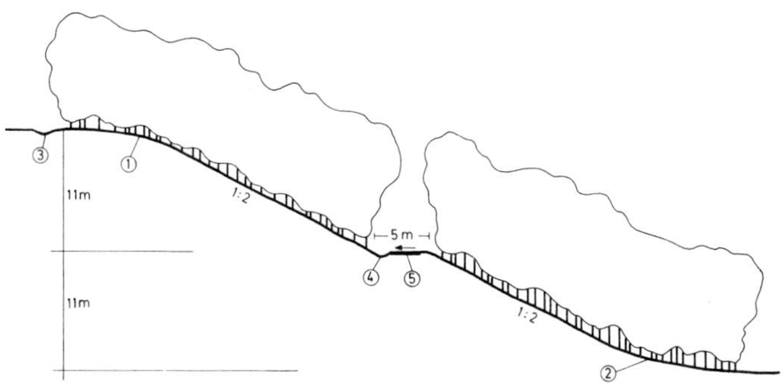

76 Ausformung eines Hanges (Schema). 1 = Ausrundung der Oberkante, 2 = Ausrundung der Unterkante, 3 = Fangmulde oberhalb des Hanges, 4 = Fangmulde auf der Berme, 5 = Berme mit Gegengefälle.

Vor Durchführung der Lebendbaumaßnahme ist außerdem zu untersuchen, ob Hangentwässerungen notwendig sind. Durch Wasser besonders gefährdet sind diejenigen Hänge und Böschungen, bei denen durchlässige Schichten auf undurchlässigen liegen. Auf der undurchlässigen Schicht kann sich eine wasserführende Schicht (Gleitschicht) bilden, die großflächige Rutschungen verursachen kann. Auch die Stellen, an denen die undurchlässige Schicht bzw. das Wasser an die Oberfläche tritt, können Ausgangspunkte größerer oder kleinerer Rutschungen sein. Die Entwässerungsmaßnahmen beziehen sich auf das Abfangen von Oberflächenwasser sowie auf das Sammeln und Ableiten von Sickerwasser. Oberflächenwasser wird durch Fanggräben oder -mulden abgefangen, die oberhalb der Hangkrone oder auf Bermen angelegt werden. Sie sind mit Gefälle zu bauen. Ihre Sohle ist abzudichten. Fanggräben ohne ausreichendes Gefälle und mit ungenügend gedichteter Sohle begünstigen das Versickern des Oberflächenwassers und somit das Auftreten von Rutschungen.

Austretendes Sickerwasser wird am besten durch Sickerschlitze oder Faschinendräne gesammelt und abgeleitet. Bei ausgedehnten Sickerwasseraustritten und quelligem Gelände ist ein verzweigtes Netz von Sickerschlitzen oder Faschinendränen anzulegen.

Die Entwässerungsmaßnahmen werden nicht nur im Totbau, sondern auch im Lebendbau durchgeführt. Nicht selten bestehen die Entwässerungsbauten aus toten und lebenden Baustoffen (Abschn. 4.2.2).

4.1.2 Lebendbaumaßnahmen

Buschlagenbau

Lebende Baustoffe

Äste und Zweige vor allem der folgenden Weidenarten bzw. an Ort und Stelle vorhandener bewurzelungsfähiger Hybriden: Silberweide (Salix alba), Großblättrige Weide (S. appendiculata), Ohrweide (S. aurita), Grauweide (S. cinerea), Reifweide (S. daphnoides), Lavendelweide (S. eleagnos = S. incana), Bruchweide (S. fragilis), Glanzweide (S. glabra), Schwarzweide (S. nigricans), Lorbeerweide (S. pentandra), Purpurweide (S. purpurea), Mandelweide (S. triandra), Korbweide (S. viminalis). Außerdem werden auch Äste und Zweige bewurzelungsfähiger Pappelarten verwendet.

Bauweise [Abb. 77]

In den Hang werden grabenartige Einschnitte mit leichtem Gefälle ihrer Sohle zum Hang und einer Tiefe von etwa 50 bis 100 cm hergestellt. Sie verlaufen parallel oder mit einer Neigung bis zu 15 bis 20° zu den Höhenlinien. Ihr Abstand beträgt etwa 200 bis 400 cm. In diese Einschnitte werden dicht an dicht und z.T. kreuzweise etwa 50 bis 150 cm lange, unbewurzelte oberirdische Gehölzteile unterschiedlichen Alters und unterschiedlicher Stärke gelegt und anschließend bis zu etwa zwei Drittel oder vier Fünftel ihrer Gesamtlänge mit dem Aushub des darüberliegenden Grabens bedeckt. Die Arbeiten beginnen am Hangfuß.

Zur Befestigung von Hochkippen, Halden und anderer Auftragsböschungen wird oft eine Variante angewandt. Bei dieser werden während des Schüttvorganges mehrere Meter lange Zweige und Astwerk auf die derzeitige Böschungsoberkante gelegt, anschließend mit neu anfallendem Schüttmaterial überdeckt und auf diese Weise tief in die Böschung eingebaut.

Die günstigste Ausführungszeit beider Varianten liegt in der Vegetationsruhe etwa zwischen September und April.

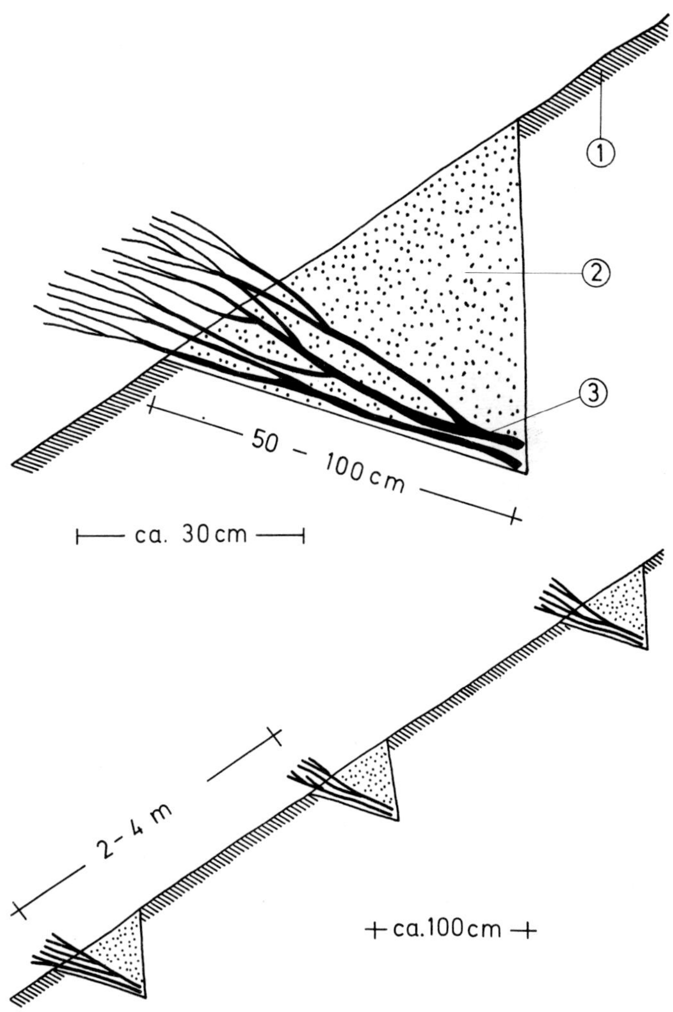

77 Buschlagenbau. 1 = Hangoberfläche, 2 = ausgehobener und nach dem Einlegen der Äste wieder verfüllter Einschnitt, 3 = Buschlage.

Buschlagen dienen einer sofortigen, aber u. U. nur vorübergehenden Befestigung. Nach Fertigstellung der Lagen werden daher zwischen diese je nach Standort und Zielsetzung der Lebendbaumaßnahme in einem zweiten Bauabschnitt Gehölze gepflanzt oder gesät, bzw. es werden Ansaaten von Gräsern, Leguminosen oder anderen Kräutern vorgenommen. Der Zeitpunkt der Ausführung des zweiten Bauabschnittes ist vom Standort abhängig. An günstigen kann er sofort nach dem Einbau der Lagen in Angriff genommen werden, an ungünstigen erst ein bis mehrere Jahre später. In erster Linie haben sich die folgenden Kombinationen bewährt:

Ist als Bestandsziel eine Gehölzgesellschaft geplant, so werden zwischen die Buschlagen Leguminosen gesät, in die gleichzeitig oder eine bis zwei Vegetationsperioden später Gehölze gepflanzt werden. An geeigneten Standorten können Gehölze ohne vorhergehende Leguminosensaat gepflanzt oder gesät werden. Sofern es die Standortqualität der Baustelle zuläßt, sind in der Regel Bäume oder Bäume und Sträucher der natürlichen Schlußgesellschaft anzusiedeln. Pflanzweisen und Holzartenkombinationen werden unter »Pflanzung« behandelt. In den Fällen, in denen als Bestandsziel eine Gesellschaft aus Gräsern und Kräutern vorgesehen ist, werden zwischen Weidenbuschlagen Gräser oder Kräuter bzw. ein Gemisch aus beiden (z. B. »Heublumensaat«) ausgesät. Diese unterdrücken dann oft nach einiger Zeit die Buschlagen.

Anwendungsbereich

Wie angedeutet, ist der Buschlagenbau eine Bauweise zur sofortigen, aber u. U. nur vorübergehenden Vorsicherung. Er weist vor allem gegenüber dem Flechtwerk- und dem Faschinenbau unbestreitbare Vorteile auf. Buschlagen üben sofort nach ihrem Einbau eine verhältnismäßig tiefreichende Festigungswirkung aus, da das kreuzweise eingelegte Material einen hohen Reibungswiderstand gegen Ausreißen besitzt. Die Tiefenwirkung erstreckt sich zunächst bis zu der Tiefe des eingelegten Materials und erhöht sich mit zunehmendem Wurzelwachstum. Zur Herstellung der Buschlagen sind keine besonderen Vorkenntnisse und handwerkliches Geschick notwendig. Außerdem brauchen an die Beschaffenheit der lebenden Baustoffe keine spezifischen oder schwer zu erfüllenden Anforderungen gestellt zu werden. Abgesehen von der Bewurzelungsfähigkeit können lange, kurze, verzweigte und unverzweigte oberirdische Gehölzteile verschiedenen Alters verwendet werden.

Der Buschlagenbau kann daher an sehr unterschiedlichen Einschnitts- und Auftragsböschungen groß- und kleinflächig ausgeführt werden, die rutsch-, steinschlag- und erosionsgefährdet sind. Voraussetzung für die Anwendung ist allerdings das Vorhandensein einer ausreichend starken Schicht mit genügendem Feinmaterialanteil, in die die Lagen eingebaut werden können. Die zu sichernden Hänge und Böschungen sollten nicht steiler als 40° sein.

Literatur

Richtlinien für den Lebendverbau an Verkehrswegen (1969); *H. M. Schiechtl* (1958, 1962a, 1962b u. 1969)

Heckenlagenbau

Lebende Baustoffe

Geeignet sind nach *W. Pflug* (1962) die Hainbuche (Carpinus betulus) und nach *H. M. Schiechtl* (1958): Bergahorn (Acer pseudoplatanus), Grauerle (Alnus incana), Grünerle (A. viridis), Berberitze (Berberis vulgaris), Waldrebe (Clematis vitalba), Hasel (Corylus avellana), Weißdorn (Crataegus monogyna), Esche (Fraxinus excelsior), Sanddorn (Hippophae rhamnoides), Liguster (Ligustrum vulgare), Schwarzpappel (Populus nigra), Aspe (P. tremula), Traubenkirsche (Prunus padus), Schlehe (P. spinosa), Kreuzdorn (Rhamnus cathartica), Hundsrose (Rosa canina), Weinrose (R. rubiginosa), Schwarzer Holunder (Sambucus nigra), Traubenholunder (S. racemosa), Mehlbeere (Sorbus aria), Bergulme (Ulmus montana), Wolliger Schneeball (Viburnum lantana), Schneeball (V. opulus).

Nach *U. Schlüter* (1969) haben sich an sommerwarmen, wechseltrockenen Böschungen aus einem Gemisch von Mergel und Kalkstein-Verwitterungsschutt die folgenden Arten besonders bewährt:

a Gehölze mit starker Adventivwurzelbildung: Grauerle (Alnus incana), Hainbuche (Carpinus betulus), Roter Hartriegel (Cornus sanguinea), Zwergmispel (Cotoneaster acutifolius), Blumenesche (Fraxinus ornus), Rote Heckenkirsche (Lonicera xylosteum), Salweide (Salix caprea), Purpurweide (S. purpurea), Smith's Weide (S. smithiana), Wolliger Schneeball (Viburnum lantana).

b Gehölze mit gutem oberirdischem Wachstum: Grauerle (Alnus incana), Sandbirke (Betula pendula), Zwergmispel (Cotoneaster acutifolius), Zwergmispel (C. multiflorus), Weißdorn (Crataegus monogyna), Sanddorn (Hippophae rhamnoides), Rote Heckenkirsche (Lonicera xylosteum), Stein-Weichsel (Prunus mahaleb), Schlehe (P. spinosa), Purpurweide (Salix purpurea), Smith's Weide (S. smithiana).

An Lößlehm-Böschungen mit ausreichender Wasserversorgung sind nach *U. Schlüter* (1969) die nachstehend aufgeführten Arten verwendungsfähig:

a Gehölze mit starker Adventivwurzelbildung: Feldahorn (Acer campestre), Grauerle (Alnus incana), Sandbirke (Betula pendula), Hainbuche (Carpinus betulus), Kornelkirsche (Cornus mas),

78 Einlegen von Heckenlagen (*U. Schlüter*, 1971a).

79 Heckenlage aus Grauerle. Die starke Adventivwurzelbildung in Nähe der Hangoberfläche bewirkt eine gute und nachhaltige Sicherung dieser Zone (*U. Schlüter*, 1971 a).

Roter Hartriegel (C. sanguinea), Hasel (Corylus avellana), Zwergmispel (Cotoneaster acutifolius), Zwergmispel (C. multiflorus), Weißdorn (Crataegus monogyna), Pfaffenhütchen (Evonymus europaeus), Esche (Fraxinus excelsior), Sanddorn (Hippophae rhamnoides), Liguster (Ligustrum vulgare), Rote Heckenkirsche (Lonicera xylosteum), Aspe (Populus tremula), Kirschpflaume (Prunus cerasifera), Salweide (Salix caprea), Purpurweide (S. purpurea), Smith's Weide (S. smithiana), Vogelbeere (Sorbus aucuparia), Flieder (Syringa vulgaris), Wolliger Schneeball (Viburnum lantana).

b Gehölze mit gutem oberirdischem Wachstum: Grauerle (Alnus incana), Zwergmispel (Cotoneaster acutifolius), Zwergmispel (C. multiflorus), Weißdorn (Crataegus monogyna), Sanddorn (Hippophae rhamnoides), Kirschpflaume (Prunus cerasifera), Stein-Weichsel (P. mahaleb), Schlehe (P. spinosa), Purpurweide (Salix purpurea).

Zur Befestigung stark saurer (pH 2,9 bis 5), feinkörniger tertiärer Sandböschungen haben sich nach *U. Schlüter* (1971) die folgenden Arten als brauchbar erwiesen:

a Gehölze mit starker Adventivwurzelbildung: Eschenahorn (Acer negundo), Roterle (Alnus glutinosa), Erbsenstrauch (Caragana arborescens), Edelkastanie (Castanea sativa), Weißer Hartriegel (Cornus alba), Rote Heckenkirsche (Lonicera xylosteum), Silberpappel (Populus alba), Graupappel (P. canescens), Ohrweide (Salix aurita), Grauweide (S. cinerea), Reifweide (S. daphnoides).

b Gehölze mit gutem oberirdischem Wachstum: Eschenahorn (Acer negundo), Roterle (Alnus glutinosa), Erbsenstrauch (Caragana arborescens), Edelkastanie (Castanea sativa), Weißer Hartriegel (Cornus alba), Rote Heckenkirsche (Lonicera xylosteum), Silberpappel (Populus alba), Graupappel (P. canescens), Späte Traubenkirsche (Prunus serotina), Stieleiche (Quercus robur), Roteiche (Q. rubra), Ohrweide (Salix aurita), Grauweide (S. cinerea), Reifweide (S. daphnoides), Vogelbeere (Sorbus aucuparia).

Bauweise [Abb. 78 u. 79]

Der Heckenlagenbau wird in derselben Weise wie der Buschlagenbau ausgeführt. Der Unterschied besteht darin, daß beim Heckenlagenbau bewurzelte Gehölze, also vollständige Pflanzen eingelegt werden. Die Länge der Pflanzen liegt im allgemeinen zwischen 60/80 cm und 65/100 cm.

Da ein großer Teil der für diese Bauweise geeigneten Holzarten aus natürlichen Schlußgesellschaften stammt, ist außerdem im Gegensatz zum Buschlagenbau oft ein zweiter Bauabschnitt nicht erforderlich. Er erübrigt sich dann, wenn die Arten der vorgesehenen Schlußgesellschaft in ausreichender Menge und Artenzahl sofort als Heckenlagen eingelegt und die Reihenabstände der Heckenlagen nicht zu weit gewählt werden.

Die verschiedenen Holzarten sind in der Regel weder in Einzelmischung noch in sehr langen, aus einer Art bestehenden Abschnitten einzulegen. Bei Einzelmischung besteht die Gefahr einer Unterdrückung schwachwüchsiger Gehölze durch starkwüchsige. Werden sehr lange Abschnitte aus Lagen einer Holzart hergestellt, so ist die Möglichkeit gegeben, daß beim Ausfall einer Holzart größere Teile des Hangs ungeschützt sind. Am günstigsten dürfte es sein, wenn in den Lagen etwa alle 3 bis 5 m die Holzart gewechselt wird. Wie aus den obigen Zusammenstellungen der geeigneten Gehölze ersichtlich ist, zeigen Arten mit guter Adventivwurzelbildung nicht unbedingt auch ein befriedigendes oberirdisches Wachstum und Arten mit starker oberirdischer Wuchsleistung nicht in jedem Falle eine zufriedenstellende Adventivwurzelbildung. Zur bestmöglichen Ausnutzung ihrer günstigen Eigenschaften sind daher beim Bau der Heckenlagen die Arten entsprechend ihren Wuchsleistungen im horizontalen und vertikalen Wechsel so zu kombinieren, daß sie sich in ihren Leistungen ergänzen [Abb. 80].

Sofern zur Erzielung des Endbestandes eine Zwischenpflanzung von Gehölzen zwischen die Heckenlagen in einem zweiten Bauabschnitt erforderlich ist, ist diese wie unter »Pflanzung« auszuführen.

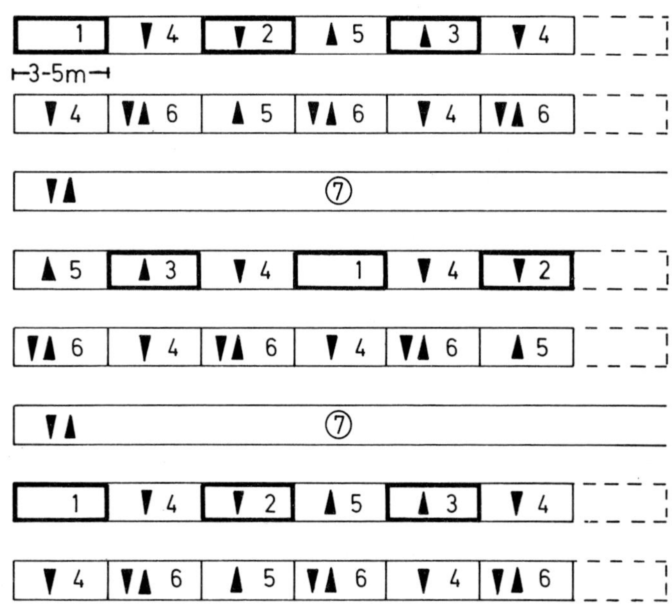

80 Holzartenkombination beim Heckenlagenbau zur Vermeidung eines zweiten Bauabschnittes (Schema). 1 = Bäume der natürlichen Schlußgesellschaft mit geringem oberirdischem Wachstum und unbefriedigender Adventivwurzelbildung, 2 = Bäume der Schlußgesellschaft mit starker Adventivwurzelbildung, 3 = Bäume der Schlußgesellschaft mit zufriedenstellendem oberirdischem Wachstum, 4 = Sträucher mit starker Adventivwurzelbildung, 5 = Sträucher mit gutem oberirdischem Wachstum, 6 = Sträucher mit starker Adventivwurzelbildung und befriedigendem oberirdischem Wachstum, 7 = durchlaufende Reihen von Sträuchern mit besonders guter Ausprägung beider Merkmale.

Anwendungsbereich
Siehe »Buschlagenbau«.

Literatur
W. Pflug (1962); Richtlinien für den Lebendverbau an Verkehrswegen (1969); *H.M. Schiechtl* (1958, 1962a, 1962b u. 1969); *U. Schlüter* (1969 u. 1971)

Heckenbuschlagenbau
Der Heckenbuschlagenbau ist eine Kombination aus Buschlagen- und Heckenlagenbau. Hierbei werden nach *H.M. Schiechtl* (1958) vollständige Pflanzen einzeln im Abstand von etwa 50 cm zwischen die unbewurzelten Gehölzteile der Buschlagen eingelegt. Im übrigen siehe »Buschlagenbau« und »Heckenlagenbau«.

Flechtwerkbau
Lebende Baustoffe
Ruten insbesondere der folgenden Weidenarten bzw. an Ort und Stelle vorhandener bewurzelungsfähiger Hybriden:
Großblättrige Weide (Salix appendiculata), Reifweide (S. daphnoides), Lavendelweide (S. eleagnos = S. incana), Glanzweide (S. glabra), Schwarzweide (S. nigricans), Lorbeerweide (S. pentandra), Purpurweide (S. purpurea), Mandelweide (S. triandra), Korbweide (S. viminalis).

Bauweise
Beim Flechtwerkbau lassen sich zwei Möglichkeiten unterscheiden:
a Die Herstellung vor dem Aufbringen von Boden;
b der Einbau in vorhandene abschwemmungsgefährdete Böden.
Beim Bau vor dem Aufbringen von Boden sind auf den Linien der geplanten Flechtwerke etwa 60 bis 100 cm lange lebende Weidenpflöcke, tote Holzpflöcke oder Eisenstäbe in Abständen von ca. 100 bis 150 cm so tief in den Boden zu schlagen, daß sie etwa 15 bis 20 cm aus dem Boden ragen. Zwischen diese Pflöcke sind rd. 40 bis 60 cm lange Weidensteckhölzer bzw. Setzpflöcke (Spieker) in Abständen von etwa 25 bis 30 cm zu stecken. Anschließend werden zwischen Pflöcken und Spiekern mindestens 150 cm lange Weidenruten mit ihrem unteren Ende etwa 20 bis 30 cm tief in den Boden gesteckt und um die Pflöcke und Spieker geflochten. In der Regel werden 5 bis 7 Weidenruten übereinander verflochten. Die Felder zwischen den Geflechten sind dann mit Boden zu verfüllen [Abb. 81].
Beim Einbau in vorhandene Böden werden die Geflechte versenkt. Zu diesem Zwecke sind zunächst etwa 10 bis 20 cm tiefe Rillen (Riefen) herzustellen, in die die Weidenpflöcke oder Eisenstäbe sowie die Spieker gesteckt werden. Nach dem Flechten werden die Riefen wieder zugefüllt [Abb. 81].
Beide Varianten sind am besten in der Zeit der Vegetationsruhe auszuführen.
Flechtwerke werden als einfache Flechtzäune oder als Rautengeflechte ausgeführt. Die Flechtzäune verlaufen in Abständen von rd. 150 bis 300 cm parallel zueinander. Sie sind je nach Hangneigung und -gefährdung mit einer Neigung von etwa 10 bis 20° anzulegen. Rautengeflechte werden je nach Hangneigung und -gefährdung im Abstand von ca. 150 bis 200 cm in Form von Rhomben hergestellt. Der obere und untere Winkel der Raute sollten größer als 90° sein. Beim Bau ist darauf zu achten, daß die Kreuzungspunkte der Geflechte durch einen Pflock und nicht durch einen Spieker gesichert sind [Abb. 82 u. 83].
Unmittelbar nach ihrer Fertigstellung oder eine Vegetationsperiode später werden die durch die Geflechte gebildeten Felder mit Gehölzen der geplanten Schlußgesellschaft bepflanzt (s. »Pflanzung«). Eine Ansaat der Felder mit Rasen ist ebenfalls möglich und auch durchgeführt worden. Es sei aber darauf hingewiesen, daß die Rasendecke

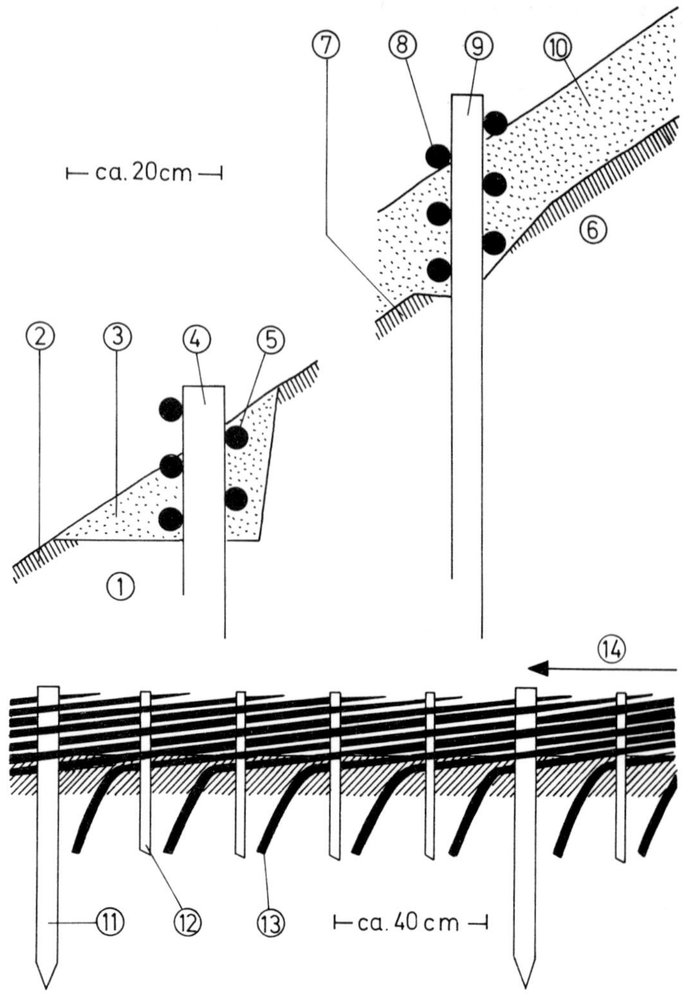

81 Flechtwerkbau. 1 = Eingesenktes Flechtwerk zur Befestigung vorhandener erosionsgefährdeter Böden, 2 = Hangoberfläche, 3 = nach dem Bau des Flechtwerkes wieder verfüllter Einschnitt, 4 = Holzpfahl, 5 = Weidengeflecht, 6 = Flechtwerk zur Sicherung von Bodenauftrag, 7 = ursprüngliche Hangoberfläche, 8 = Weidengeflecht, 9 = Metallstab, 10 = Bodenauftrag, 11 = Holzpfahl oder Eisenstab, 12 = Spieker, 13 = Weidengeflecht, 14 = Arbeitsrichtung.

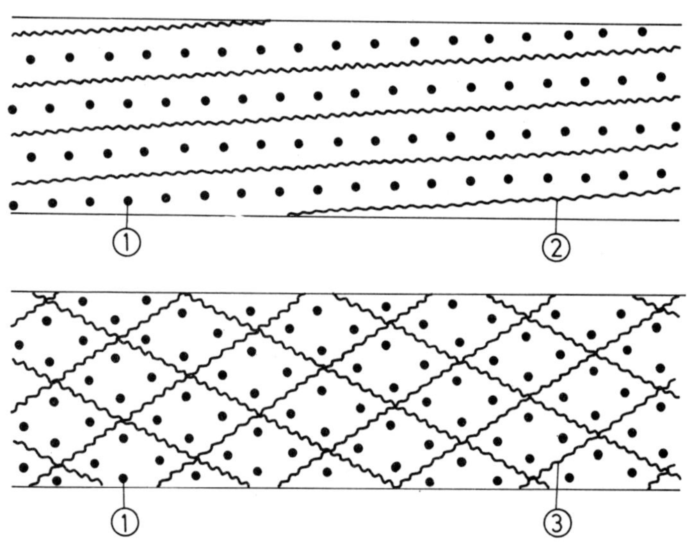

82 Flechtwerkbau. 1 = Durch Pflanzung eingebrachte Junggehölze, 2 = einfache Flechtzäune, 3 = Rautengeflecht.

83 Rautengeflecht

im Verlauf ihrer Entwicklung die Flechtwerke zum Absterben bringen kann.

Anwendungsbereich
Flechtwerke halten zwar recht gut Feinmaterial fest, sie können aber leicht bei Rutschungen und Steinschlag zerrissen werden. Ihre Herstellung ist relativ schwierig und zeitaufwendig. An die Beschaffenheit des Materials werden insofern verhältnismäßig große Anforderungen gestellt, als nur wenig- oder unverzweigte Ruten von 150 cm Mindestlänge verwendet werden können. Der Anwendungsbereich des Flechtwerkbaues ist daher durch den billigeren, wirksameren und leichter ausführbaren Busch- und den Heckenlagenbau in den letzten Jahren stark eingeengt worden. Der Flechtwerkbau ist heute vor allem dann eine unentbehrliche Lebendbauweise, wenn auf kleineren oder größeren Flächen aufgebrachter Boden vor dem Abrutschen gesichert werden soll, wie z. B. Mutterbodenandeckungen auf steilen Böschungen oder Bodenauftrag auf Felshängen.

Literatur
E. Bittmann (1969); *K. Buchwald, H. Duthweiler* (1969); *H. Duthweiler* (1967); Richtlinien für den Lebendverbau an Verkehrswegen (1969); *H. M. Schiechtl* (1958 u. 1969)

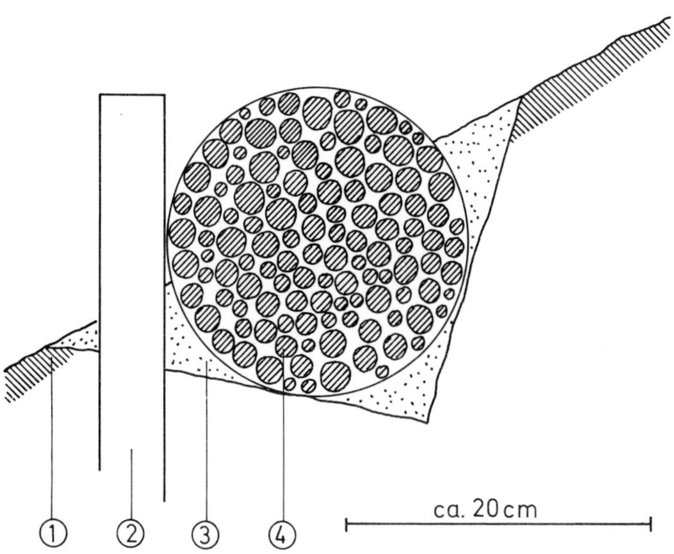

84 Faschinenbau. 1 = Hangoberfläche, 2 = Pfahl, 3 = nach dem Einlegen der Faschine wieder verfüllter Einschnitt, 4 = Faschine.

Faschinenbau

Lebende Baustoffe
Siehe »Flechtwerkbau«.

Bauweise [Abb. 84]
Die Herstellung der Faschinen wurde in Abschn. 2.2.2 beschrieben. Zum Verlegen der Faschinen werden am Hang ca. 10 bis 20 cm tiefe Rillen hergestellt, so daß die Faschinen später etwa bis zur Hälfte oder bis zu einem Drittel ihres Durchmessers in den Boden eingesenkt sind. Anschließend sind die in die Rillen gelegten Faschinen mit mindestens 80 cm langen lebenden Weidenpflöcken, toten Holzpflöcken oder Metallstäben in Abständen von etwa 100 cm zu befestigen. Die Pflöcke sind senkrecht bis zur Faschinenoberfläche einzuschlagen. In der Regel werden die Faschinen am Hang in einigen Metern Abstand parallel zueinander mit leichtem Gefälle angeordnet. Die Zwischenräume werden wie beim Buschlagen-, Heckenlagen- und Flechtwerkbau in einem zweiten Bauabschnitt mit Gehölzen der geplanten Schlußgesellschaft bepflanzt (s. »Pflanzung«) bzw. mit Gräsern, Kräutern oder Leguminosen angesät. Die günstigste Ausführungszeit liegt in der Vegetationsruhe.

Anwendungsbereich
Durch Faschinen kann keine schnelle Tiefenwirkung erzielt werden, weil sie nur flach in den Boden eingesenkt werden können. Da sie außerdem zunächst nur wenig über die Bodenoberfläche hinausragen, sind sie auch nicht in der Lage, sofort nach ihrer Fertigstellung größere abgeschwemmte Bodenmassen oberflächig festzuhalten. Zudem wird für ihre Herstellung viel Material benötigt. Aus diesen Gründen werden Faschinen nur noch selten zur Befestigung von Hanglagen benutzt. Sie können vor allem schwach geneigte Böschungen mit verhältnismäßig geringer Erosionsgefährdung schützen.

Literatur
K. Buchwald, H. Duthweiler (1969); *H. Duthweiler* (1967); Richtlinien für den Lebendverbau an Verkehrswegen (1969)

Zweiglagen

Lebende Baustoffe
Siehe »Buschlagen«.

Bauweise
Die Zweiglage ist eine Variante der in Abschn. 2.2.2 beschriebenen Spreitlage. Zum Unterschied zu dieser werden bei der Zweiglage keine wenig- oder unverzweigten Ruten, sondern Äste oder Zweige als lebende Baustoffe verwendet. Es lassen sich einschichtige und mehrschichtige Zweiglagen unterscheiden.

Bei der einschichtigen Zweiglage werden nach dem Planieren der Fläche auf ihr etwa 80 cm lange lebende Weidenpflöcke oder tote Holzpflöcke bis zu etwa zwei Drittel ihrer Länge eingeschlagen. Die Abstände der Pflöcke liegen ungefähr zwischen 70 × 70 cm und 100 × 100 cm. Die Zweige werden nebeneinander mit ihrem Ende nach unten zwischen den Pflockreihen ausgebreitet. Zur Bedeckung größerer Schadstellen sind mehrere Zweiglagen dachziegelartig übereinander zu legen. Hierbei ist zu beachten, daß die Zweigspitzen der unteren Lage die Zweigenden der nächst höheren um etwa 30 cm überragen. Beim Bau ist also von oben nach unten zu arbeiten. Nach Fertigstellung der Lage werden dann die Pflöcke mit Draht parallel oder kreuzweise verspannt und soweit in den Boden geschlagen, daß die Zweige zu Boden gedrückt werden. An Stelle der Pflöcke mit Drahtverspannung können auch Heftpflöcke [Abb. 85] oder Drahtbügel zur Befestigung der Zweige verwendet werden. Anschließend sind die Zweige mit Boden zu überschütten, so daß sie zwar weitgehend bedeckt sind, jedoch stellenweise aus der Feinmaterialschicht herausragen.

Die mehrschichtige Zweiglage ist im Grunde nichts anderes als die Zweigpackung (Abschn. 2.5.2). Sie wird wie die einschichtige Zweiglage ausgeführt. Statt einer Lage Zweige werden jedoch mehrere Zweigschichten übereinander gelegt. Die Länge der Befestigungspflöcke ist der Gesamtstärke der Lage anzupassen.

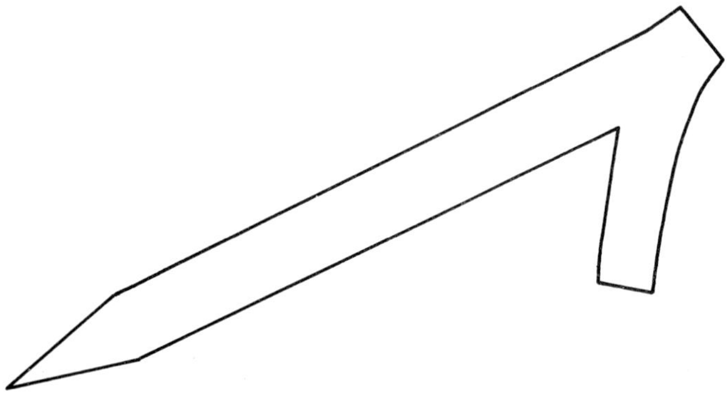

85 Heftpflock

Anwendungsbereich
Zweiglagen haben zunächst nur eine geringe Tiefenwirkung, bedecken aber sofort den Boden. Die teilweise aus dem Erdreich herausragenden Zweige vermögen Boden aufzufangen, der oberhalb von ihnen abgeschwemmt wird. Durch Zweiglagen werden deshalb vor allem kleinere Schadstellen vor Oberflächenerosion gesichert.

Literatur
E. Kirwald (1964); *A. v. Kruedener* (1951); Richtlinien für den Lebendverbau an Verkehrswegen (1969)

Pflanzung
Lebende Baustoffe
Pflanzen standortgerechter Holzarten (Abschn. 7).

Bauweise
An dieser Stelle soll auf zwei Pflanzweisen eingegangen werden, die bei der Aufforstung von Hängen vorwiegend angewandt werden: auf die Lochpflanzung und die Rillenpflanzung. Hinsichtlich weiterer, vor allem im Waldbau üblicher Pflanzweisen wie Spalt-, Stoßloch- (Klemm-), Pfropfloch- und Hacklochpflanzung wird auf *H. J. Loycke* (1963) verwiesen. Die Hochpflanzung zur Aufforstung vernäßter Flächen ist unter Abschn. 5.1.2 beschrieben.

Bei der Lochpflanzung werden Pflanzlöcher mit Hacken, Spaten oder Pflanzlochbohrern ausgehoben. Sie sind meist quadratisch, dreieckig oder rund und haben bei der Ansiedlung von Junggehölzen je nach Größe der Pflanzen einen Durchmesser von etwa 25 bis 50 cm. Sie müssen eine ausreichende Tiefe erhalten, damit die Gehölze ohne Umbiegen ihrer Wurzeln so tief gepflanzt werden können, wie sie vorher gestanden haben. Beim Pflanzen wird das Gehölz in dem Loch in die erforderliche Tiefe gehalten und mit Boden umfüllt. Durch leichten Zug am Sproß wird das Erdreich an die Wurzeln geschüttelt. Anschließend wird das eingefüllte Material festgedrückt. Bei Pflanzung auf Flächen mit einer Vegetationsdecke ist darauf zu achten, daß Pflanzscheiben von etwa 40 bis 50 cm Durchmesser erhalten bleiben. Sie werden zweckmäßigerweise mit Mulchmaterial abgedeckt. Über die Frage, ob und wann die Pflanzen zurückgeschnitten werden sollen, besteht keine einheitliche Auffassung. In dieser Hinsicht wird in der Praxis wie folgt verfahren:

a Es erfolgt kein Rückschnitt;
b die Pflanzen werden vor oder sofort nach der Pflanzung zurückgeschnitten;
c sie werden im Frühjahr nach der ersten Vegetationsperiode zurückgeschnitten.

In der Regel wird im 100 × 100-cm-Verband gepflanzt. Die Abstände können aber zwischen 30 und 200 cm schwanken.

Bei der Rillenpflanzung werden am Hang je nach Gefälle und Substrat Rillen im Abstand von etwa 80 bis 150 cm eingehackt oder gepflügt, wobei der Aushub talseitig aufgeworfen wird. Die Rillen sind mit leichtem Gefälle von etwa 10 bis 15° herzustellen. Die Pflanzung der Gehölze erfolgt in den Rillen reihenweise, meist in Abständen von etwa 80 bis 150 cm. Sehr vorteilhaft ist es, die Rillen nach der Pflanzung mit Mulchmaterial wie Stroh, Zweige, Laub usw. abzudecken [Abb. 86].

Im Gegensatz zum Waldbau ist im Lebendbau ein späterer Holzertrag der durch Pflanzung gegründeten Bestände meist von untergeordneter Bedeutung (s. Definition »Lebendbau«, Abschn. 1.1). Das Bestandsziel sind daher keine Monokulturen, sondern artenreiche Bestände mit unterschiedlichem ober- und unterirdischem Aufbau, die die in Abschn. 1.1 aufgestellten Ziele des Lebendbaues am besten und nachhaltigsten erfüllen. Aus diesem Grunde sind in der Regel im Lebendbau bei der Pflanzung andere Kombinationsweisen der Holzarten als im Waldbau anzuwenden.

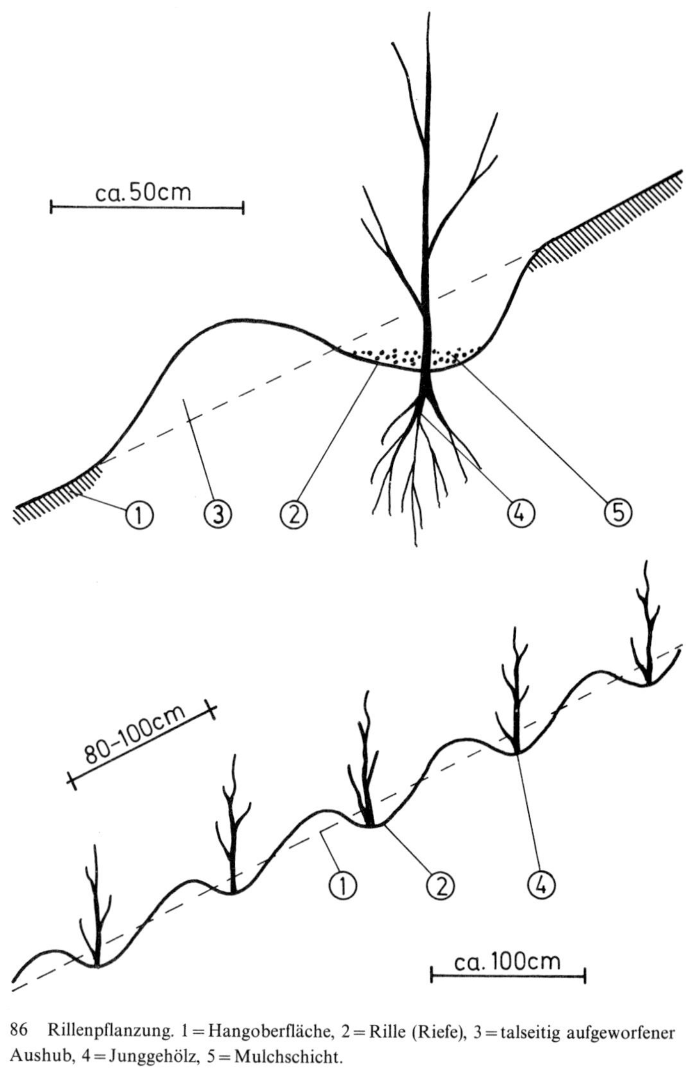

86 Rillenpflanzung. 1 = Hangoberfläche, 2 = Rille (Riefe), 3 = talseitig aufgeworfener Aushub, 4 = Junggehölz, 5 = Mulchschicht.

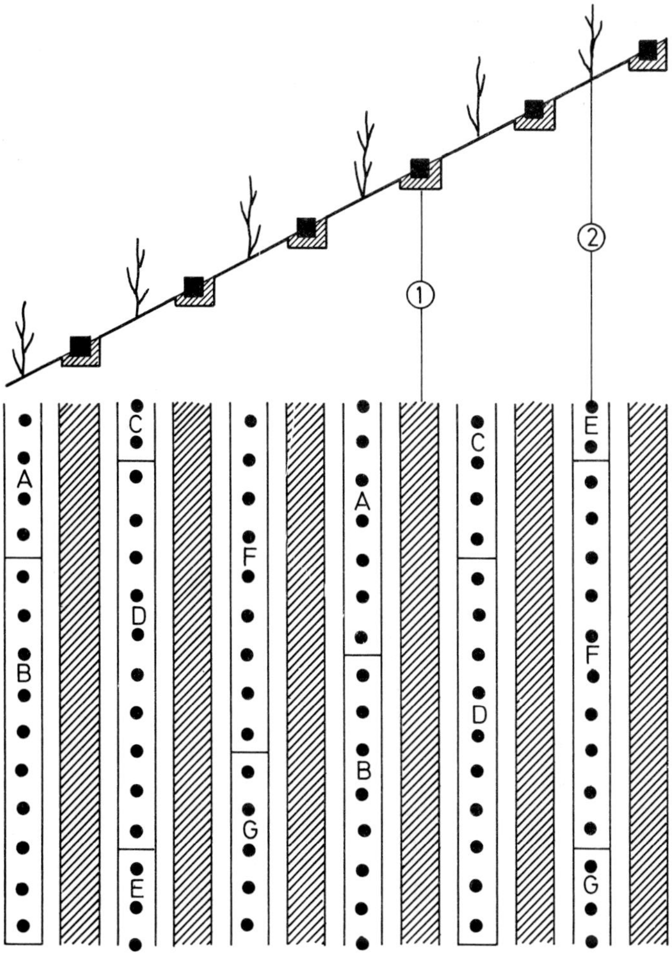

87 Holzartenkombination bei Pflanzungen zwischen Lebendbauobjekten zur Hangbefestigung (Schema). 1 = Lebendbauobjekt zur Hangbefestigung, z. B. Buschlage, Flechtwerk, Faschine, 2 = durch Pflanzung eingebrachte Junggehölze, A bis G = je 10 Pflanzen einer Holzart.

Die Art und Weise der Holzartenkombination hängt zunächst davon ab, ob die Pflanzung in einem zweiten Bauabschnitt als Ergänzungsbauweise z. B. zum Buschlagen-, Heckenlagen-, Flechtwerk- und Faschinenbau (s. dort) ausgeführt, oder ob sie für sich alleine vorgenommen wird.

Als Ergänzungsbauweise wird die Pflanzung an verhältnismäßig gefährdeten, instabilen Baustellen angewandt. Die Gehölze sind hier weder in Einzelmischung noch in zu großen, aus einer Art bestehenden Gruppen anzusiedeln. Bei Einzelmischung können schwachwüchsige Holzarten durch starkwüchsige unterdrückt werden. Im zweiten Falle besteht Gefahr, daß bei einem Ausfall der einen oder anderen Art ausgedehnte Lücken entstehen, die an den instabilen Baustellen die Erreichung des Zieles der Lebendbaumaßnahme in Frage stellen können. Am günstigsten dürfte es daher sein, die Gehölze reihenweise, bzw. beim Rautengeflecht in Gruppen zu etwa 10 bis 20 Pflanzen einer Art zwischen die Lebendbauobjekte zur Vorsicherung, wie z. B. Buschlagen oder Geflechte, einzubringen [Abb. 87].

Für sich alleine wird die Pflanzung meist an weniger gefährdeten, relativ stabilen Baustellen durchgeführt, wie z. B. an flach geneigten, standfesten Hängen und Böschungen. Aus den oben erwähnten Gründen ist eine Einzelmischung hier ebenfalls zu vermeiden. Da aber an diesen verhältnismäßig schwach gefährdeten Baustellen in der Regel die Gefahr gering ist, daß durch den Ausfall einzelner

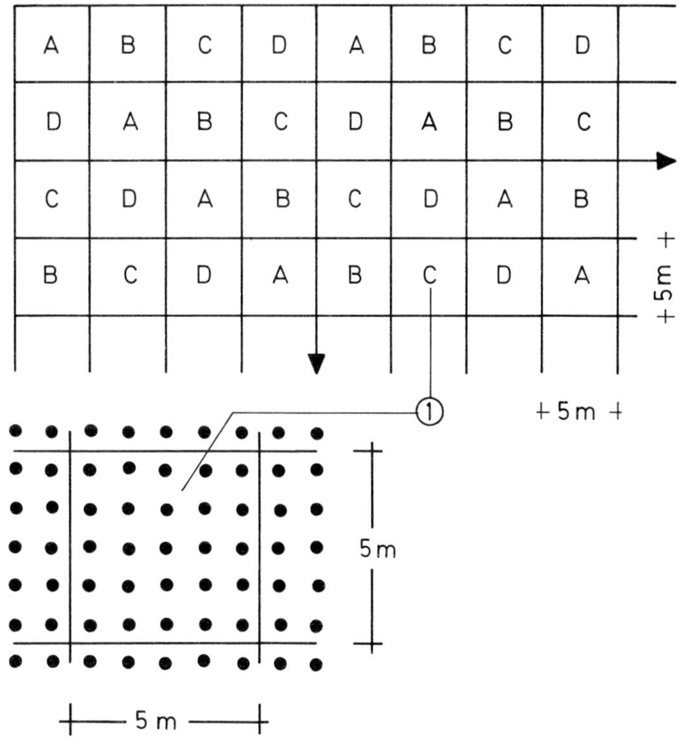

88 Holzartenkombination bei der Aufforstung kleinerer Baustellen (Schema). 1 = Je 25 Pflanzen einer Holzart.

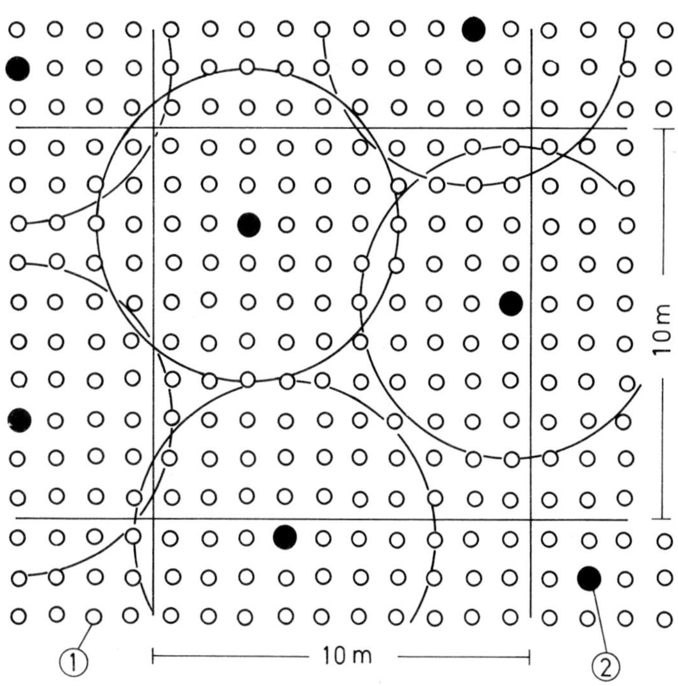

89 Holzartenkombination bei der Aufforstung ausgedehnterer Baustellen (Schema). 1 = Je 100 Junggehölze einer Holzart, 2 = übrig bleibende ausgewachsene Bäume.

Arten entstehende Lücken den Erfolg der Lebendbaumaßnahme zunichte machen, können die Gruppen ein und derselben Holzart größer gewählt werden. Sehr verallgemeinert ist zu sagen, daß die Gruppengröße mit Zunahme der Baustellenfläche steigen kann. Bei kleineren Baustellen müssen die Gehölze einfach deswegen in kleinen

Gruppen eingebracht werden, weil sich dort andernfalls nicht genügend verschiedene Arten unterbringen und somit auch keine Mischbestände erzielen lassen. Sofern derartige Baustellen einen flächenförmigen und keinen streifenförmigen Zuschnitt aufweisen, sind daher zweckmäßigerweise Gruppen von nur etwa 10 bis 50 Pflanzen einer Art zu bilden. Dies entspricht bei einem Pflanzverband von 100 × 100 cm ungefähr Flächen mit Seitenlängen von 3 bis 7 m [Abb. 88]. Sind die Baustellen langgestreckt und streifenförmig, wie z. B. niedrige längere Böschungen, so sind die Gehölze nach Gesichtspunkten anzuordnen, die auch für die Anlage von Windschutzpflanzungen maßgebend sind (Abschn. 5.2.2). Auf ausgedehnten Baustellen ist es dagegen insbesondere aus Gründen der Arbeitserleichterung ohne weiteres möglich, Gruppen zu etwa 100 bis 250 Pflanzen einer Art zu pflanzen, d. h. bei einem Pflanzverband von 100 × 100 cm auf Flächen mit Seitenlängen von rd. 10 bis 15 m eine Holzart anzusiedeln. Bei dieser Gruppengröße ist zu erwarten, daß im Laufe der Bestandsentwicklung und nach evtl. vorgenommenen Durchforstungen pro Gruppe nur etwa 1 bis 5 ausgewachsene Bäume übrigbleiben, und somit trotz der verhältnismäßig großen Gruppen eine befriedigende Holzartenmischung erreicht wird [Abb. 89].

Anwendungsbereich

Die Lochpflanzung ist eine Bauweise zur Ansiedlung der Gehölze, aber keine zur sofortigen Sicherung von Baustellen. An Hängen und Böschungen sind daher zwei Anwendungsmöglichkeiten zu unterscheiden. Sie wird einmal an erosions-, steinschlag- und rutschgefährdeten Hängen als Ergänzungsbauweise in Verbindung mit Bauweisen zur schnellen Beseitigung dieser instabilen Verhältnisse vorgenommen. Zum anderen dient sie, für sich alleine angewandt, der Aufforstung relativ stabiler, standfester Hänge und Böschungen.

Darüber hinaus wird die Lochpflanzung vor allem in Kombination mit Lebendbauweisen zur Hangentwässerung (Abschn. 4.2.2) sowie an Binnengewässern in Verbindung mit Bauweisen zum prophylaktischen Uferschutz (Abschn. 2.2.2 u. 2.3) und zur Beseitigung von Schadstellen (Abschn. 2.5.2) ausgeführt. Für sich alleine kann die Lochpflanzung außerdem bei der Aufforstung vegetationsloser Flächen (Abschn. 5.1.2) und zur Anlage von Windschutz-, Erosionsschutz-, Blendschutz- und Lärmschutzpflanzungen (Abschn. 5.2.2, 5.3.2, 6.1.2 u. 6.2.2) angewendet werden.

Die Rillenpflanzung ist dagegen eine spezielle Bauweise für Hänge und Böschungen. Sie hat den Vorteil, daß in den Rillen schwache Niederschläge gesammelt und den Pflanzen zur Verfügung gestellt, sowie stärkere ohne Erosionsschäden zu verursachen abgeleitet werden. Sie eignet sich deshalb besonders für die Aufforstung steilerer, aber relativ standfester trockener Hänge im Bereich gelegentlicher Starkregen.

Literatur

K. Buchwald, H. Duthweiler (1969); *H. Duthweiler* (1967); *H. J. Loycke* (1963); Richtlinien für den Lebendverbau an Verkehrswegen (1969)

Strohdecksaat (Schiechteln)

Lebende Baustoffe

Saatgutmischungen standortgerechter Wiesengesellschaften und Leguminosen. Ansaatversuche von Gehölzen verlaufen erfolgversprechend.

Bauweise [Abb. 90–93]

Auf die Böschung wird zunächst eine 8 bis 10 cm starke Mulchschicht aufgebracht, die in der Regel aus Langstroh besteht. Damit das Stroh sich besser der Oberfläche anpaßt und auf ihr haften bleibt, ist es vor dem Aufbringen anzufeuchten. Der Strohbedarf beträgt etwa 300 bis 700 g/m². Während die Mulchschicht auf steilen Hängen durch Eisenstäbe von rd. 35 cm Länge und eine Drahtverspannung befestigt wird, ist sie an sehr steilen Böschungen mit Maschendraht oder Kunststoffnetzen zu überspannen. Auf die Mulchschicht werden dann pro m² 30 bis 50 g Saatgut und 60 bis 80 g mineralischer bzw. 100 bis 150 g organischer Dünger gestreut. Saatgut und Dünger rieseln durch die lockere Mulchschicht zu Boden. Anschließend wird die Mulchschicht mit einem Gemisch aus 0,25 l Bitumen-Emulsion »S« (50 bis 52 % Asphaltgehalt) und 0,25 l kalkfreiem Wasser übersprüht und auf diese Weise vor Verwehung und Abschwemmung geschützt. Mit 0,5 l Flüssigkeit kann etwa 1 m² besprüht werden. Die günstigste Ausführungszeit liegt in der Vegetationsperiode.

Anwendungsbereich

Die Mulchschicht übt auf die Saaten eine Reihe wachstumsfördernder Wirkungen aus. Sie verbessert das Mikroklima, schützt das Saatgut vor Abschwemmung und Verwehung, reichert den Untergrund mit organischer Substanz an und mindert die Evaporation. Sofern die Wasserversorgung sichergestellt ist, eignet sich die Strohdecksaat daher hervorragend für die Begrünung ausgedehnter, feinmaterialarmer, schwach bis sehr steil geneigter Böschungen mit geringmächtiger oder fehlender Mutterbodenschicht und hohem Steinanteil. Da die Mulchschicht durch das Besprühen mit Bitumen-

90 Strohdecksaat, Aufbringen des Strohes.

91 Strohdecksaat, Vorbereitung des Bitumengemisches und Füllung der Spritzen.

92 Strohdecksaat, Aufsprühen des Bitumengemisches.

93 Ausgeführte Strohdecksaat.

emulsion dunkel gefärbt wird, kann sie sich allerdings an trockenen und warmen Hängen bei längerer intensiver Sonneneinstrahlung stark erhitzen, so daß das Saatgut u.U. geschädigt wird.

Literatur

K. Buchwald, H. Duthweiler (1969); *H. Duthweiler* (1967); *H.M. Schiechtl* (1962a u. 1962b)

Saatgutmatten

Lebende Baustoffe

In Träger- und Mulchschichten eingearbeitetes Saatgut von Wiesengesellschaften.

Bauweise

Für die Böschungs- und Hangbegrünung sind z.Z. folgende Begrünungsmatten auf dem Markt:

a Matten der Fa. Düsing, Gelsenkirchen
ERA-Matte 500
für »normale Standorte«,
ERA-Matte 510
für »trockene Standorte bei sandigen oder steinigen Böden«,
ERA-Matte 540
für die »Begrünung landwirtschaftlich genutzter Böschungen, Flußwiesen und Deiche«.
Diese drei Matten unterscheiden sich nur durch verschiedene Saatgutmischungen. Das Saatgut ist auf ein Spezialpapier aufgeklebt und mit einer ca. 1 cm starken Mulchschicht aus Kokosfasern abgedeckt. Die Matten haben Abmessungen von 10×05, m und 10×1 m. Da in die Matten kein Dünger eingearbeitet ist, muß bei Bedarf vor dem Auslegen der Matten eine Düngung vorgenommen werden. Für die Begrünung von Rohböden werden Spezialmatten mit Humobil-Zusatz angeboten.

b Matten der Fa. Hesa, Darmstadt
X001-Hesa-Samenmatte
für »normale Standorte«,
X002-Hesa-Samenmatte
für »denudationsgefährdete Standorte«.
Die X001-Samenmatte besteht aus Zellulosevlies, das Einheitssaatgut (30 g/m^2) und Dünger (ca. 70 g/m^2) enthält. Bei der X002-Samenmatte ist die Saatgut und Dünger enthaltende Zelluloseschicht mit einer lockeren Schilfrohrmatte zusätzlich gegen Oberflächenwasser gesichert. Für zu begrünende Flächen, die größer als 5000 m^2 sind, werden Matten mit Spezial-Saatgutmischungen geliefert.

c Matten der Fa. Julius Wagner, Heidelberg.
Die Rollofix-Rasenmatte wurde unter Abschn. 2.2.2 behandelt.

Die folgenden, vorwiegend im Wasserbau verwendeten Saatgutmatten wurden ebenfalls unter Abschn. 2.2.2 beschrieben: ERA-Matte 520, X003-Hesa-Samenmatte, Grünling-Samenmatte.

Saatgutmatten sollten nur auf feuchte Böschungen aufgebracht werden, die vor der Andeckung zu planieren sind. Ein Aufrauhen des Bodens ist nicht erforderlich. Bei der Verwendung auf Kies- und Geröllböschungen sollte eine dünne Zwischenschicht aus bindigem Feinmaterial aufgebracht werden. Nach dem Verlegen sind die Matten zur Erreichung eines guten Kontaktes mit dem Boden zu walzen oder anzuklopfen. Um ein Abrutschen zu verhindern, sind Anfang und Ende der einzelnen Matten etwa spatentief einzugraben. Außerdem sind die Matten zusätzlich mit Drahtbügeln von etwa 25 bis 30 cm Länge oder durch Holzpflöcke zu befestigen. Im übrigen siehe »Saatgutmatten« unter Abschn. 2.2.2.

Anwendungsbereich

Saatgutmatten sichern sofort nach ihrem Aufbringen die Bodenoberfläche gegen Erosion. Das eingearbeitete Saatgut ist ebenfalls vor Abschwemmung und Verwehung sowie außerdem vor ungünstigen klimatischen Einflüssen geschützt. Die Matten lassen sich verhältnismäßig schnell verlegen. Nachteilig ist, daß als Saatgut vielfach Einheitsmischungen verwendet werden, die nicht immer der Standortqualität der Baustelle entsprechen.

Saatgutmatten eignen sich deshalb besonders für die flächige, streifen- und punktförmige Sicherung erosionsgefährdeter, schwach bis steil geneigter Hänge und Böschungen mit Feinmaterialdecke. Für Kies- und Geröllböschungen sind sie nur geeignet, wenn eine dünne Zwischenschicht aus Feinmaterial aufgebracht werden kann. Da die Matten in der Regel Einheits-Saatgutmischungen enthalten (s. oben), sollten die Baustellen »mittlere«, also für eine große Zahl von Arten günstige Wachstumsbedingungen aufweisen. An besonders schwierigen Baustellen mit ungünstiger Standortqualität sind Saatgutmatten nur zu verwenden, wenn die Saatgutmischung genau dieser Standortqualität entspricht.

Literatur

AFZ-agrotechnik (1969); Der Rasenspezialist (1970); Informationsmaterial über Saatgutmatten der Firmen Düsing, Hesa und Waldenfels

Belag mit Fertigrasen

Lebende Baustoffe

Unter Fertigrasen werden auch hier Rasensoden, -ziegel, -plaggen und -stücke sowie Rollrasen (Rasenmatten) zusammengefaßt (Abschn. 2.2.2, »Fertigrasen«).

Bauweise

Auf die Herstellung und Gewinnung von Fertigrasen wurde in Abschn. 2.2.2 eingegangen. An Hängen und Böschungen werden folgende Andeckungsweisen ausgeführt:

a Flächige Andeckung
Sie wurde in Abschn. 2.2.2 beschrieben.

b Streifenförmige Andeckung
Rollrasen oder Soden werden bandförmig verlegt. Der Abstand der Streifen beträgt je nach Hangneigung etwa 150 bis 200 cm. Die Streifen verlaufen parallel oder mit leichtem Gefälle zu den Höhenlinien [Abb. 94].

c Gitterförmige Andeckung
Rollrasen oder Rasensoden werden rautenförmig am Hang angeordnet. Der obere und der untere Winkel der Rhomben sollten größer als 90° sein [Abb. 94].

d Schachbrettartige Andeckung
Rasensoden werden schachbrettartig aufgebracht [Abb. 94].

e Punktförmige Andeckung
Einzelne Stellen, wie z. B. Felsanbrüche oder kleine Schadstellen, werden punktförmig mit Rasensoden oder -stücken belegt.

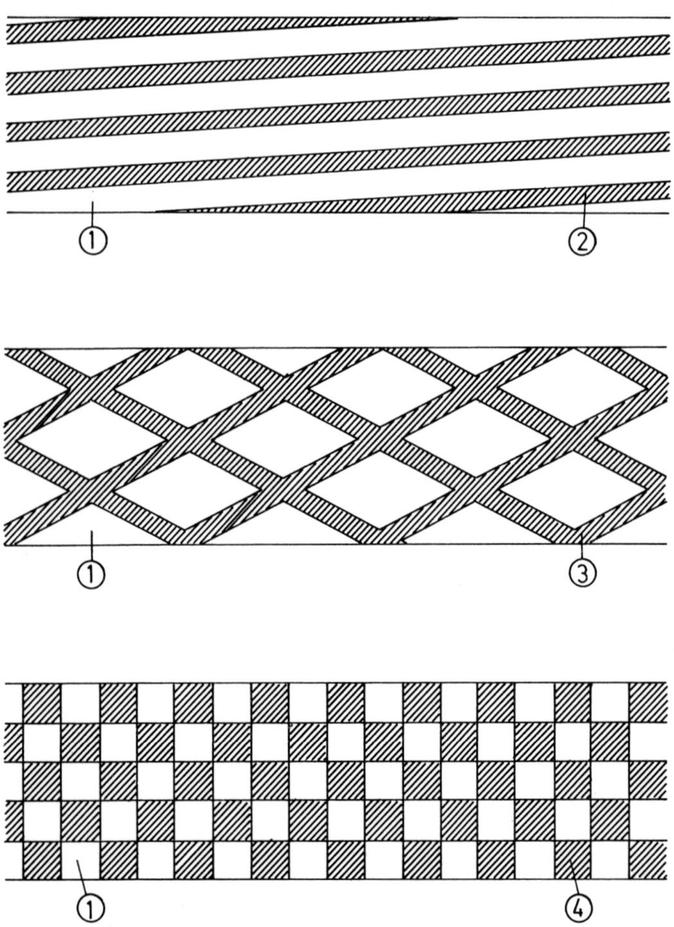

94 Belag mit Fertigrasen. 1 = Ansaat, 2 = streifenförmige Andeckung von Fertigrasen, 3 = gitterförmige Andeckung, 4 = schachbrettartige Andeckung.

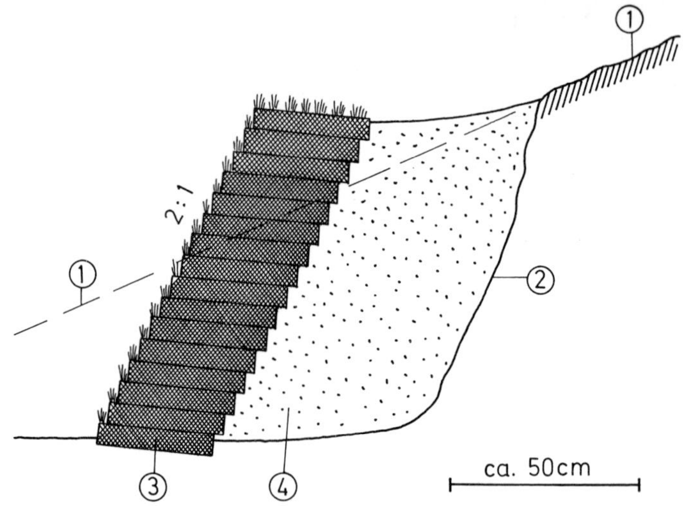

95 Rasenmauer. 1 = Ursprüngliche Hangoberfläche, 2 = Hanganschnitt, 3 = Rasensoden, 4 = Hinterfüllung der Rasenmauer.

f Rasenmauern
Sie bestehen aus übereinander gelegten schwach nach innen geneigten Rasensoden mit leicht abgetrepptem Anlauf. Rasenmauern sollten aus Gründen der Standfestigkeit nicht höher als etwa 150 cm sein. Sie können Neigungen von etwa 3:1 bis 8:1 aufweisen [Abb. 95].

Bei der streifenförmigen, der gitterförmigen, der schachbrettartigen und der punktförmigen Andeckung ist die Technik des Verlegens und des Befestigens der Soden oder Bänder ähnlich wie bei der flächigen Andeckung (Abschn. 2.2.2). Die bei diesen Andeckungsweisen frei bleibenden Felder werden in der Regel mit Saatgutmischungen standortgerechter Wiesengesellschaften angesät. In seltenen Fällen werden sie auch mit Gehölzen bepflanzt.

Anwendungsbereich

Im Gegensatz zur Saat schützt Fertigrasen sofort nach dem Aufbringen die Bodenoberfläche. Er wird deshalb hauptsächlich dort verwendet, wo einmal eine Wiesengesellschaft Bestandsziel der Lebendbaumaßnahme ist, und zum anderen die Bodenoberfläche einen sofortigen Oberflächenschutz gegen Erosion erhalten muß.

Da die Bauweise viel lebendes Material erfordert, wird der flächige Belag in erster Linie dort ausgeführt, wo eine schnelle und vollständige Bedeckung des Bodens unbedingt erforderlich ist, wie z. B. in Entwässerungsmulden (Abschn. 4.2.2) oder an gefährdeten Böschungskronen und -füßen. Streifenförmig, gitterförmig und schachbrettartig wird dann angedeckt, wenn nicht genügend Rasensoden oder Rollrasen vorhanden sind, eine Ansaat allein aber keinen ausreichenden Schutz bietet. Hinsichtlich der festigenden Wirkung läßt sich folgende Reihe aufstellen: Flächige Andeckung > schachbrettartige Andekkung > gitterförmige Andeckung > streifenförmige Andeckung.

Die Rasenmauer dient als Ersatz für niedrige Trockenmauern. Mit ihr werden z. B. Böschungsanschnitte geringer Höhe gesichert, die aus räumlichen Gründen nicht in Form einer flachen Böschung ausgebildet werden können.

Zum Abschluß sei noch einmal darauf hingewiesen, daß die Verwendung von Fertigrasen nur dann erfolgreich ist, wenn er standortgerechte Gräser enthält (Abschn. 2.2.2).

Literatur

K. Buchwald, H. Duthweiler (1969); Der Rasenspezialist (1970); Richtlinien für den Lebendverbau an Verkehrswegen (1969); *H. Scherer* (1970); *H. M. Schiechtl* (1958)

Weitere, in diesem Abschnitt nicht behandelte Lebendbaumaßnahmen
Zur Sicherung von Hängen und Böschungen werden außerdem insbesondere die folgenden Lebendbaumaßnahmen angewandt:

a Zur großflächigen Begrünung
Ansaaten in Verbindung mit Zuschlagstoffen (Anspritzverfahren; Abschn. 5.1.2);

b zur Beseitigung kleinerer potentieller oder realer Schadstellen
Zweigpackungen (Abschn. 2.5.2), Steckholzbesatz (Abschn. 2.2.2), parallel zur Längsachse der Böschungen eingebaute Krainerwand (Abschn. 2.6.2);

c zum Verbau kleinerer Erosionsrinnen
Buschschwellen, Faschinenschwellen, Flechtzaunschwellen, Setzpflock- und Setzstangenschwellen (Abschn. 2.6.2).

4.2 Maßnahmen zur Hangentwässerung

4.2.1 Allgemeines

Hänge können durch Oberflächenwasser, Sickerwasser (Bodenwasser) und durch austretendes Bodenwasser gefährdet werden. Oberflächenwasser kann Flächen- und Rinnenerosion verursachen. Sickert es in den Boden, so wird es zu Bodenwasser. Bei Übersättigung mit Bodenwasser kann z. B. Bodenfließen (Solifluktion) auftreten. Liegen durchlässige Schichten über undurchlässigen, so kann durch Bodenwasser auf der undurchlässigen eine wasserführende Schicht (Gleitschicht) entstehen, die zu Rutschungen führen vermag. An Stellen, an denen die undurchlässige Schicht zu Tage tritt, kann das austretende Bodenwasser Erosionen und Rutschungen zur Folge haben [Abb. 96].

Wirkungsweise
Die Lebendbaumaßnahmen dienen dem Abfangen des Oberflächenwassers, der Verringerung des Bodenwassergehaltes sowie der Sammlung und Ableitung des austretenden Bodenwassers. Der Lebendbau wird in diesem Zusammenhang sowohl prophylaktisch als auch zur Beseitigung realer Schäden eingesetzt. Die Wirkungsweise der Pflanzen ist hierbei in erster Linie folgende:

a Sie entziehen dem Hang Wasser durch Transpiration. Sie werden in dieser Beziehung besonders wirksam, wenn ihre Wurzeln wasserführende Schichten erreichen.

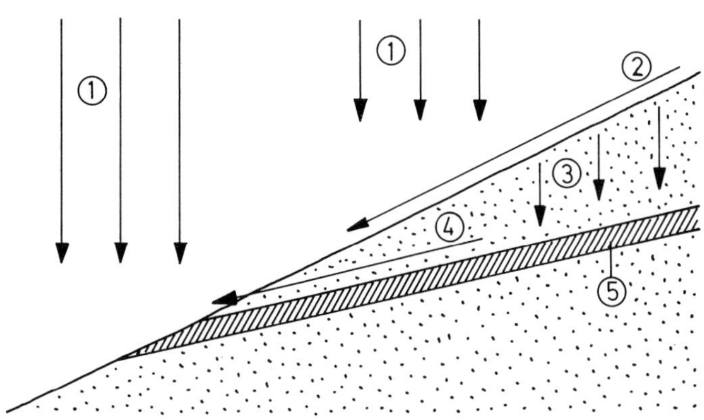

96 Gefährdung eines Hanges durch Wasser (Schema). 1 = Niederschlag, 2 = Oberflächenwasser, 3 = Sickerwasser (Bodenwasser), 4 = austretendes Bodenwasser, 5 = wasserundurchlässige Schicht.

b Die Vegetationsdecke schützt Fangmulden und Ableitungsrinnen vor Erosion, indem die oberirdischen Teile die Rinnenoberfläche bedecken, die Fließgeschwindigkeit mindern, und indem die Wurzeln den Boden festigen.

Bestandsziel
Diese Wirkungen werden zunächst durch Bestände erreicht, die meist keine natürlichen Schlußgesellschaften darstellen, wie z. B. durch Wiesengesellschaften (Rasenmulden), Schilf-Bestände (Entwässerung vernäßter Stellen durch Schilfsoden-Belag) sowie durch Weidenbestände (Rauhbettrinne, Faschinendrän, Buschdrän, Steckholzbesatz). In vielen Fällen stellt der Lebendbau zur Hangentwässerung daher eine vorübergehende Maßnahme mit dem Ziel dar, ihre Wirkung später durch diejenige natürlicher Waldgesellschaften zu ersetzen. Dies trifft u. a. bei der Anlage von Faschinendränen und beim Steckholzbesatz zu.

4.2.2 Lebendbaumaßnahmen

Fangmulden mit Rasendecke (Rasensodenrinnen, Hanggräben)
Lebende Baustoffe
Fertigrasen standortgerechter Wiesengesellschaften.

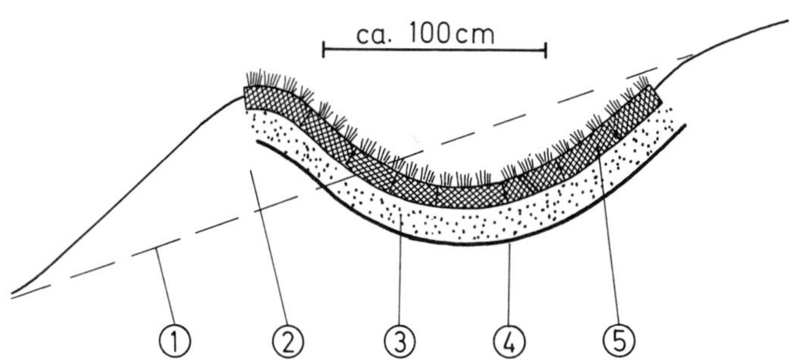

97 Fangmulden mit Rasendecke. 1 = Ursprüngliche Hangoberfläche, 2 = talseitig aufgeworfener Aushub, 3 = Mutterboden, 4 = Dichtung aus Dachpappe oder Folie, 5 = Fertigrasen.

Bauweise [Abb. 97]
Breite und Tiefe der Fangmulden hängen in erster Linie von der Menge des anfallenden Oberflächenwassers ab. Im allgemeinen sind Mulden mit einer Breite von rd. 150 cm und einer Tiefe von rd. 30 bis 40 cm ausreichend. Beim Bau der Mulden ist der Aushub talseitig aufzusetzen. Nach ihrer Fertigstellung werden die Mulden, sofern kein undurchlässiger Boden wie z. B. Ton vorliegt, mit Dachpappe oder Ton gedichtet. Sie erhalten anschließend eine etwa 10 bis 15 cm starke Mutterbodenschicht und werden flächig mit Rasensoden oder -matten belegt. Bei Bedarf ist der Fertigrasen mit Holzpflöcken zu befestigen. Fangmulden werden oberhalb der Böschungskrone, auf Bermen oder auch direkt am Hang ausgehoben. Sie verlaufen parallel zu den Höhenlinien oder mit geringem Gefälle.

Anwendungsbereich
Fangmulden werden zum Auffangen von Oberflächenwasser angelegt. Sie sind an allen Hängen und Böschungen zu bauen, die durch Oberflächenwasser gefährdet sind und bei denen mit einem starken und häufigen Anfall von Oberflächenwasser gerechnet werden muß.

Literatur
K. Buchwald, H. Duthweiler (1969); *H. Duthweiler* (1967); *J. Kühl* (1962); *T. Spielmann* (1962)

Ableitungsmulden mit Rasendecke
Lebende Baustoffe
Fertigrasen standortgerechter Wiesengesellschaften.

Bauweise
Ableitungsmulden werden wie Fangmulden gebaut. Ihre Dimensionierung ist vor allem von der Menge des abzuleitenden Wassers und dem Gefälle abhängig. Wegen ihres Gefälles und der damit verbundenen großen Angriffskraft des in ihnen abfließenden Wassers ist der Fertigrasen bis zum Anwachsen mit vernageltem Maschendraht oder vernagelten Kunststoffnetzen zu überspannen. Da infolge der Strömungsgeschwindigkeit die Versickerung des Wassers relativ unerheblich ist, ist in der Regel eine Dichtung der Ableitungsmulden mit Dachpappe od. dgl. nicht erforderlich. Je nach Hangneigung werden die Mulden senkrecht oder schräg zu den Höhenlinien angelegt.

Anwendungsbereich
Ableitungsmulden dienen der Ableitung des in den Fangmulden gesammelten Wassers und sind deshalb in Verbindung mit letzteren auszuheben. Da ihre Rasendecke gegenüber der Angriffskraft des Wassers keine allzugroße Stabilität aufweist, sollten sie nur an flachen Böschungen angelegt werden, an denen verhältnismäßig geringe, periodisch auftretende Wassermengen zu erwarten sind.

Literatur
K. Buchwald, H. Duthweiler (1969); *H. Duthweiler* (1967); *J. Kühl* (1962); *T. Spielmann* (1962)

Fang- und Ableitungsmulden mit Pflasterrasen
Lebende Baustoffe
Saatgut und Fertigrasen standortgerechter Wiesengesellschaften.

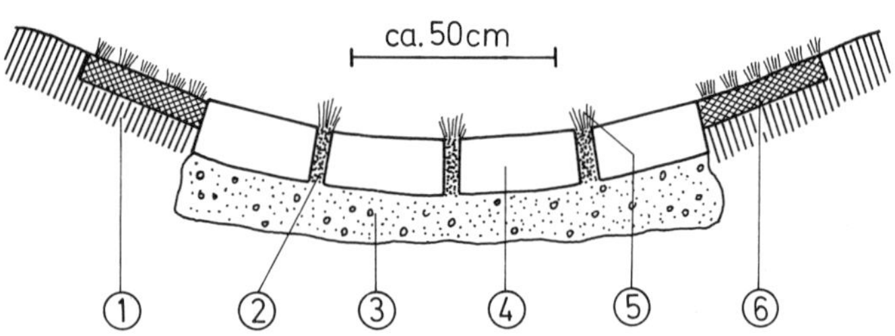

98 Fang- und Ableitungsmulden mit Pflasterrasen. 1 = Hangboden, 2 = Mutterboden, 3 = Kiesschicht, 4 = Natursteine, 5 = Rasenansaat, 6 = Fertigrasen.

Bauweise [Abb. 98]
Fang- und Ableitungsmulden erhalten eine Pflasterung aus Naturstein oder Beton-Gittersteinen, deren Fugen bzw. Aussparungen mit Rasen angesät werden. Dabei hängt es von den Abflußverhältnissen ab, ob die Mulde vollständig oder nur in ihrem tiefsten Punkt gepflastert wird. Die Steine sind in ein 10 bis 20 cm starkes Kiesbett zu setzen. Zwischen Kiesschicht und Hangboden kann bei Bedarf eine Dichtung aus Dachpappe oder Folie eingebracht werden. Um eine Rasenansaat zu ermöglichen, ist bei Verwendung von Naturstein das Pflaster mit einer Fugenbreite von mindestens 2 cm auszuführen. Nach Fertigstellung der Pflasterung wird in die Fugen bzw. Aussparungen ein Gemisch aus Saatgut und nährstoffreichem Boden, am besten Mutterboden, eingefegt. Der seitliche Übergang von den Steinen zum Hangboden ist am günstigsten durch Fertigrasenbelag zu erreichen, der bei Bedarf verpflockt werden muß. Im übrigen siehe »Fang- und Ableitungsmulden mit Rasendecke«.

Anwendungsbereich
Im Vergleich zu Fang- und Ableitungsmulden mit Rasendecke gewährleisten Mulden mit Pflasterrasen bei etwa gleicher Oberflächenrauhigkeit einen besseren Schutz der Muldensohle vor Erosion. Als Fangmulden sind sie daher vor allem dort zu verwenden, wo mit häufigem starkem Wasseranfall gerechnet werden muß. Als Ableitungsmulden sind sie für die Beseitigung größerer, periodisch auftretender oder geringer dauernd anfallender Wassermengen geeignet.

Rauhbettrinne mit lebenden Faschinen
Lebende Baustoffe
Lebende Weidenfaschinen (Abschn. 2.2.2).

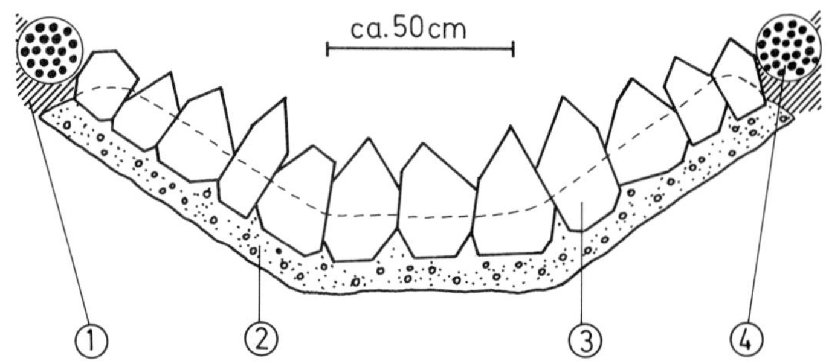

99 Rauhbettrinne mit lebenden Faschinen. 1 = Hangboden, 2 = Kiesschicht, 3 = kantige und spitze Natursteine, 4 = lebende Faschine.

Bauweise [Abb. 99]
Die Rauhbettrinne mit lebenden Faschinen ist ein Entwässerungsbauwerk, bei dem tote und lebende Baustoffe kombiniert verwendet werden. In einem Graben oder einer Mulde werden Steine dicht an dicht in der Weise aufgesetzt, daß ihre emporragenden Spitzen und Kanten eine rauhe Oberfläche bilden. Bei allen Bodenarten, die eine gute Verbindung der Steine mit dem Untergrund gewährleisten, wie z. B. Sand, Kies, Gesteinsverwitterungsschutt, ist für die Steine kein besonderer Unterbau erforderlich. Liegen derartige Böden nicht vor, so sind die Steine in ein etwa 5 bis 30 cm starkes Bett aus Kies oder Splitt einzubauen. Bei zu erwartender starker Belastung der Rinne können die Steine auch in ein Betonbett gesetzt werden. Hierbei besteht allerdings Gefahr, daß dieses starre Bauwerk bei Sackungen oder Rutschungen des Bodens reißt oder bricht. Die beidseitigen Übergangsbereiche zwischen der Steinrinne und dem Böschungsboden werden durch lebende Weidenfaschinen gesichert. Die Faschinen sind beim Einbau etwa bis zur Hälfte ihres Durchmessers in den Boden zu senken und sorgfältig zu verpflocken. Rauhbettrinnen werden senkrecht zu den Höhenlinien oder mit starkem Gefälle angelegt.

Anwendungsbereich
Die Rauhbettrinne wird zur Ableitung des in Fangmulden gesammelten Oberflächenwassers oder von Fremdwasser benutzt, das z. B. aus Straßenentwässerungen oder Dränungen stammt. Ihre rauhe Oberfläche bewirkt die Zerteilung und Umwandlung der Energie des in der Rinne abfließenden Wassers. Die sich aus den Faschinen entwickelnden Weidenbestände umwurzeln die Steine und bilden mit ihnen ein elastisches, aber dennoch stabiles System. Sie verhindern außerdem eine seitliche Unterspülung des Bauwerkes. Mit lebenden Faschinen gesicherte Rauhbettrinnen sind deswegen weitaus stärkeren Beanspruchungen aussetzbar als Ableitungsrinnen mit Rasendecke. Sie können an steilen Hängen mit einer Neigung bis zu etwa 45° zur Ableitung größerer, und u. U. auch dauernd anfallender Wassermengen verwendet werden.

Literatur
K. Buchwald, H. Duthweiler (1969); *H. Duthweiler* (1967); *H. Lorenz* (1961 u. 1964)

Buschdrän (Buschrigole)
Lebende Baustoffe
Äste und Zweige vor allem der folgenden Weidenarten bzw. an Ort und Stelle vorhandener bewurzelungsfähiger Hybriden:

Silberweide (Salix alba), Großblättrige Weide (S. appendiculata), Ohrweide (S. aurita), Grauweide (S. cinerea), Reifweide (S. daphnoides), Lavendelweide (S. eleagnos = S. incana), Bruchweide (S. fragilis), Glanzweide (S. glabra), Schwarzweide (S. nigricans), Lorbeerweide (S. pentandra), Purpurweide (S. purpurea), Mandelweide (S. triandra), Korbweide (S. viminalis).

Bauweise [Abb. 100]
Beim Bau werden Sickerschlitze oder Gräben mit lebendem Ast- und Zweigwerk ausgefüllt. Die Äste sind in der Weise zu legen, daß die Spitzen der unteren Äste die Enden der oberhalb davon liegenden überdecken. Die Astenden sind nach Möglichkeit in die Grabensohle zu stecken. Bei tieferen Gräben und bei Mangel an lebendem Material kann der untere Teil des Grabens mit totem Astmaterial ausgefüllt werden. Das Astwerk wird nach dem Einlegen doppelreihig verpfählt und mit Draht verspannt. Durch anschließendes weiteres Einschlagen der Pfähle werden die Äste und Zweige zusammengepreßt. Zum Abschluß erfolgt eine Abdeckung mit etwa 5 bis 10 cm Mutterboden. Für begrenzte Entwässerungsmaßnahmen reichen einzelne, senkrecht oder mit starkem Gefälle am Hang geführte Dränstränge aus. Bei großflächigen werden die Buschdräne in der Regel fischgräten- oder Y-förmig angeordnet.

Anwendungsbereich
Das Wasser findet zunächst zwischen den zusammengepreßten Ästen und Zweigen Abflußmöglichkeiten. Nach der Entwicklung des Astwerkes zum Weidenbestand wirkt dieser auf Grund seiner Transpiration als Wasserpumpe. Lebende Buschdräne eignen sich daher für die Entwässerung vernäßter Stellen sowie für die Ableitung von Hangdruck- und Schichtwasser. Da die streifenförmigen Weidenbestände in Wiesenböschungen stören können, ist diese Bauweise in der Regel dann zu wählen, wenn als Endbestand eine Waldgesellschaft geplant ist. Diese kann zwar im Laufe ihrer Entwicklung die lichtbedürftigen Weiden unterdrücken, sie übernimmt dann aber die entwässernde Funktion der Weidenbestände.

Literatur
Richtlinien für den Lebendverbau an Verkehrswegen (1969)

Faschinendrän
(Kiesumhüllte Bündelfaschine, Faschinendrän in Kiesfilter)
Lebende Baustoffe
Lebende Weidenfaschinen (Abschn. 2.2.2).

Bauweise [Abb. 101]
Nach dem Ausheben von Gräben werden diese bis zu etwa einem Viertel mit Kies gefüllt. Liegt ein durchlässiger Untergrund vor, so können die Gräben bei Bedarf vor dem Einbringen des Kieses auf der Sohle und seitlich mit Dachpappe oder Folie gedichtet werden. Auf das Kiesbett werden lebende Weidenfaschinen gelegt und bei starkem Gefälle so verpflockt, daß die Pflöcke durch die Kiesschicht in den Untergrund reichen. Im Anschluß daran sind die Gräben mit Kies zuzufüllen. Um den Austrieb der Faschinen nicht zu behindern, darf die Kiesschicht auf der Faschine nicht stärker als 3 bis 5 cm sein. Die Gräben sind mit Rasensoden abzudecken. Diese verhindern das Zuschlämmen des Kieses und beeinträchtigen den Austrieb der Faschinen nur unwesentlich. Faschinendräne werden wie Buschdräne am Hang angeordnet (s. »Buschdrän«).

Anwendungsbereich
Siehe »Buschdrän«.

Literatur
K. Buchwald, H. Duthweiler (1969); *H. Duthweiler* (1967); Richtlinien für den Lebendverbau an Verkehrswegen (1969); *T. Spielmann* (1962)

Weitere, in diesem Abschnitt nicht behandelte Lebendbaumaßnahmen
Zur Hangentwässerung sind außerdem die folgenden Lebendbaumaßnahmen geeignet:
a Bei ausgedehnten und begrenzten vernäßten Stellen: Buschlagenbau (Abschn. 4.1.2);
b bei kleineren vernäßten Stellen: Spreitlage (Abschn. 2.2.2), Steckholzbesatz (Abschn. 2.2.2), nach *H. M. Schiechtl* (1958) Besatz mit Schilfballen (Abschn. 2.1.2).

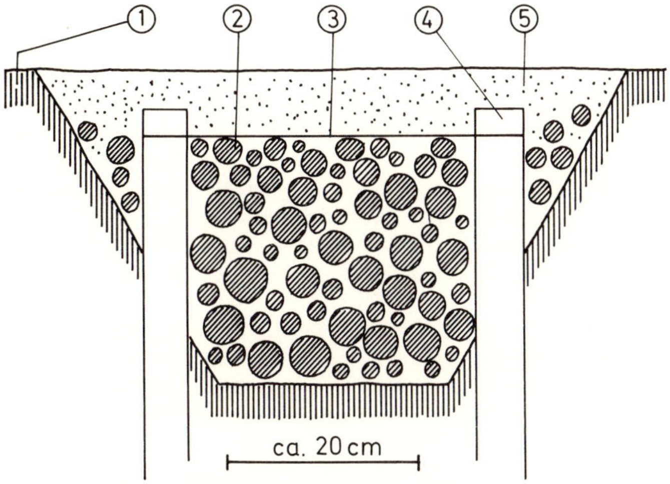

100 Buschdrän. 1 = Hangoberfläche, 2 = bewurzelungsfähige Weidenäste und -zweige, 3 = Drahtverspannung, 4 = Pfahl, 5 = Mutterboden.

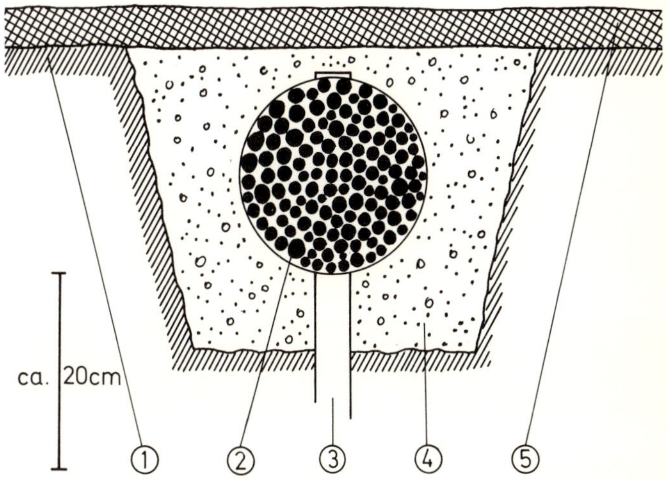

101 Faschinendrän. 1 = Hangoberfläche, 2 = Faschine, 3 = Pfahl, 4 = Kies, 5 = Abdeckung mit umgekehrten Rasensoden.

5 Lebendbau auf ebenen bis mäßig geneigten Flächen

Hierunter sind alle ausgedehnteren, ebenen bis mäßig geneigten Flächen zusammengefaßt, die vegetationslos bzw. vegetationsarm sind oder landwirtschaftlich genutzt werden.

Die hier durchzuführenden Lebendbaumaßnahmen haben die Hauptziele, vegetationslose Flächen festzulegen oder zu begrünen sowie die landwirtschaftlichen Erträge zu sichern oder zu steigern.

5.1 Maßnahmen zur Festlegung vegetationsloser Flächen

5.1.1 Allgemeines

Größere durch Lebendbau festzulegende vegetationslose Flächen sind z. B. Sand-Spülflächen, Flugplätze, Truppenübungsplätze und Mülldeponien. Der Lebendbau verfolgt hier vor allem die folgenden Ziele:

a Vermeidung oder Beseitigung von Winderosion;
b Schaffung einer beanspruchbaren Vegetationsdecke, wie z. B. bei Flugplätzen;
c Entwicklung des Substrates zum Boden, wie z. B. bei aufgespülten sterilen Sanden.

Wirkungsweise

Durch Ansiedlung von Pflanzen werden dabei in erster Linie die folgenden Wirkungen erreicht:

a Der Boden wird durchwurzelt und gefestigt.
b Der Boden wird entwickelt (z. B. Aufschließung durch die Wurzeln, Durchlüftung, Stickstoffanreicherung durch Leguminosen, Verbesserung des Wasserhaushaltes, Humusproduktion).
c Die oberirdischen Pflanzenteile bewirken in Bodennähe relative Windruhe und damit ein günstiges Kleinklima. Auf diese Weise wird die Erosionsgefahr gemindert und die Bodenentwicklung gefördert.

Natürliche Vegetation und Bestandsziel

In der Regel sind standorteigene Pflanzengesellschaften anzusiedeln. Nur bei Pioniersaaten von Leguminosen und bei einer sehr kurzfristigen, vorübergehenden Festlegung können Pflanzengemeinschaften angesiedelt werden, die überwiegend aus Gastarten bestehen.

Vegetationslose Flächen sind teilweise Standorte für Waldgesellschaften, teilweise aber auch nur Standorte für Wiesengesellschaften. Da die Standortqualität der vegetationslosen Flächen äußerst vielfältig ist, können auch für sie an dieser Stelle keine umfassenden Ausführungen über die möglichen Gesellschaften gemacht werden. Einen allgemeinen Überblick mögen die Schemata von *H. Ellenberg* [Abb. 74 u. 75] in Abschn. 4.1.1 geben.

Vorarbeiten

Die die Lebendbaumaßnahmen einleitenden Vorarbeiten können hier nur kurz und allgemein angedeutet werden. Sie erstrecken sich hauptsächlich auf die Herstellung des Reliefs, auf die Bodenvorbereitung und evtl. auf die Entwässerung.

Da die geplante Nutzung der vegetationslosen Flächen meist keine besondere Geländeausformung bedingt, besteht die Herstellung des Reliefs vorwiegend aus einer Einplanierung des Geländes. Sie wird in der Regel maschinell durchgeführt. Sofern keine pflanzenschädlichen Stoffe im Boden vorhanden sind, wird das Pflanzenwachstum besonders durch Bodenverdichtungen beeinträchtigt. Sie liegen entweder schon zu Beginn der Vorarbeiten vor, können aber auch durch die maschinelle Einplanierung des Geländes verursacht sein. Eine sorgfältige Bodenbearbeitung u. U. in Verbindung mit einer Tiefenlockerung ist daher eine wesentliche Voraussetzung für das Gelingen der Lebendbaumaßnahme. Bei Bedarf ist außerdem eine organische oder anorganische Düngung der Flächen vorzunehmen. Wegen des hohen Arbeits- und Materialaufwandes ist bei größeren Flächen das Aufbringen von Mutterboden nur in Sonderfällen, wie z. B. bei Mülldeponien, möglich. In diesen seltenen Fällen ist der Untergrund aufzurauhen, um eine gute Verbindung zwischen Untergrund und Mutterboden zu erreichen. Bei zu hoher Bodenfeuchtigkeit oder zu hohem Grundwasserstand ist das Gelände durch offene Gräben oder durch Dränung zu entwässern, da Wasserüberschuß ebenfalls die lebenden Baustoffe schädigen kann.

5.1.2 Lebendbaumaßnahmen

Pflanzung

Lebende Baustoffe

Pflanzen standortgerechter Holzarten (Abschn. 7).

Für Vorkulturen: Saatgut ein- bis zweijähriger Leguminosen, vor allem Gelbe Lupine (Lupinus luteus), Hopfenklee (Medicago lupulina), Weißer Steinklee (Melilotus albus), Gewöhnlicher Steinklee (Melilotus officinalis).

Bauweise

Für die Aufforstung vegetationsloser Flächen wird vor allem die Lochpflanzung angewandt (Abschn. 4.1.2). Dauernd oder periodisch vernäßte Flächen können mittels der sog. Hochpflanzung begrünt werden. Eine Variante dieser Methode besteht darin, Gräben aufzupflügen und die auf diese Weise entstandenen Erdwälle in Reihen zu bepflanzen. Abstände und Größe der Gräben bzw. der Erdwälle richten sich insbesondere nach den Boden- und Wasserverhältnissen sowie nach den einzusetzenden Geräten.

Bei einer zweiten Variante, der Hügelpflanzung, werden im Abstand von 4 bis 5 m Gräben von etwa 35 cm Breite und 25 cm Tiefe ausgehoben. Der Aushub wird zur Herstellung je einer Hügelreihe auf jeder Seite des Grabens benutzt. Die Hügel werden anschließend einzeln bepflanzt [Abb. 102].

Da die Technik des Pflanzens unter »Pflanzung« in Abschn. 4.1.2 beschrieben wurde, soll im folgenden auf die Anlage von Vorkulturen, die Wahl der Pflanzverbände sowie auf die Mischung der Holzarten

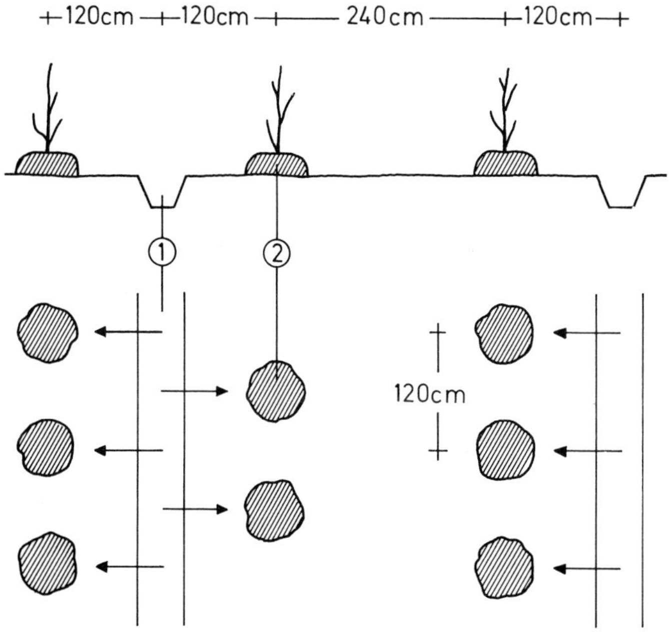

102 Hügelpflanzung (*H. J. Loycke*, 1963). 1 = Graben, 2 = Hügel.

eingegangen werden; Maßnahmen, die für das Gelingen von Aufforstungen von wesentlicher Bedeutung sind.

In vielen Fällen erfolgt die Aufforstung nicht sofort, sondern nach einer Vorkultur. Diese ist dann zweckmäßig, wenn die Standortqualität einer Baustelle zwar so beschaffen ist, daß Gehölze Lebensbedingungen finden, aber andererseits ungünstige Standortbedingungen vorliegen oder vorübergehend auftreten, die insbesondere das Anwachsen der Junggehölze erschweren. So sei z. B. auf die austrocknende und erodierende Wirkung des Windes hingewiesen sowie auf einen mangelnden Humusgehalt des Bodens, der wiederum u. a. ein gestörtes Bodenleben, einen ungünstigen Wasserhaushalt und ein geringes Sorptions- und Austauschvermögen für Nährstoffe verursacht. Außerdem besteht die Möglichkeit, daß die Baustelle zu einem Zeitpunkt zur Begrünung bereitsteht, an dem eine Aufforstung gar nicht oder nur unter Inkaufnahme größerer Ausfälle durchgeführt werden kann. Auch in solchen Fällen ist eine vorübergehende Begrünung durch Vorkulturen nötig.

Als Pionierpflanzen für eine derartige Vorkultur sind vor allem ein- bis zweijährige Leguminosen geeignet. Durch sie wird der Boden mit Stickstoff angereichert und vor Erosion geschützt. Außerdem verhindern sie die natürliche Ansiedlung von Pflanzenarten, die die spätere Begründung des Gehölzbestandes erschweren können, wie vor allem hochwüchsige Gräser. Bei Ansaat ein- bis zweijähriger Leguminosen ist gewährleistet, daß sie nach dem Unterpflügen oder Mähen (s. unten) nicht das Wachstum der Junggehölze behindern. Ansaaten von Gräsern zum Zwecke einer Vorkultur sollten nicht vorgenommen werden, da Gefahr einer späteren Konkurrenzwirkung der Gräser auf die Gehölze besteht. Sofern nicht besondere Umstände mehrjährige Vorkulturen erfordern, ist es am günstigsten, die Leguminosen in der Vegetationsperiode vor der Aufforstung, etwa in der Zeit von März bis Ende Juli, zu säen. In der Regel ist dann eine befriedigende Entwicklung der Pflanzen und damit eine ausreichende Bildung von Biomasse sichergestellt. Da in den Böden oft die mit Leguminosen in Symbiose lebenden Knöllchenbakterien (Bacterium radicicola) mangelhaft vorhanden sind oder fehlen, ist eine Impfung mit Bakterienpräparaten wie Radicin, Nitragin, Biogen angebracht.

Die Leguminosenbestände sind vor Beginn der Aufforstung, also entweder im Herbst oder im darauffolgenden Frühjahr, unterzupflügen. Auf stark erosionsgefährdeten Böden sollten sie nur gemäht, und die Mahd als Mulchschicht verwendet werden. Gepflanzt wird dann in die Stoppeln.

Die Planung der Holzartenkombination hat wie bei der Aufforstung von Hängen und Böschungen davon auszugehen, daß durch die Bestände meist nicht so sehr forstliche Erträge, sondern vielmehr landschaftsökologische Wirkungen erreicht werden sollen. Die dieses Ziel erfüllenden, artenreichen gut gemischten Bestände werden wie bei der Aufforstung von Hängen und Böschungen je nach Baustellengröße durch Bepflanzung etwa 7 × 7 bis 20 × 20 m großer Flächen mit Pflanzen ein und derselben Holzart geschaffen. Eine Anwendung dieser Mischungstechnik läßt erwarten, daß im Verlauf der Bestandsentwicklung pro Fläche etwa 1 bis 5 Bäume übrigbleiben, und somit ein guter Wechsel der Holzarten erzielt wird. Bei der vorgeschlagenen Flächengröße besteht außerdem kaum die Gefahr einer Unterdrückung langsamwüchsiger Holzarten durch schnellwüchsige (Abschn. 4.1.2, [Abb. 88 u. 89]).

Das Wachstum der Gehölze kann durch Verwendung von Pflegeholzarten, insbesondere von Rot- und Grauerle, gefördert werden. Sie reichern Stickstoff im Boden an. Ihr Laub verrottet leicht und ist Ausgangsmaterial für günstige Humusarten. Wahrscheinlich steigern sie auch infolge ihres starken Wachstums zumindest das Wachstum anderer schnellwüchsiger Gehölze. Bei richtiger Anordnung (s. unten) können sie zudem die übrigen Junggehölze vor Wind, Früh- und Spätfrösten schützen und somit bei der Aufforstung größerer Flächen besonders wirksam werden. Die günstigen Effekte dürften weitestgehend erreicht werden, wenn die Erlen entweder reihenweise senkrecht zur Hauptwindrichtung oder in Form einer Kammerung angeordnet werden. Infolge ihrer Vorwüchsigkeit bilden sie nach kurzer Zeit »Windschutzpflanzungen« für die übrigen Gehölze. Ergänzend hierzu können an früh- und spätfrostgefährdeten Standorten einzeln zwischen die Holzarten des Endbestandes gepflanzte Erlen einen Schirm bilden und frostempfindliche Arten schützen [Abb. 103].

Die Aufforstung kann in verschiedenen Pflanzverbänden vorgenommen werden, über deren Vor- und Nachteile die Meinungen geteilt sind [Abb. 104]. Beim Quadratverband sind die Reihenabstände gleich den Abständen der Pflanzen in der Reihe. Sie liegen etwa zwischen 80 und 150 cm. Werden die Pflanzen in gleichen Abständen auf Lücke gepflanzt, so ergibt sich der gleichseitige Dreiecksverband. Am günstigsten dürften der Rechtecksverband und der aus ihm durch Versetzen der Reihen entstehende gleichschenkelige Dreiecksverband sein, da hierbei die Möglichkeit besteht, sich hinsichtlich der Pflanzabstände sowohl der Arbeitsbreite der Pflegegeräte als auch der Standortqualität der Baustelle anzupassen. Die Reihenabstände sind entsprechend den später einzusetzenden Pflegegeräten zu wählen. Da die für Unkrautbekämpfung und Bodenbearbeitung zu verwendenden Motormäher und Fräsen meistens Arbeitsbreiten von 60 bis 200 cm aufweisen, und der Reihenabstand zur Vermeidung von Beschädigungen der Pflanzen rd. 30 cm breiter als die Arbeitsbreite sein sollte, ergeben sich Reihenabstände von etwa 90 bis 230 cm. Die Abstände der Pflanzen in der Reihe können dann der Standortqualität angepaßt werden. Im allgemeinen ist zum Ausgleich von Ausfällen um so enger zu pflanzen, je ungünstiger die Standortverhältnisse sind. Die Pflanzabstände schwanken etwa zwischen 30 und 100 cm. Sofern nicht bei der Aufforstung größerer Flächen aus Kostengründen Jungpflanzen der Größe 20/40 cm verwendet werden müssen, sind Pflanzen der Größen 60/80 bis 65/100 cm als lebende Baustoffe am geeignetsten.

Literatur

M. Köseoglu (1970); *H. J. Loycke* (1963)

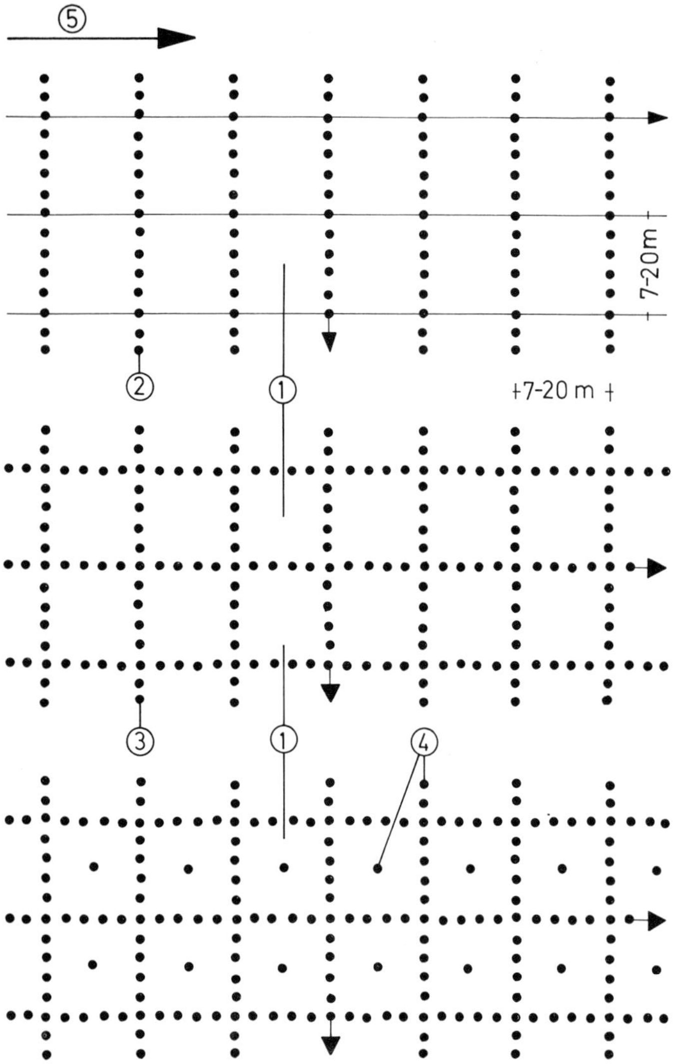

103 Anordnung von Pflegeholzarten bei Aufforstungen. 1 = Junggehölze des Endbestandes, 2 = reihenweise Anordnung der Pflegeholzarten senkrecht zur Hauptwindrichtung, 3 = Kammerung durch Pflegegehölze, 4 = Kammerung sowie Pflanzung einzelner Pflegegehölze zum zusätzlichen Früh- und Spätfrostschutz, 5 = Hauptwindrichtung.

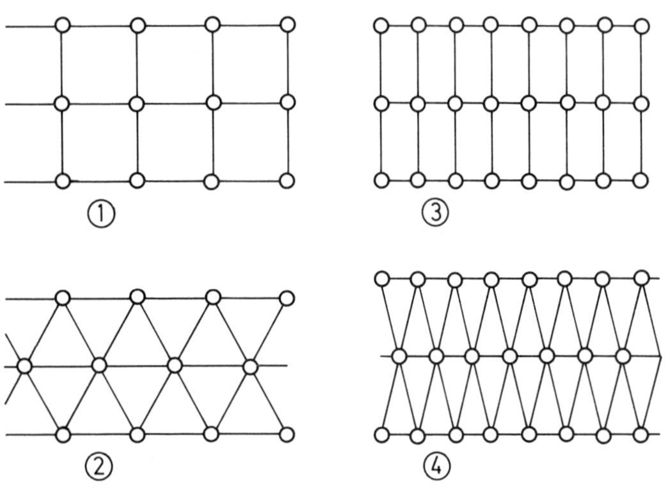

104 Pflanzverbände. 1 = Quadratverband, 2 = gleichseitiger Dreiecksverband, 3 = Rechtecksverband, 4 = gleichschenkeliger Dreiecksverband.

Ansaaten in Verbindung mit Zuschlagstoffen (Anspritzverfahren)

Da das Aufbringen von Mutterboden in der Regel nicht möglich ist, bereitet die Begrünung vegetationsloser Flächen oft Schwierigkeiten. Boden und Saatgut sind der Deflation ausgesetzt. Das Substrat kann oft nicht als »Boden« bezeichnet werden. Es hat eine schlechte Struktur, ist vor allem in seinem Wasser- und Nährstoffhaushalt gestört und weist nur geringes oder fehlendes Bodenleben auf. Aus diesen Gründen ist versucht worden, für die Ansaat schwer begrünbarer, ebener bis schwach geneigter vegetationsloser Flächen, feinmaterialarmer Hänge und Böschungen Methoden zu entwickeln, die eine Ansaat in Verbindung mit erosionsverhindernden, bodenverbessernden und wachstumsfördernden Substanzen ermöglichen. In den letzten Jahren sind in diesem Zusammenhang eine Reihe Verfahren entwickelt worden, für die sich die Bezeichnungen »Anspritzverfahren«, »Hydrosaaten«, »hydraulische Begrünung« usw. eingebürgert haben. Diese Begriffe sind nach Ansicht des Verfassers nicht sehr treffend. Den diesbezüglichen Verfahren ist gemeinsam, daß Saatgut, und zwar z.Z. noch meist Grassamen, mit festen oder flüssigen Zuschlagstoffen und evtl. mit Wasser und Dünger auf die zu begrünenden Flächen aufgebracht wird. Ein Gemisch der erwähnten Substanzen wird jedoch nur bei einem Teil der Verfahren aufgespritzt. Teilweise wird zunächst das Saatgut trocken aufgebracht, die Zuschlagstoffe werden dann in einem zweiten Arbeitsgang trocken oder flüssig hinzugegeben. Außerdem besteht die Möglichkeit, daß zunächst die Zuschlagstoffe als Granulat oder flüssig verteilt werden und anschließend angesät wird. Bei einigen Verfahren wird überdies nicht gespritzt, sondern geblasen. Aus diesem Grunde werden in diesem Buch die obigen Bezeichnungen vermieden und stattdessen der neutrale Begriff »Ansaaten in Verbindung mit Zuschlagstoffen« vorgeschlagen.

Versuche, die große Zahl der z.T. sehr verschiedenen Verfahren in ein logisches, für die Praxis brauchbares System zu bringen, sind bisher nicht zufriedenstellend verlaufen. Sie führten zu keiner klaren Trennung der Verfahrensgruppen, sondern es traten Wiederholungen und Überschneidungen auf. Im Rahmen einer Diplomarbeit (*C. Schnieders*, 1970) haben *H.J. Dahl*, *C. Schnieders* und der Verfasser daher versucht, eine Einteilung zu erarbeiten, die auf der Hauptwirkungsweise der Zuschlagstoffe bzw. auf dem Ziel, mit dem sie angewendet werden, beruht. Wenn dieses Gliederungsprinzip zugrunde gelegt wird, lassen sich drei Gruppen unterscheiden:

a Ansaaten in Verbindung mit Bodenstabilisatoren; die Bodenteilchen werden durch Zuschlagstoffe verklebt oder agglomeriert und auf diese Weise vor Erosion geschützt.

b Ansaaten in Verbindung mit Bodenersatz; es werden Zuschlagstoffe verwendet, die fehlenden Boden ersetzen.

c Ansaaten in Verbindung mit Mulchstoffen; es werden Substanzen aufgebracht, die als Mulchschicht wirken und dem Saatgut günstige Keim- und Wachstumsbedingungen geben.

Ein kombinierter Einsatz der Verfahrensgruppen ist möglich.

Die im folgenden beschriebenen Verfahren werden, wie angedeutet, nicht ausschließlich zur Begründung vegetationsloser Flächen, sondern auch an mutterbodenlosen Hängen und Böschungen verwendet, Varianten einzelner Methoden sogar überwiegend. Letztere werden jedoch aus Gründen einer geschlossenen Darstellung hier mitbehandelt.

Ansaaten in Verbindung mit Bodenstabilisatoren

Bodenstabilisatoren sind Emulsionen oder Suspensionen. Zur ersten Gruppe gehören Bitumen-, Tallöl-, Latex- und Kunststoffemulsionen, zur zweiten Methylzellulosen, Hydrosilikate, Alginate und Sulfitablauge.

Bodenstabilisatoren festigen die oberen Bodenschichten. Nach dem Grad der Tiefenwirkung lassen sich zwei Formen der Bodenstabilisierung unterscheiden. Sofern die Wirkung nur die unmittelbare Bodenoberfläche erfaßt, wird von einer Versiegelung des Bodens gesprochen (*C. Schnieders*, 1970). Die tiefer reichende Verfestigung wird als Vermörtelung bezeichnet (*P. Kasten*, 1969). Ob eine Versiegelung oder Vermörtelung eintritt, hängt von der Bodenart und dem Stabilisierungsmittel ab. Böden mit Einzelkornstruktur und großporigem Hohlraumvolumen lassen sich leichter vermörteln als diejenigen mit geringem oder überwiegend kleinporigem Hohlraumvolumen. Versiegelung und Vermörtelung bewirken keinen völligen Abschluß der Bodenoberfläche. Dieser Effekt tritt nur dann ein, wenn die aufgebrachten Mengen des Stabilisierungsmittels zu groß sind.

Bei Emulsionen tritt die festigende Wirkung infolge des »Brechens« ein. Hierbei fließen die emulgierten Teilchen infolge elektrischer Entladung bei Berührung mit festen Bodenteilchen oder infolge von Wasserentzug an vielen Stellen im Boden zusammen und verhärten. Mit der ihnen eigenen Klebefähigkeit verbinden sie die Bodenteilchen. Dabei wird der Boden innerhalb der Eindringtiefe des Präparates von einem netzartigen räumlichen Gitter durchzogen, das aus dem Stabilisierungsmittel entsteht.

Bei Suspensionen erfolgt die Stabilisierung auf Grund von Gelbildungen im Boden nach dem Aufbringen des Mittels, wobei Kolloide auf chemo-physikalischem Wege entstehen. Die Wirkungsfähigkeit der Präparate dieser Gruppe ist an bestimmte pH-Werte gebunden, die u. U. auf der Baustelle durch Kalkung eingestellt werden müssen.

Die Hauptwirkung der Bodenstabilisatoren liegt in einer günstigen Beeinflussung der Bodenstruktur, die eine Minderung oder Beseitigung von Deflation und Denudation zur Folge hat. Außerdem werden Wasser- und Wärmehaushalt des Bodens verändert. Der Wasserhaushalt erfährt bei Versiegelung und Vermörtelung insofern eine Verbesserung, als die Evaporation herabgesetzt und bei hygroskopischen Emulsionen (z. B. Tallölen) die Luftfeuchtigkeit dem Boden verstärkt zugeführt wird. Eine Veränderung des Wärmehaushaltes hängt vor allem von der Farbe der aufgebrachten Bodenstabilisatoren ab. Allgemein kann angenommen werden, daß sich bei abnehmender Helligkeit des Präparates die Strahlungsabsorption und damit die Erwärmung verstärkt. Suspensionen verbessern darüber hinaus Sorptions- und Austauschkapazität leichter Böden und fördern das Bodenleben.

Die Wirkungsdauer der Bodenstabilisatoren ist hauptsächlich von der aufgewendeten Menge abhängig. Im allgemeinen ist mit einer Wirkungsdauer von etwa einem halben Jahr und bei großen Mengen mit einer von maximal zwei Jahren zu rechnen (*C. Schnieders*, 1970). Bei einem Nachlassen der Wirkung kann durch wiederholtes Aufbringen der Stabilisierungsstoffe die Wirkungsdauer verlängert werden. Soll eine sehr lange Wirkungsdauer ohne erneutes Aufbringen des Mittels erreicht werden, besteht Gefahr, daß die benötigte Gabe im Boden eine Konzentration erreicht, die den Boden vollständig abschließt und Keimung und Wachstum des Saatgutes beeinträchtigt oder sogar unterbindet. Mit derartig großen Mengen behandelte Baustellen können erst eingesät werden, wenn der Abbau der Stabilisatoren fortgeschritten ist.

Die Kosten der im folgenden beschriebenen Verfahren und die benötigten Mengen der Mittel hängen stark von der Art der Baustellen ab. Da diesbezügliche allgemeine Angaben zu Fehleinschätzungen und Mißerfolgen führen könnten, wird auf sie verzichtet und auf die Gebrauchsanweisungen bzw. auf Auskünfte der Firmen verwiesen.

Lebende Baustoffe

Bei allen folgenden Verfahren werden Saatgutmischungen verwendet, die z. Z. überwiegend aus Gräsern bestehen. Ansaatversuche von Gehölzen verlaufen erfolgversprechend.

Bauweisen

Bitumenemulsionen

Es können unstabile, halbstabile und stabile Bitumenemulsionen unterschieden werden. Unstabile (Bitumen U) und halbstabile (Bitumen H) Emulsionen sind dünnflüssig und lassen sich nur mit destilliertem oder enthärtetem Wasser verdünnen. Wegen ihrer schnellen Brechung dringen sie nicht tief in den Boden ein und eignen sich nicht zur Vermörtelung. Sie dienen als Klebemittel bei Ansaaten in Verbindung mit Bodenersatz und in Verbindung mit Mulchstoffen (s. unten) oder werden zur Versiegelung der Bodenoberfläche benutzt.

Stabile Bitumenemulsionen brechen langsam und lassen sich mit Wasser jeder Härte verdünnen. Sie bewirken auf durchlässigen Böden eine Vermörtelung, während Löß- und Tonböden in erster Linie versiegelt werden.

Bitumen kann auf Pflanzenwurzeln toxische Wirkungen ausüben. Das keimende Saatgut muß daher nicht bituminierte Zonen vorfinden. Diese Bereiche entstehen bei richtiger Dosierung durch das Brechen der Emulsion.

Auf trockenen und ebenen Flächen werden zunächst Saatgut und ggf. Dünger ausgestreut. Anschließend wird die angesäte Fläche mit der Emulsion übersprüht. Das Saatgut erhält bei dieser Arbeitsfolge eine einseitige Bedeckung mit Bitumenemulsion, die es auf dem Boden festklebt. Die Verbindung der Saat mit dem Boden gewährleistet die Aufnahme von Bodenfeuchtigkeit.

Auf steileren und feuchteren Flächen wird zuerst die Emulsion aufgesprüht. In die noch feuchte Emulsion wird angesät. Ein weiteres Aufbringen des Mittels bewirkt ein Festkleben des Saatgutes. Dieser Arbeitsgang birgt für das Saatgut die Gefahr einer vollständigen Umhüllung mit Bitumen, wenn dieses nicht ausreichend genug bricht. Keim- und Wachstumsstörungen infolge Feuchtigkeitsmangel oder toxischer Wirkungen können die Folgen sein.

Da Bitumen S mit jedem Wasser verdünnbar ist, darf es nicht bei Niederschlägen aufgesprüht werden. Klebefähigkeit und Vermörtelungseffekt lassen dann wegen der weitgehenden Verdünnung nach. Außerdem kann das Bitumen in tiefere Bodenschichten gespült werden und das Grundwasser beeinträchtigen. Der Einsatz stabiler Bitumenemulsionen in Wasserschutzgebieten bedarf deshalb besonderer Vorsicht.

Wegen ihrer dunklen Farbe und der damit verbundenen günstigen Beeinflussung des Bodenwärmehaushaltes sind Bitumenemulsionen sehr vorteilhaft im Frühjahr und im Herbst anwendbar.

Tallölemulsionen (Thanner-Emulsion)

Das »Thanner-Verfahren« der Firma Thanner, Dänemark, ist ein direkter Nachfolger des »Wego-Bl-Verfahrens« der Firma Weibull, Schweden, das 1966 aufgegeben wurde.

Grundbestandteil der Tallölemulsionen ist ein Destillationsrückstand des Tallöls, das bei der Entharzung von Holz für die Papierherstellung anfällt. Es enthält Harzsäuren, Fettsäuren und Pflanzenfette. Die Thanner-Emulsion ist eine stabile Emulsion. Sie ist zähflüssig, hygroskopisch und mit Wasser in jedem Verhältnis verdünnbar. In ihrem allgemeinen Verhalten gleicht sie stabilen Bitumenemulsionen und kommt daher als Vermörtelungsmittel vorwiegend auf durchlässigen Böden zum Einsatz. Sie klebt das Saatgut auf der Bodenoberfläche fest und hat als organische Substanz keine toxischen Wirkungen auf Pflanzen. Ihr hygroskopischer Charakter gewährleistet eine ausreichende Feuchtigkeitsversorgung des Saatgutes, auch wenn dieses vollständig von der Emulsion umhüllt ist. Allerdings kann der Einsatz von Tallölemulsion zu Bodenverkrustungen und damit zu Keimhemmungen führen (*C. Schnieders*, 1970).

Beim Thanner-Verfahren werden Saatgut, Dünger und Emulsion von Flugzeugen, Hubschraubern oder fahrbaren Großgeräten aus aufgeblasen. Die getrennt gelagerten zwei Komponenten Saatgut und Dünger werden in einem Luftstrom gemischt und auf die Begrünungsfläche geblasen. Über eine separate Leitung tritt an der Mündung des Rohres das flüssige Bodenstabilisierungsmittel in den Luftstrom ein. Nach Angaben der Firma Thanner läßt sich das Versprühen der Emulsion auch in einem zweiten Arbeitsgang durchführen.

Die günstigsten Einsatzzeiten liegen in den Monaten Februar bis Mai und Juli bis Oktober.

Latex-Bitumenemulsion (Baumuls, Flexobit)
Über die Verwendung reiner Latexemulsionen zum Zwecke der Bodenstabilisierung liegen keine Informationen vor. Nach *P. Kasten* (1969) erfordert die Vermörtelung von Böden bei Anwendung reiner Latexemulsionen sehr große Mengen, so daß aus Kostengründen ein Verschnitt mit Ölen und Bitumen erfolgt. Die verschnittenen Emulsionen sind stabil. Eine Latexemulsion, die aus England unter dem Namen »Unisol 91« importiert wurde, ist seit einiger Zeit wieder vom Markt verschwunden. In der DDR kommen Latex-Bitumenemulsionen unter den Bezeichnungen »Baumuls« und »Flexobit« als Bodenstabilisatoren zur Anwendung. Bei diesen Produkten liegt das Mischungsverhältnis von Bitumen zu Buna-Latex zwischen 1:1 und 20:1. Der Zusatz von Latex zu Bitumenemulsionen erhöht die Flexibilität der stabilisierten Bodenschicht, weil das Gemisch nicht so stark aushärtet wie reine Bitumenemulsionen. Baumuls und Flexobit lassen sich mit jedem Wasser beliebig verdünnen und werden mit Sprühgeräten auf das ausgestreute Saatgut und Dünger aufgebracht.

Kunststoffemulsionen (Curasol AE, AH)
Von den Farbwerken Hoechst, Frankfurt, werden Kunststoffemulsionen »Curasol AE und AH« zur Bodenstabilisierung hergestellt. Es sind hochpolymere Kunststoffdispersionen, die sich wie stabile Emulsionen verhalten. Ihr Hauptanwendungsbereich liegt auf durchlässigen Böden, in denen sie eine Vermörtelung bewirken. Auf bindigen Böden tritt eine Versiegelung ein. Die Emulsionen üben keine pflanzenschädigenden Wirkungen aus, so daß das Saatgut mit den sprühfähigen Verdünnungen gemischt werden kann. Außerdem sind Curasol AE und AH gegen Elektrolyte stabil und können daher auch mit Düngern gemischt werden. Als stabile Emulsionen vertragen die beiden Präparate zwar das Aufbringen auf nasse Böden, bei Niederschlägen treten jedoch Verdünnung und Auswaschung auf und es bleibt dann der für die Stabilisierung notwendige Brechungseffekt aus. Curasol AE neigt überdies zum Schäumen, wenn die Regentropfen aufschlagen. Es härtet stark aus und ähnelt damit dem Bitumen S. Curasol AH ist elastischer und zudem hygroskopisch. Die Aushärtungszeiten beider Präparate liegen etwa zwischen 1 bis 6 Stunden. Für die Verdünnung eignet sich jedes beliebige Wasser.

Durch »Curasol BS«, einem physiologisch unbedenklichen, nicht phytotoxischen Farbpigment, lassen sich die milchigen Typen AE und AH einfärben und der Wärmehaushalt kalter Standorte verbessern. Curasol AE und AH werden mit Sprühgeräten auf die Baustelle gesprüht. Dabei können Curasol, Saatgut und Dünger sowohl gesondert als auch in einem Arbeitsgang aufgebracht werden. Die Temperaturbeständigkeit reicht bei Curasol AE und AH bis −5° C. Bei der Type AE sollen Luft- und Bodentemperatur während des Versprühens mindestens +1° C betragen. Die Type AH kann bei Boden- und Lufttemperaturen versprüht werden, die über +5° C liegen.

Der Einsatz von Curasol erfolgt nicht selten in Verbindung mit »Tylose 666«. Dieses ebenfalls von den Farbwerken Hoechst hergestellte Präparat ist eine Methylzellulose. Der Stoff wird in Form eines feinkörnigen Granulates hergestellt, das sich mit Wasser jeder Härte kolloidal löst. Er ist hygroskopisch und dringt, granuliert oder flüssig aufgebracht, langsam in den Boden ein. Seine stabilisierende Wirkung ist gering. Tylose bildet jedoch für das Bodenleben ein gutes Nährsubstrat und trägt auf diese Weise zur schnellen Belebung von Rohböden bei. Seine polyanionischen Makromoleküle befähigen es zum Kationenaustausch. Das ausgeprägte Gelbildungsvermögen begünstigt den Wasser- und Nährstoffhaushalt und fördert die Wiederbenetzbarkeit ausgetrockneter Böden. In Verbindung mit Curasol angewandt, erhöht Tylose 666 die Viskosität des Gemisches und verhindert das Abfließen an Steilböschungen, bevor der Boden benetzt ist.

Curasol und Tylose werden auch bei Ansaaten in Verbindung mit Bodenersatz angewandt (s. unten).

Kunststoffemulsionen (Bodenfestiger hüls 801)
Der Bodenstabilisator wird von den Chemischen Werken Hüls, Marl, als Konzentrat und gebrauchsfertige Emulsion geliefert, wobei das Konzentrat mit Wasser jeder Art zur Emulsion verdünnt werden kann. Diese wird mit Sprühgeräten aufgesprüht, dringt etwa 1 cm in den Boden ein und vermörtelt ihn. Dabei tritt das Verkleben bei 20° in etwa zwei Stunden, bei niedrigeren Temperaturen aber langsamer ein. Zusätzlich kann das Präparat auch bei Ansaaten in Verbindung mit Bodenersatz eingesetzt werden.

Hydrosilikate (Agrosil)
Von den Guano-Werken, Hamburg, wird unter der Bezeichnung »Agrosil« eine Substanz zur Bodenstabilisierung angeboten, die aus Hydrosilikaten, Elektrolyten und organischen Stickstoffverbindungen besteht. Sie kann als Suspension, als Streumittel trocken und in Wasser gelöst aufgebracht werden. Die stabilisierende Wirkung kann sich bis auf 8 bis 12 cm Bodentiefe erstrecken. Durch die entstehenden Gele wird auf durchlässigen, leichten Böden die Sorptions- und Ionenaustauschkapazität verbessert. Die Förderung des Pflanzenwachstums beruht offenbar darauf, daß infolge der Hydrosilikatanreicherung die Menge der verfügbaren Phosphorsäure erhöht wird. Eine Klebewirkung auf das Saatgut tritt nicht ein.

Für die Anwendung von Agrosil als Trockensubstanz sind nach Angaben der Guano-Werke auf leichten und schweren Böden eine vorhergehende Kalkung und außerdem eine Düngung empfehlenswert, so daß sich einschließlich des Aufbringens von Agrosil drei Arbeitsgänge ergeben. Da in einem vierten angesät und zudem künstliche Bewässerung vorgeschlagen wird, ergeben sich also maximal fünf Arbeitsgänge, die die Kosten erheblich steigern. Beim flüssigen Einsatz von Agrosil wird die Trockensubstanz in Wasser gelöst oder die Suspension verwendet und die Flüssigkeit nach der Saat aufgesprüht. Sofern dabei Wasser in ausreichender Menge aufgebracht wird, kann eine anschließende Beregnung entfallen. In späteren Trockenperioden ist jedoch bei allen drei Anwendungsweisen eine Beregnung zweckmäßig.

Alginate (Colloplex, Alginure)
Die Firma Tillinghast, Stuttgart-Degerloch, hat unter dem Namen »Colloplex« ein Verfahren auf den Markt gebracht, bei dem Natrium-Alginate vor allem als »Alginure 100-D« und als »Alginure Bodengranulat« zur Bodenstabilisierung verwendet werden. Natrium-Alginat ist ein mit Polyuroniden angereicherter Algenextrakt. Polyuronide entstehen bei der Zersetzung organischer Stoffe natürlich und bilden im Boden polymere Makromoleküle von hoher Stabilität. In ihrer Wirkungsweise ähneln Natrium-Alginate den Hydrosilikaten. Durch Gelbildung und unter Beteiligung von Tonmineralen entstehen organo-mineralische Kolloide, die auf chemisch-physikalischem Wege eine Verbindung der Bodenteilchen bewirken und Sorptionskapazität, Austauschkapazität sowie den Wasserhaushalt leichter Böden verbessern. Da Alginate außerdem einen guten Nährboden für Mikroorganismen darstellen, kann sich der

künstlich eingeleitete mutterbodenähnliche Zustand weiterentwickeln, wenn bei Ansaaten infolge des Pflanzenwachstums neue organische Substanz im Boden angereichert wird. Alginure läßt sich mit Saatgut, organischen und anorganischen Düngern mischen.

Das Colloplex-Verfahren kann als selbständiges Verfahren eingesetzt werden. Es ist jedoch wohl in erster Linie als Ergänzung zu Ansaaten in Verbindung mit Bodenersatz gedacht (s. unten). Bei der Anwendung als selbständige Methode wird die Paste Alginure 100-D in Wasser gelöst und nach der Einsaat oder zusammen mit Saatgut und Dünger aufgespritzt. Als Granulat wird Alginure vor der Saat maschinell oder manuell ausgestreut.

Sulfitablauge

Sulfitablauge steht z.Z. in der DDR in Erprobung. Sie ist ein Abzug, der bei der Zellstoffherstellung nach dem Kochen der Rohstoffe anfällt. Sie enthält Lignin, Harze und gelöste Hemizellulosen. In eingedickter Form dient Sulfitablauge als Kleber oder zur Streckung von Leim. Versuche, sie für die Bodenstabilisierung nutzbar zu machen, sind nach *P. Kasten* (1969) noch nicht abgeschlossen. Die Lauge läßt sich gut versprühen und bewirkt eine Vermörtelung, die sich durch Wasser aber schnell wieder löst. Durch Verwendung eingedickter Lauge und Herbeiführung einer Kalkfällung kann die Vermörtelung fixiert werden. Um die Kalkfällung, die beim Erreichen der kritischen Kalkmenge sofort eintritt, außerhalb der Sprühgeräte stattfinden zu lassen, werden die eingedickte Sulfitablauge und Kalziumhydroxyd über getrennte Leitungssysteme gleichzeitig auf die Begrünungsfläche geblasen. Dabei kann das Saatgut der Lauge beigemischt werden.

Anwendungsbereiche

Zuschlagstoff, Verfahren	Vorwiegender Anwendungsbereich
Bitumenemulsion U und H	Zur Versiegelung aller Böden ebener bis geneigter Lage
Bitumenemulsion S	zur Vermörtelung durchlässiger Böden ebener bis geneigter Lage; außerdem zusätzlich bei Ansaaten in Verbindung mit Bodenersatz
Tallölemulsion »Thanner-Emulsion«	zur Vermörtelung durchlässiger Böden ebener bis geneigter Lage
Latex-Bitumenemulsionen »Baumuls«, »Flexobit«	zur Vermörtelung durchlässiger Böden ebener bis geneigter Lage
Kunststoffemulsionen »Curasol AE und AH«	zur Versiegelung schwerer Böden; zur Vermörtelung durchlässiger Böden; ebene bis geneigte Lage; außerdem zusätzlich bei Ansaaten in Verbindung mit Bodenersatz
Kunststoffemulsion »Bodenfestiger hüls 801«	zur Vermörtelung durchlässiger Böden ebener bis geneigter Lage; außerdem zusätzlich bei Ansaaten in Verbindung mit Bodenersatz
Hydrosilikate »Agrosil«	zur Vermörtelung aller Böden ebener bis geneigter, aber weitgehend beruhigter Lage
Natrium-Alginate »Colloplex«, »Alginure«	zur Vermörtelung aller Böden ebener bis geneigter, aber weitgehend beruhigter Lage; außerdem zusätzlich bei Ansaaten in Verbindung mit Bodenersatz
Sulfitablauge	zur Vermörtelung durchlässiger Böden ebener bis geneigter Lage

Literatur
W. Büring (1969); *P. Forster* (1964); *F. Grafmüller* (1969); Informationsmaterial der Firmen: Chemische Werke Hüls, Marl, über Bodenfestiger hüls 801; Farbwerke Hoechst, Frankfurt, über Curasol und Tylose 666; Guano-Werke, Hamburg, über Agrosil; J.T. Tillinghast, Stuttgart-Degerloch, über Alginure; *P. Kasten* (1969); *H. Linke* (1969a u. 1969b); *C. Schnieders* (1970); *W. Strunk* (1969); *F. Wentz* (1969)

Ansaaten in Verbindung mit Bodenersatz

Das Grundprinzip dieser Verfahrensgruppe besteht darin, Saatgut gemeinsam mit Substanzen auf der Baustelle aufzubringen, die als künstliche Bodenschicht wirken und Keimungs- und Wachstumsbedingungen für den Samen schaffen. Da die Zuschlagstoffe gleichzeitig als Mulchschicht wirken, ist nicht immer eine scharfe Trennung dieser Gruppe von den »Ansaaten in Verbindung mit Mulchstoffen« (s. unten) möglich.

Als Bodenersatz werden vor allem Saugstoffe wie Torf, Zellulose, Kunstharzschaum usw. verwendet. Sie bilden die Trägerschicht für das Saatgut und gewährleisten eine befristete Speicherung von Wasser und Nährstoffen. Damit sich das feuchte Gemisch beim Aufspritzen nicht zu einer undurchlässigen Schicht verdichtet, werden Fasertorf, Stroh- oder Holzwollehäcksel zugesetzt. Bindemittel wie Bitumen, Curasol, organische Haftkleber usw. verstärken die selbstklebenden Eigenschaften des Gemisches und verhindern ein Abrutschen auf steilen Hängen. Die anzuspritzenden Gemische müssen relativ große Saatgutmengen enthalten, die etwa bei 40 g/m^2 liegen. Auf diese Weise werden Ausfälle des Saatgutes ausgeglichen, die in erster Linie durch die hohen Drucke der Spritzgeräte (bis zu 16 atü) und dadurch eintreten können, daß Lichtkeimer tief eingebettet werden und Dunkelkeimer an der Oberfläche zu liegen kommen.

Die Begrünungsmaßnahme ist dann erfolgreich, wenn bis zum Abbau der Bodenersatzschicht die ursprüngliche ungünstige Standortqualität soweit verändert wurde, daß sich zwischen der angesiedelten Vegetation und dem Standort ein sich selbst erhaltendes Gleichgewicht eingestellt hat. Dieses ist dann erreicht, wenn der Bestand sich selbständig zu einer natürlichen Gesellschaft weiterentwickelt. Da die Zuschlagstoffe vielseitig kombiniert werden können, ist eine weitgehende Anpassung der Verfahren an unterschiedliche Standorte und Zielsetzungen möglich.

Lebende Baustoffe

Bei allen folgenden Verfahren werden Saatgutmischungen verwendet, die z.Z. überwiegend aus Gräsern bestehen. Ansaatversuche von Gehölzen verlaufen erfolgversprechend.

Bauweisen

Die Technik des Anspritzens ist bei dem größten Teil der nachstehenden Verfahren ähnlich, so daß sie an dieser Stelle gemeinsam für alle behandelt werden kann.

Das Begrünungsgemisch besteht aus einer dickflüssigen Masse (» Pulpe «), die je nach Untergrund und Steilheit der Baustelle in einem oder mehreren Arbeitsgängen mit sehr hohem Druck (z.B. Bitusprit 6 atü, Hygromull 16 atü) aufgespritzt wird. Durch die hohe Geschwindigkeit beim Auftreffen des Gemisches wird eine gute Verzahnung mit dem Untergrund erreicht. Bei felsigem Substrat dringt das Gemisch in Risse und Spalten ein. Aus technischen und finanziellen Gründen bleibt die Begrünungsschicht in der Regel auf 0,5 bis 5 cm begrenzt.

Die für das Verspritzen des Begrünungsgemisches erforderlichen Geräte werden auch als Hydrosägeräte bezeichnet. Sie bestehen im Prinzip aus einem Mischtank mit Rührwerk, das eine Entmischung der Substanzen verhindert, sowie aus einer Dickstoffpumpe und einem Wenderohr, mit dem die Baustellen bestrichen werden können. Die Größe der Aggregate erfordert schwere Fahrzeuge, für die die Baustellen erschlossen sein müssen. Dadurch sind die Einsatzmöglichkeiten eingeschränkt. Vom eingesetzten Druck hängt die Reichweite der Spritzgeräte ab, die im allgemeinen etwa zwischen 20 und 45 m liegt. Mit Verlängerungsschläuchen läßt sie sich erhöhen. Abgesehen vom Hygromullverfahren, das mit außergewöhnlich hohem Druck arbeitet, wird jedoch meistens auf Rohrverlängerungen verzichtet, da Verstopfungsgefahr besteht und das Arbeitstempo verringert werden kann.

Die Verfahren kommen am günstigsten in niederschlagreichen, frostfreien Jahreszeiten zur Ausführung. Trocknet das Gemisch längere Zeit aus, so kann der Erfolg der Begrünung in Frage gestellt sein, da dann die Wiederbenetzbarkeit vieler Zuschlagstoffe erschwert ist. Alle Verfahren lassen das nachträgliche Aufbringen einer Mulchschicht zu, was vor allem dann zweckmäßig ist, wenn das Mikroklima verbessert werden muß.

Curasol-Verfahren
Bei diesem, von den Farbwerken Hoechst entwickelten Verfahren wird ein Gemisch aus Tylose 666, Curasol AE oder AH, Curasol BS, Zellulosefangstoff, Torfmull, Blaukorn, Harnstoff, Wasser und Saatgut aufgespritzt. Tylose 666, Curasol AE, AH und BS wurden unter »Ansaaten in Verbindung mit Bodenstabilisatoren« beschrieben. Zellulosefangstoff ist ein Abfallprodukt der Papierindustrie, das Zellulosebestandteile enthält. Er verfügt über eine gute Sorptionskapazität, haftet selbständig und ist Nährboden für Mikroorganismen.

Brecht-Verfahren
Das Brecht-Verfahren ist ein erweitertes Colloplex-Verfahren (s. oben). Die Pulpe besteht aus grobem Fasertorf, organischem und mineralischem Dünger, Natrium-Alginat, Bitumen S, Wasser und Saatgut. (Natrium-Alginat, Bitumen S: s. oben.)

Schwab-Begrünung
Die Firma INDUSTRA GmbH, Schwabshof, bietet ein Ansaatverfahren an, das in fünf Varianten unter den Bezeichnungen »001-Standard«, »002-Spezial«, »003-Mulch«, »004-Solo« und »005-Steril« der Standortqualität entsprechend eingesetzt werden kann (s. »Anwendungsbereiche«). Die Begrünungsmasse enthält Naturerden, Kompost, Weißtorf, organische und anorganische Volldünger, organische SGD-Haftkleber, Stroh- oder Holzwollehäcksel, Wasser und Saatgut. Bei Bedarf werden außerdem Bakterienimpfstoffe zugesetzt. Im Gegensatz zu der eingangs beschriebenen Weise wird die Masse nicht nur in einem, sondern auch in drei bis fünf Arbeitsgängen aufgebracht. Mehrere Arbeitsgänge ergeben sich daraus, daß drei Gemische (»Nährboden«, »Nährboden + Saatgut« und »Stroh-Holzwollehäcksel«) getrennt in unterschiedlicher Reihenfolge aufgetragen werden können.

Defra-Verfahren
Zuschlagstoffe sind Naturerden, Kompost, Torf, organische und anorganische Dünger, Kleber, Häckselgut, Alginate, Impf- und Wuchsstoffe sowie Wasser.

Die der Schwab-Begrünung ähnlichen Zuschlagstoffe lassen den Schluß zu, daß das Defra-Verfahren nicht stark von der Schwab-Begrünung abweicht.

Hygromull-Verfahren [Abb. 105–108]
Hygromull ist ein Harnstoff-Formaldehydharz-Kunstschaum, der aus einem flüssigen Schaumharz und einem flüssigen Schaummittel aufgeschäumt wird. Bei der Erhärtung wird Formaldehyd frei. In fester Form weist Hygromull etwa 60 bis 70% offene und 30 bis 40% geschlossene Zellen auf. Die Wasserkapazität beträgt ca. 50 Vol.-%. Der pH-Wert liegt zwischen 3,0 und 3,5. Hygromull besteht fast zu 33% aus Kohlenstoff. Auf das trockene Material bezogen, enthält es an Nährstoffen: 30,5% N, 0,37% P_2O_5, 0,0016% K_2O, 0,004% MgO sowie eine Reihe Spurenelemente. Vom Stickstoff sind 0,25% sofort pflanzenverfügbar. Durch Zersetzung werden pro Vegetationsperiode weitere 3 bis 5% frei.

Zur Herstellung des Begrünungsgemisches wird Hygromull auf der Baustelle in Blockform aufgeschäumt. Nach einer Aushärtungszeit von einem Tag wird das Blockmaterial in einer Maschine zu 3 bis 15 mm großen Flocken zerrissen und mit Wasser gemischt. Dieser »Maische« werden Dünger und Saatgut zugesetzt. Der Brei wird dann direkt von der Maschine, in unwegsamem Gelände über Schlauchleitungen gepumpt, auf die Fläche gespritzt.

KL-Verfahren
Das Verfahren wurde in der DDR entwickelt. Hierbei wird ein Gemisch von Klärschlamm, der mit Sand gemagert ist, Dünger, Wasser und Saatgut von Güllewagen über Ausleger auf die zu begrünende Fläche gesprengt.

Heide-Verfahren
Auch dieses Verfahren stammt aus der DDR. Ein aus Humus oder Torf, Dünger und Saatgut bestehendes Gemisch wird trocken mittels Düngerstreuer in einer 3 bis 5 cm starken Schicht aufgebracht. Eine nach dem Ausstreuen aufgesprühte Bitumenemulsion S verklebt die Masse.

S 48-Verfahren
Bei diesem skandinavischen Verfahren werden als Zuschlagstoffe Curasol AE oder AH, Torf, Zellulose, Dünger und Wasser verwendet. Es ist bis jetzt in der BRD nur wenig eingeführt.

105 Hygromull-Begrünungsverfahren. Zerreißen des aufgeschäumten Hygromullblockes in Flocken.

106 Hygromull-Begrünungsverfahren. Transport des Begrünungsgemisches zur Baustelle.

107 Hygromull-Begrünungsverfahren. Aufspritzen des Begrünungsgemisches.

108 Hygromull-Begrünungsverfahren. Aufgebrachtes Begrünungsgemisch.

Bitusprit-Verfahren

Das von *J. Schad* (1960 u. 1962) entwickelte Verfahren hat in den letzten Jahren sehr an Bedeutung verloren, so daß hier nicht darauf eingegangen werden soll.

Plastoponik-Verfahren

Es ist ein Vorgänger des Hygromull-Verfahrens und arbeitete auch mit Harnstoff-Formaldehydharz-Kunstschaum.

Anwendungsbereiche

Der Anwendungsbereich für Ansaaten in Verbindung mit Bodenersatz ergibt sich aus der allgemeinen Wirkungsweise der Zuschlagstoffe. Während bei Ansaaten in Verbindung mit Bodenstabilisatoren der Einsatzschwerpunkt auf erosionsgefährdeten, jedoch nicht unbedingt pflanzenfeindlichen Substraten liegt, eignen sich Ansaaten in Verbindung mit Bodenersatz besonders für Baustellen, deren Begrünung wegen fehlenden Feinmaterials schwierig oder unmöglich ist, wie z. B. für feinbodenarme Gesteinsschuttflächen, Felsanschnitte mit rauher Oberfläche usw.

Verfahren	Vorwiegender Anwendungsbereich
Curasol-Verfahren	Feinmaterialhaltige Rohböden ebener bis geneigter Lage
Brecht-Verfahren	feinmaterialhaltige Roh- und Schotterböden ebener bis geneigter Lage
Schwab-Begrünung:	
001-Standard	sterile Geröll- und Felsböschungen, jedoch kein Konglomerat, Neigung bis 1:0,6
002-Spezial	sterile Geröll-, Fels- und Kiesböschungen, Neigung bis 1:1
003-Mulch	sterile ebene und geneigte Flächen bis zu einer Korngröße von ca. 30 mm, Neigung bis 1:1,25
004-Solo	sterile Böschungen mit z. T. sandigen Beimengungen, jedoch kein körniger Kies ohne Zusatz von bindigem Boden, Neigung bis 1:1,25
005-Steril	sterile Flächen, wie Ödland usw., ebener Lage
Defra-Verfahren	offenbar ähnlich wie Schwab-Begrünung
Hygromull-Verfahren	sterile Sandböden und feinmaterialhaltige Geröll- und Schotterböden ebener bis geneigter Lage, klüftiger feinerdehaltiger Fels, Mülldeponien
Kl-Verfahren	sterile Sandböden und feinmaterialarme Schotterböden ebener bis schwach geneigter Lage
Heide-Verfahren	toxische Böden ebener bis mäßig geneigter Lage

Literatur

H. Baumann (1967); *M. Fischer* (1966); *F. Grafmüller* (1969); Informationsmaterial der Firmen: BASF, Ludwigshafen, über Hygromull; Farbwerke Hoechst, Frankfurt, über Curasol; INDUSTRA, Schwabshof, Kaiserslautern-Land, über Schwab-Begrünung; *P. Kasten* (1969); *H. Linke* (1969b); *H. Prün* (1969); *G. Sauer* (1968); *J. Schad* (1960 u. 1962); *C. Schnieders* (1970); *P. Weisser* (1969)

Ansaaten in Verbindung mit Mulchstoffen

Unter »Mulchen« wird hier das Bedecken der Bodenoberfläche mit abbaubaren organischen Stoffen zum Zwecke der Förderung des Pflanzenwachstums verstanden. Eine Mulchschicht schafft für das Saatgut in erster Linie die folgenden günstigen Keim- und Wachstumsbedingungen:

a Das Mikroklima wird verbessert, indem insbesondere Windgeschwindigkeit und Temperaturextreme gemindert werden, und die Luftfeuchtigkeit erhöht wird.
b Die Bodeneigenschaften werden verbessert. Durch Herabsetzung der Evaporation erfolgt eine Verbesserung des Boden-Wasserhaushaltes, so daß in vielen Fällen Wassermangel vermieden wird. Die beim Abbau der Mulchschicht entstehenden Humusstoffe bewirken im Boden eine Steigerung der Sorptions- und Austauschkapazität sowie des Wasserhaltevermögens und außerdem eine Intensivierung des Bodenlebens.
c Saatgut und Boden werden vor Denudation und Deflation geschützt.

Da ein Mulchen diese günstigen Wirkungen in der Regel auf allen durch Saat zu begrünenden Baustellen zur Folge hat, ist der Anwendungsbereich der Ansaaten in Verbindung mit Mulch sehr weit. Die diesbezüglichen Verfahren können selbständig, aber auch zusammen mit Ansaaten in Verbindung mit Bodenstabilisatoren und mit Ansaaten in Verbindung mit Bodenersatz durchgeführt werden.

Lebende Baustoffe

Saatgutmischungen standortgerechter Wiesengesellschaften und Leguminosen.

Bauweisen

Zu dieser Verfahrensgruppe gehören auch die Strohdecksaat (Schiechteln) und streng genommen auch die Saatgutmatten. Da deren Anwendungsbereich aber fast ausschließlich an Hängen und Gewässerböschungen liegt, wurden sie unter den Abschnitten 2.2.2 und 4.1.2 beschrieben.

Finn-Verfahren
Mit einer Sämaschine (Hydro-Seeder) wird ein Gemisch aus Mineraldünger, Wasser und Saatgut auf die Begrünungsfläche gespritzt. In einem zweiten Arbeitsgang zerkleinert ein Mulchgerät (Mulch-Spreader) auf einem Anhänger mitgeführtes Stroh und bläst es auf die angesäte Fläche. Hierbei wird das gehäckselte Stroh beim Verlassen des Blasrohres mit Bitumen U übersprüht. Die Mulchschicht ist 5 bis 7 cm stark. Bei Wind kann die Verteilung des Strohs auf Schwierigkeiten stoßen.

Dem Gemisch aus Dünger, Saatgut und Wasser können außerdem Torf, Humus oder Zellulose zugesetzt werden. Diese Variante ist den Ansaaten in Verbindung mit Bodenersatz zuzuordnen.

Anwendungsbereich
Das Finn-Verfahren eignet sich in erster Linie für die Begrünung steriler Sandböden und feinmaterialarmer Schotter- und Geröllböden ebener bis geneigter Lage sowie für die Ansaat an klüftigen feinmaterialhaltigen Felsböschungen.

Literatur
E. Hüniken (1964); *C. Schnieders* (1970)

5.2 Maßnahmen auf landwirtschaftlichen Nutzflächen zum Schutz vor Windeinwirkungen

5.2.1 Allgemeines

Windschutzpflanzungen werden vor allem auf gartenbaulichen und landwirtschaftlichen Flächen angelegt, bei landwirtschaftlicher Nutzung sowohl auf Acker- als auch auf Grünland. In geringerem Umfange werden sie auch an Siedlungen und Verkehrswegen errichtet.

Wirkungsweise
Über die Wirkungsweise von Windschutzpflanzungen hat *W. Kreutz* eingehend gearbeitet. Er beschreibt sie wie folgt zusammenfassend:

»Der Wind als bewegte Luft setzt sich aus auf- und absteigenden Luftschichten zusammen, die zu einer Richtung geordnet auf das Windschutzhindernis einen Druck ausüben, wobei der Wind an Bewegungsenergie und somit an Geschwindigkeit in Bodennähe einbüßt. Gleichzeitig wird Bewegungsenergie zwischen der geschwächten bodennahen Luftschicht und der darüberstreichenden ungebremsten ausgetauscht, wodurch die unteren Schichten wieder mit Energie versorgt werden, was aber nicht bis in Bodennähe ausreicht. Durch diesen Vorgang geht der angehobene Wind unter Zunahme seiner Geschwindigkeit mehr als sanfte Strömung über das Hindernis hinweg. Die unteren Luftschichten verlieren beim Durchqueren des Hindernisses nochmals an Energie, die Windgeschwindigkeit wird weiter gebremst. Die über das Hindernis geführte Strömung ist bestrebt, wieder abzusinken, bis dann in einer gewissen Entfernung nach dem Hindernis mit der bodenwärts gerichteten Strömung und dem stärker werdenden Austausch die Verhältnisse des nicht geschützten Feldes vorherrschen. Die das Hindernis durchdringende gebremste Strömung bewegt sich im Nachlauf gleich einem Luftpolster weiter und hält die von der Hindernishöhe absinkende Strömung noch etwas zurück. Hierauf beruht die größere Reichweite des Schutzes einer durchlässigen Anlage im Gegensatz zu einem dichten, für den Wind undurchdringbaren Hindernis« (*W. Kreutz*, 1968). Nach *H. Blenk* u. *H. Trienes* (1956) wird bei einer Durchlässigkeit der Windhindernisse von 40 bis 50% die optimale Windschutzwirkung erreicht. Untersuchungen von *W. Nägeli* (1943 u. 1946) werden damit bestätigt. Aus Abb. 109 ist ebenfalls ersichtlich, daß der Streifen von »mittlerer Dichte« (Durchlässigkeit 40 bis 50%) den günstigsten Effekt ausübt.

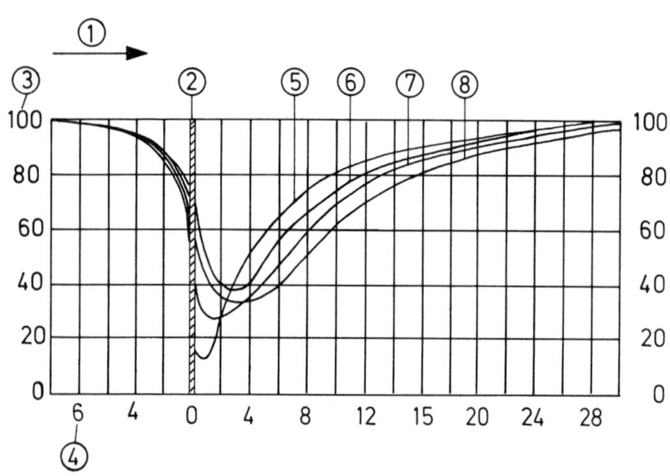

109 Prozentuale Windgeschwindigkeit bei unterschiedlicher Durchlässigkeit der Schutzstreifen (*W. Nägeli*, 1943 u. 1946). 1 = Windrichtung, 2 = Schutzstreifen, 3 = Prozent der Freilandgeschwindigkeit, 4 = Entfernung vom Schutzstreifen in Vielfachen seiner Höhe, 5 = sehr dichte Streifen, 6 = lockere Streifen, 7 = dichte Streifen, 8 = Streifen mittlerer Durchlässigkeit.

Die Reichweite des Schutzes ist im allgemeinen etwa proportional der Höhe der Pflanzungen (h) und der Windgeschwindigkeit. In Luv ist mit einer Reichweite der Schutzwirkung von 3 h und in Lee mit einer von 20 h zu rechnen, wenn eine Windschwächung von mindestens 10% zugrunde gelegt wird (*W. Kreutz*, 1968; *R. Geiger*, 1961).

Aus der Veränderung des Windfeldes und der Schwächung des Windes durch Schutzpflanzungen ergeben sich eine Reihe günstiger Sekundärwirkungen, die sich vor allem auf Boden, Kleinklima und Vegetation erstrecken (*W. Kreutz*, 1968):

a Wirkungen auf den Boden
Auf leichten Böden wird die Deflation verhindert.
Die Verdunstungsgeschwindigkeit des Bodenwassers wird herabgesetzt. Dies hat eine langsamere Verkrustung und Verhärtung der Bodenoberfläche zur Folge.
Die Bodentemperaturen werden zumindest in einer Tiefe bis zu 10 cm erhöht.

b Wirkungen auf das Kleinklima
Innerhalb geschlossener Windschutzsysteme wird oft die Temperatur der bodennahen Luft erhöht.
Im ebenen Gelände kann infolge der durch Horizontalabschirmung verringerten Ausstrahlung in windstillen Nächten die Frostgefahr gemindert werden. Im geneigten Gelände kann sie allerdings dadurch erhöht werden, daß bei ungenügender Durchlässigkeit sich Kaltluft ansammelt und nicht abfließen kann.
Der Taufall wird gesteigert.
In sehr geringem Umfange kann eine Zunahme der Niederschläge herbeigeführt werden.

c Wirkungen auf die Vegetation an geeigneten Standorten
Gartenbauliche und landwirtschaftliche Erträge werden gesichert und gesteigert.
Die Reife wird beschleunigt.
Wahrscheinlich wird auch die Qualität einer Reihe Feldfrüchte verbessert.

Bestandsziel
Da Schutzpflanzungen ihre optimale Wirkung bei einer Durchblasbarkeit von 40 bis 50% ausüben, sind Laubgehölze mit ihrer im

Vergleich zu Nadelgehölzen geringeren Dichte als lebende Baustoffe am geeignetsten. In der Regel sind Pflanzungen anzustreben, die aus Holzarten der an der Baustelle derzeitig möglichen höchstentwickelten natürlichen Waldgesellschaft (heutige potentiell natürliche Vegetation) zusammengesetzt sind. Anhaltspunkte hierfür mögen das Schema von *H. Ellenberg* über die Verbände bzw. Unterverbände mitteleuropäischer Waldgesellschaften [Abb. 74] und die Gehölzzusammenstellungen in Abschn. 7 geben. Dieses Bestandsziel kann allerdings nicht immer erreicht werden, da oft teilweise oder ausschließlich auf Gastholzarten zurückgegriffen werden muß. So kann z. B. bei Windschutzpflanzungen auf Ackerflächen in NW-Deutschland mit der heutigen potentiell natürlichen Vegetation Stieleichen-Birkenwald die notwendige, sich von der Krone bis zum Fuß erstreckende gleichmäßige Dichte nicht vollständig mit den Holzarten des Stieleichen-Birkenwaldes erreicht werden. Da Sträucher fehlen, die der Pflanzung in ihrem unteren Bereich eine ausreichende Dichte geben, kann dieses Ziel nur durch Hinzunahme von Gaststraucharten verwirklicht werden. Außerdem kann es vorkommen, daß schnelle, aber nur vorübergehende Windschutzwirkungen zu erzielen sind. In derartigen Fällen ist es zweckmäßig, die Pflanzungen ausschließlich aus schnellwüchsigen Arten wie z. B. Erlen, Weiden und Pappeln aufzubauen. Diese Gehölze sind an den für die Anlage solcher Pflanzungen in Frage kommenden Baustellen meist nicht standorteigen, sondern Gastholzarten.

Vorarbeiten

Die für die Anlage von Windschutzpflanzungen bereitgestellten Bodenstreifen werden in der Regel durch Pflügen oder Fräsen vorbereitet. Ungünstige Standorte sind durch organische oder anorganische Düngung zu verbessern. Können im Frühjahr ausgewiesene Streifen aus irgendwelchen Gründen erst im Herbst bepflanzt werden, so ist eine Gründüngung mit ein- bis zweijährigen Leguminosen zu empfehlen (Abschn. 5.1.2), sofern der Arbeitsaufwand tragbar ist.

5.2.2 Lebendbaumaßnahmen

Aufbau von Windschutzpflanzungen

Lebende Baustoffe

Pflanzen standortgerechter Holzarten (Abschn. 7).

Bauweise

In erster Linie werden die Gehölze durch Lochpflanzung eingebracht, die unter »Pflanzung« in Abschn. 4.1.2 beschrieben wurde.

Die Ansichten über die optimale Breite der Pflanzungen schwanken zwischen der Bevorzugung einreihiger Pflanzungen und Vorschlägen für bis zu 30 m breite Waldstreifen. Aus Gründen der Landersparnis haben sich in der Praxis vor allem drei- bis fünfreihige Windschutzpflanzungen durchgesetzt. Ihr Aufbau kann, wie in den Abb. 110 u. 111 dargestellt, vorgenommen werden. Die Bäume 1. und 2. Größe werden in Abständen von etwa 10 bis 15 m in die Mittelreihe gepflanzt. In den verbleibenden Lücken dieser Reihe und bei fünfreihigen Pflanzungen außerdem in den anderen inneren Reihen werden vorwiegend höhere Sträucher angesiedelt. Die beiden Außenreihen sind in erster Linie niedrigen, dichtwüchsigen Sträuchern vorzubehalten. Bei einer derartigen Kombination der Gehölze ist eine von der Krone bis zum Fuß der Pflanzungen gleichmäßig dichte, jedoch ungefähr 40 bis 50% durchblasbare Struktur der Schutzpflanzungen zu erwarten. Durch Einbringen von Pflegeholzarten, wie vor allem der schnellwüchsigen und stickstoffsammelnden Roterle, wird versucht, in den ersten Jahren das Wachstum der übrigen Gehölze zu beschleunigen und frühzeitig eine geschlossene und genügend hohe Windschutzpflanzung zu erzielen. Sie können schräg in der Pflanzung [Abb. 111] oder, wenn ausreichend Land zur Verfügung steht, parallel zu ihr in besonderen, ausschließlich aus Pflegeholzarten bestehenden Reihen angeordnet werden. Ihr Anteil beträgt im Mittel rd. 20 bis 33%.

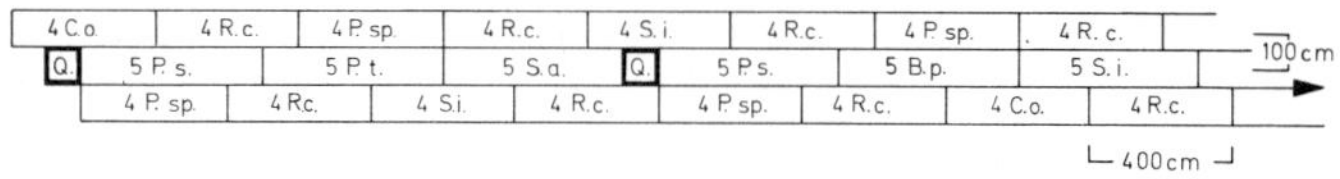

110 Beispiel einer dreireihigen Windschutzpflanzung im nordwestdeutschen Diluvialgebiet. Bodenart: Diluviale schwach anlehmige Mittel- und Grobsande; Bodentyp: Podsolige Braunerde. Bäume 1. Größe: Q. = Quercus robur als Heister gepflanzt; Bäume 2. Größe: B.p. = Betula pendula, P.t. = Populus tremula; Sträucher: S.a. = Sorbus aucuparia; Gaststraucharten: C.o. = Crataegus oxyacantha, P.s. = Prunus serotina, P.sp. = Prunus spinosa, R.c. = Rosa canina, S.i. = Sorbus intermedia.

Es kann zwischen etwa senkrecht zur Hauptwindrichtung verlaufenden höheren Hauptschutzpflanzungen und den dazu rechtwinklig ausgerichteten niedrigeren Nebenschutzpflanzungen unterschieden werden (s. unten).

Im Gegensatz zu Hauptschutzpflanzungen sind in Nebenschutzpflanzungen Bäume 1. Größe gar nicht oder sehr sparsam zu verwenden, um den Schattenwurf auf ihrer Nordseite kurz zu halten.

In drei- bis fünfreihigen Pflanzungen hat es sich bewährt, die verschiedenen Holzarten in Trupps zu etwa 4 bis 8 Pflanzen pro Holzart einzubringen. Eine Einzelmischung hat den Nachteil, daß schwachwüchsige Gehölze durch benachbarte starkwüchsige unterdrückt werden können. Bei Ansiedlung zu großer Pflanzengruppen einer Art, wie z. B. von 15 bis 20 Pflanzen, besteht Gefahr, daß bei Ausfällen infolge falscher Artenwahl oder vorübergehend auftretender ungünstiger Standortbedingungen zu große Lücken und somit Winddüsen entstehen.

Je ungünstiger die Standortqualität der Baustelle ist, desto enger sind die Pflanzabstände zu wählen. Im allgemeinen betragen sie in der Reihe 50 bis 100 cm und zwischen den Reihen 80 bis 120 cm. Reihenabstände unter 80 cm erschweren eine maschinelle Pflege. Die Gehölze werden in der Regel in den Größen 50/80 bis 65/100 cm

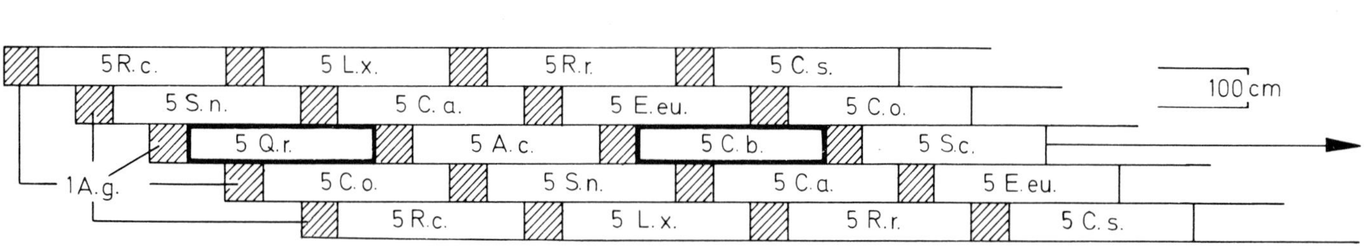

111 Beispiel einer fünfreihigen Schutzpflanzung in der ehemaligen Aue des Illertales. Bodenart: Etwa 50 cm Auemergel über alluvialen und diluvialen Kalkschottern; Bodentyp: Pararendzina. Bäume 1. Größe: Q.r. = Quercus robur; Bäume 2. Größe: C.b. = Carpinus betulus; Sträucher: A.c. = Acer campestre, C.a. = Corylus avellana, C.o. = Crataegus oxyacantha, C.s. = Cornus sanguinea, E.eu. = Evonymus europaeus, L.x. = Lonicera xylosteum, R.c. = Rosa canina, R.r. = Rosa rubiginosa, S.c. = Salix caprea, S.n. = Sambucus nigra; Pflegeholzart: A.g. = Alnus glutinosa.

gepflanzt. Bäume 1. Größe können auch als Heister, am besten in den Größen 100/125 bis 125/150 cm eingebracht werden. In diesem Falle genügt es, an Stelle mehrerer Jungpflanzen einen Heister zu verwenden [Abb. 110].

Nach der Pflanzung hat sich ein Mulchen des Bodens mit Stroh, Grasmahd, Laub usw. als günstig erwiesen. Hierdurch werden vor allem der Unkrautwuchs eingedämmt, der Wasserhaushalt verbessert und Bodengare erzielt. Zum Schutz gegen Vieh- und Wildverbiß sind die neuerstellten Pflanzungen einzuzäunen. Die hierfür erforderlichen Mehraufwendungen werden in vielen Fällen durch geringere Nachbesserungskosten ausgeglichen. Vor allem in den ersten Jahren ist eine sorgfältige Pflege notwendig. Sie erstreckt sich besonders auf Bodenbearbeitung, Unkrautbekämpfung sowie auf Nachpflanzen und Auslichten. Um keine Konkurrenzwirkung aufkommen zu lassen, ist eine rechtzeitige Unterdrückung zu stark wachsender Pflegeholzarten wichtig.

Die beste Schutzwirkung wird durch ein System von Pflanzungen erzielt, das zu einer Kammerung der zu schützenden Flächen führt. Unter Zugrundelegung der luvseitigen Schutzwirkung von 3 h und der leeseitigen von 20 h sowie einer durchschnittlichen Höhe der Pflanzungen von 15 bis 25 m ergeben sich als günstige Schutzpflanzungsabstände Entfernungen von etwa 350 bis 600 m. Dabei sind, wie angedeutet, die Hauptschutzpflanzungen möglichst senkrecht zur Hauptwindrichtung, also in der BRD vorwiegend in Nord-Südrichtung, und die Nebenschutzpflanzungen rechtwinklig dazu anzulegen. Zur Erleichterung der Bewirtschaftung der landwirtschaftlichen Nutzfläche sind die Pflanzungen an Straßen, Wirtschaftswegen, Wasserläufen usw. einseitig anzulehnen. Nebenschutzpflanzungen sind auf der Südseite von Wegen, Straßen usw. zu erstellen, damit die Beschattung der Nutzfläche so gering wie möglich gehalten wird.

Anwendungsbereich

Windschutzpflanzungen sind einmal auf allen deflationsgefährdeten Standorten nötig und zum anderen dort, wo die natürliche Wasserversorgung für einen optimalen Pflanzenertrag nicht ausreicht, bzw. durch Dürre- und Trockenheitsperioden Ertragsminderungen und -ausfall drohen.

Bodenverhältnisse	Beispiel	Ausschlaggebende Wirkungen	Besonders günstig in Verbindung mit
Tonmineralarme Sandböden. Ackerzahlen bis etwa 30. Braunerden verschiedener Entwicklungsstufen, Podsole	Nordwestdeutsches Diluvialgebiet (u.a. Lüneburger Heide)	Herabsetzung der Deflation. Verbesserung des Wasserhaushaltes	Beregnung
Entwässerte Moorböden (Hochmoor, Niedermoor)	Emsland Donauried	Herabsetzung der Deflation. Verbesserung des Wasserhaushaltes	Beregnung
Schotterböden ehemaliger Auen mit geringmächtiger Auelehm-, bzw. Auemergeldecke. Grundwasserspiegel durch Flußkorrektion gesenkt. U.a. Pararendzinen	Täler korrigierter Voralpenflüsse (u.a. Unteres Illertal)	Verbesserung des Wasserhaushaltes	Beregnung, Hebung des Grundwasserspiegels durch Staustufen
Flachgründige, durchlässige, windexponierte Mittelgebirgsböden. Rendzinen, Ranker	U.a. Hochflächen der Schwäbischen Alb	Verbesserung des Wasser- und Temperaturhaushaltes	

Im Gegensatz hierzu gibt es eine größere Anzahl nicht deflationsgefährdeter Standorte mit ausreichender oder übermäßiger Wasserversorgung. Hier sind Windschutzpflanzungen nachteilig, da sie das Abtrocknen der Böden, die Bestellung im Frühjahr und die Reife verzögern würden. Fragwürdig können Windschutzpflanzungen auch auf Moorböden mit starker örtlicher Kaltluftbildung sein, da sie hier den Abfluß der Kaltluft bzw. ihre Durchmischung mit höheren wärmeren Luftschichten verhindern können.

Zwischen diesen beiden Extremen liegt eine Reihe »mittlerer« landwirtschaftlicher Nutzflächen, bei denen über die Notwendigkeit von Windschutzpflanzungen Untersuchungen angestellt werden müssen bzw. von Fall zu Fall entschieden werden muß.

In der Übersicht sind Standorte aufgeführt, an denen Schutzpflanzungen zur Sicherung und Steigerung der Erträge in der Regel erforderlich sind (*U. Schlüter*, 1969 a).

Literatur

H. Blenk u. *H. Trienes* (1956); *G. Darmer* (1957); *R. Geiger* (1961); *K. Illner* u. *K.D. Gandert* (1956); *W. Kreutz* (1968); *W. Nägeli* (1943 u. 1946); *A. Olbrich* (1949); *W. Pflug* (1959); *U. Schlüter* (1969 a)

5.3 Maßnahmen auf landwirtschaftlichen Nutzflächen zum Schutz vor Wassererosion

5.3.1 Allgemeines

Die Anlage von Erosionsschutzpflanzungen ist nur eine Maßnahme unter einer Reihe anderer erosionsverhütender Eingriffe und nur im Zusammenhang mit diesen zweckmäßig.

Neben dem Lebendbau sind es vor allem ackerbauliche Maßnahmen wie Anpassung der Ackerflächen an die Höhenlinien, höhenlinienparalleles Pflügen, Verbesserung des Humusgehaltes, Anbau bodenschützender Kulturen, Zwischenfruchtanbau, Streifenanbau sowie kulturtechnische Arbeiten wie Bau von Flach- und Wallterrassen, Beseitigung von Verdichtungen im Untergrund und in schweren, undurchlässigen Böden die Anlage von Dränungen.

Wirkungsweise

Die erosionsmindernde Wirkung von Erosionsschutzpflanzungen beruht vor allem darauf, daß sie

a die die Denudation beeinflussenden Gefällestrecken (s. unten) unterbrechen und verkürzen;
b abgetragenen Boden auffangen und dadurch eine gewisse Abflachung des geneigten Geländes in Richtung eines konkaven, abgetreppten Profiles bewirken.

Bestandsziel

Wie bei Windschutzpflanzungen (Abschn. 5.2.1) ist das Bestandsziel eine Kombination von Holzarten der derzeitig möglichen höchstentwickelten natürlichen Waldgesellschaften. Ggf. sind ebenfalls wie bei Windschutzpflanzungen zusätzlich Gastholzarten einzubringen. Da der Erosionsschutz in Nähe der Bodenoberfläche ausgeübt wird, ist jedoch im Gegensatz zu Windschutzpflanzungen die Verwendung von Bäumen nicht erforderlich, sondern die Pflanzungen können ausschließlich aus genügend dichten, niedrigen und halbhohen Sträuchern aufgebaut werden.

Vorarbeiten

Die Vorarbeiten zur Anlage von Erosionsschutzpflanzungen bestehen im wesentlichen aus dem Wegebau, dem Ausheben von Fangmulden und dem Aufwerfen von Wallterrassen (s. unten).

5.3.2 Lebendbaumaßnahmen

Aufbau von Erosionsschutzpflanzungen

Lebende Baustoffe

Pflanzen standortgerechter Straucharten (Abschn. 7).

Bauweise

Auch Erosionsschutzpflanzungen werden überwiegend durch Lochpflanzung begründet (Abschn. 4.1.2). Sie sind meist zwei- oder dreireihig. Wie bei der Anlage von Windschutzpflanzungen werden die Gehölze truppweise zu je 4 bis 8 Pflanzen einer Art gepflanzt. Pflanzabstände und Pflanzengrößen sind ebenfalls wie unter »Windschutzpflanzungen« beschrieben zu wählen [Abb. 112]. Am besten sind die Pflanzungen in Verbindung mit sog. Gürtelwegen aufzubauen, die parallel oder mit leichtem Gefälle zu den Höhenlinien verlaufen. Die Gürtelwege werden mit schwachem Gefälle zum Hang hin angelegt. Hangseitige, mit Fertigrasen belegte Fangmulden (Abschn. 4.2.2) sammeln das auf den Wegen anfallende Wasser und leiten es ab. Oberhalb der Wege sind ebenfalls Fangmulden zu bauen, deren Aushub für das Aufwerfen von etwa 150 bis 250 cm breiten Wallterrassen benutzt wird. Auf diesen Wallterrassen werden anschließend die Erosionsschutzpflanzungen erstellt [Abb. 113 A].

Sofern die Pflanzungen nicht an Gürtelwege angelehnt werden können, sind sie bei Hangneigungen unter 12% auf Flachterrassen [Abb. 113 B] und bei Neigungen über 12% auf Wallterrassen anzulegen [Abb. 113 C]. Die Abstände der Wege bzw. der Pflanzungen sollten bei 10% Hangneigung zwischen 250 und 300 m und bei einem Gefälle von 20% zwischen 125 und 150 m liegen.

Anwendungsbereich

Erosionsschutzpflanzungen werden in erster Linie auf geneigten Ackerflächen angelegt. Infolge der vielen die Denudation verursachenden Faktoren und der großen Zahl der aus ihrer Kombination abzuleitenden Möglichkeiten einer stärkeren oder schwächeren Erosionsgefährdung können an dieser Stelle keine allgemeingültigen Aussagen über die Standorte gemacht werden, die Erosionsschutzpflanzungen benötigen.

Anhaltspunkte mögen die folgenden Faktoren geben, die in erster Linie die Denudation beeinflussen:

Im allgemeinen ist die Denudation um so stärker,

je größer Menge und Intensität der Niederschläge sind;

je stärker das Gelände geneigt ist;

je länger die Gefällestrecke ist, auf der das Oberflächenwasser abfließt;

je weniger ausgeprägt die Krümelstruktur des Bodens ist.

Hinsichtlich der Bodennutzung steigt die Erosionsgefährdung der Flächen wie folgt: Wald < Wiese < Weide < Getreide < Hackfrucht < vegetationsloser Boden.

Die Denudationsgefährdung ist außerdem stark von der Bodenart und dem Ausgangsgestein abhängig. *G. Richter* (1965) arbeitete in dieser Hinsicht vier Gefährdungsstufen aus:

a Böden mit geringer Anfälligkeit
  Skelettreiche Lehme bis tonige Lehme auf karbonatischem Ausgangsgestein; sehr skelettreiche grusige lehmige bis anlehmige Sande auf Trachyttuffen.

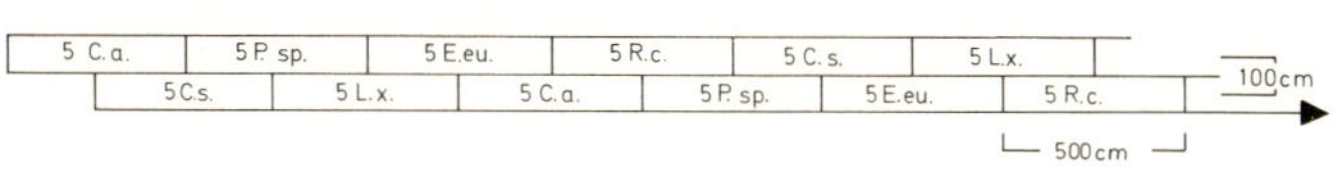

112 Beispiel einer zweireihigen Erosionsschutzpflanzung im nordwestdeutschen Bördegebiet. Bodenart: schluffig/lehmiger Lößlehm; Bodentyp: Parabraunerde. Sträucher: C.a. = Corylus avellana, C.s. = Cornus sanguinea, E.eu. = Evonymus europaeus, L.x. = Lonicera xylosteum, P.sp. = Prunus spinosa, R.c. = Rosa canina.

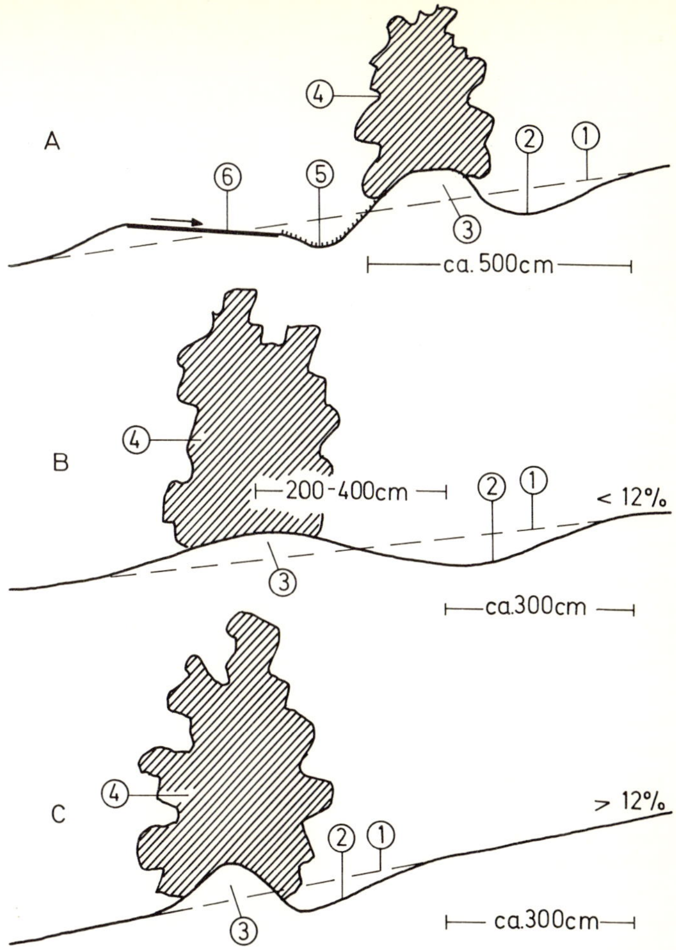

113 Anlage von Erosionsschutzpflanzungen (in Anlehnung an *K. Buchwald*, 1969 b). 1 = Ursprüngliche Geländeoberfläche, 2 = Mulde, 3 = Erdwall, 4 = Erosionsschutzpflanzung, 5 = Fangmulde mit Rasendecke, 6 = Gürtelweg.

b Böden mit mäßiger Anfälligkeit
  Skelettarme Lehme bis tonige Lehme und Tone auf silikatischem Ausgangsgestein; skelettarme lehmige Sande bis Sande auf Geschiebesanden und Terrassenabsätzen, auch auf Quarziten und quarzitischen Sandsteinen, dann skelettreicher; skelettreiche schluffige und sandige Lehme bis Lehme auf basischen, intermediären und sauren Magmagesteinen, Tonschiefern, Grauwacken, Phylliten und kristallinen Schiefern.

c Böden mit erhöhter Anfälligkeit
  Skelettarme schluffige und sandige Lehme bis Lehme auf Sandstein, z. T. mit Lößbeimengung, auf Schottern, Terrassenabsätzen, Geschiebemergel, Geschiebelehm, tonigem Sandstein, Basalt- und Kalkstein-Verwitterungslehm mit Lößbeimengungen.

d Böden mit starker Anfälligkeit
  Skelettarme Schluffe bis schluffige Lehme auf Löß und Böden mit starker Lößbeimengung.

Weitere Anhaltspunkte gibt die »Karte der mittleren Bodenerosionsgefährdung« (*G. Richter*, 1965).

Literatur

K. Buchwald (1969 b); *G. Richter* (1965)

Weitere, in diesem Abschnitt nicht behandelte Lebendbaumaßnahmen

Zur Minderung der Wassererosion eignen sich außerdem Fang- und Ableitungsmulden mit Rasendecke bzw. mit Pflasterrasen, auch wenn in Verbindung mit ihnen keine Erosionsschutzpflanzungen angelegt werden (Abschn. 4.2.2).

6 Lebendbau an Verkehrswegen und Siedlungen

Hierunter sind strenggenommen alle Begrünungsmaßnahmen zu verstehen, die an Straßen, Eisenbahnen, Industrieanlagen, Wohngebieten u.dgl. vorgenommen werden und der Erhöhung der Verkehrssicherheit sowie der direkten Verbesserung der menschlichen Lebensbedingungen dienen. Die diesbezüglichen Lebendbauobjekte (z.B. flächige, streifenförmige, punktförmige Gehölzbestände, Wiesenflächen usw.) werden aber mittels derselben Baustoffe und Bauweisen begründet, die in den vorhergehenden Abschnitten beschrieben wurden, wie u.a. durch Pflanzung, herkömmliche Ansaat, Ansaat in Verbindung mit Zuschlagstoffen, Buschlagen- und Heckenlagenbau, Steckholzbesatz usw. Das Typische der Lebendbauobjekte an Verkehrswegen und Siedlungen ist jedoch, daß sie dort eine besondere, den verkehrstechnischen und gesellschaftlichen bzw. sozialhygienischen Erfordernissen angepaßte räumliche Anordnung erfahren.

Da im vorliegenden Buch das Schwergewicht auf Baustoffe und Bauweisen gelegt wird, kann auf diese Fragen der räumlichen Anordnung, also auf Fragen der »Straßenbepflanzung«, der »landschaftlichen Eingliederung« und der »Siedlungseingrünung« im weiteren Sinne nicht eingegangen werden. Statt dessen sollen hier spezielle Lebendbaumaßnahmen beschrieben werden, die ausschließlich an Verkehrswegen und Siedlungen durchgeführt werden, und die deshalb in den vorhergehenden Abschnitten nicht behandelt werden konnten: Maßnahmen auf Mittelstreifen zur Erhöhung der Verkehrssicherheit und Maßnahmen an Siedlungen zur Minderung von Lärmbelästigungen.

6.1 Maßnahmen zur Erhöhung der Verkehrssicherheit

6.1.1 Allgemeines

Wirkungsweise

Die Verkehrssicherheit wird wesentlich durch die Gestaltung der Mittelstreifen, insbesondere der Autobahnmittelstreifen, erhöht. Dabei kann die Frage, ob Mittelstreifen Blendschutzgitter oder Pflanzungen erhalten sollten, nicht zugunsten der einen oder der anderen Ausbauweise entschieden werden, da beide Vor- und Nachteile aufweisen. Im Vergleich zu Blendschutzgittern wirken Pflanzungen auf Mittelstreifen wie folgt:

a Sie üben wirksamen Blendschutz aus, der allerdings infolge der Struktur der Pflanzungen ungleichmäßiger als derjenige von Gittern ist. Bei Verwendung laubabwerfender Gehölze muß zudem im Gegensatz zu Gittern mit einer verminderten Wirksamkeit im Winter gerechnet werden. Dagegen ist andererseits vorteilhaft, daß in »Wannen« durch das Anpflanzen hochwachsender Holzarten ein besserer Blendschutz als durch die verhältnismäßig niedrigen Gitter erzielt werden kann.
Nach *J. Bauch* (1969) minderten Pflanzungen die Beleuchtungsstärke im Mittel folgendermaßen:
Gehölze mit dichter Verzweigung und weniger dichter Winterbelaubung bzw. Benadelung: bei trockener Fahrbahn um 85%, bei nasser Fahrbahn um 84%;
Gehölze mit lockerer Verzweigung ohne Winterbelaubung: bei trockener Fahrbahn um 71,5%, bei nasser Fahrbahn um 72%;
in Bodennähe kahle oder fälschlich aufgeastete Gehölze: bei trockener Fahrbahn um 38%.

b Wegen ihrer Höhe ist durch sie in der Regel eine bessere optische Führung gewährleistet.

c Infolge ihres ungleichmäßigeren und damit abwechslungsreicheren Aufbaues wird im Gegensatz zu Blendschutzgittern die Gefahr von Ermüdungserscheinungen herabgesetzt.

d Sie bieten Schutz gegen das Abirren der Fahrzeuge von der Fahrbahn. Bei der üblichen Breite der Mittelstreifen von 5 bis 6 m, die nur zwei- und dreireihige Pflanzungen zuläßt, dürfte dieser Effekt allerdings nur in sehr beschränktem Maße erreicht werden. Weitaus stärker dürften die Leitplanken wirksam sein. Da diese sowohl bei Pflanzungen als auch bei Gittern auf Mittelstreifen angebracht werden, dürften Pflanzungen in dieser Hinsicht keine eindeutigen Vorteile gegenüber Gittern aufweisen.

e Sie üben Windschutz aus, eine Wirkung, die bei entsprechender Struktur der Gitter auch durch letztere erzielt werden kann. Infolge der im Vergleich zu Gittern größeren Höhe der Pflanzungen ist die Schutzwirkung der Pflanzungen aber weitreichender als die der Gitter.

Die oft als Vorteil aufgeführte Behauptung, daß Pflanzungen im Gegensatz zu Gittern dem Fahrer ein zuverlässigeres Gefühl für seine Fahrgeschwindigkeit geben, wird vom Verfasser bezweifelt. Bei der heutigen Verkehrsdichte und den auf Autobahnen üblichen Geschwindigkeiten dürfte die Aufmerksamkeit des Fahrers zu sehr auf die vor und hinter ihm liegende Fahrbahn gelenkt sein, als daß er noch an Hand seitlicher Pflanzungen oder Gitter seine Fahrgeschwindigkeit besser oder genauer kontrollieren kann. In derartigen Situationen dürfte das sicherste Gefühl für die Geschwindigkeit durch einen Blick auf den Tachometer gewonnen werden.

Pflanzungen weisen nicht nur hinsichtlich ihrer Wirkungen gegenüber Gittern Vor- und Nachteile auf. Sie sind in Anlage und Reparatur billiger als Gitter, erfordern aber in den ersten drei Jahren nach der Anlage höhere Pflegekosten. Ihr Platzbedarf ist größer als derjenige der Gitter. Außerdem ist es nachteilig, daß durch Tausalz an den Pflanzungen erhebliche Schäden hervorgerufen werden können, die ihre günstigen Wirkungen weitgehend zunichte machen.

Abschließend ist festzustellen, daß in Zukunft Gitter und Pflanzungen ihre Berechtigung haben dürften und daß die Anwendung der Lebendbau- oder Totbauweise von Fall zu Fall entschieden werden muß.

Bestandsziel

Die günstigen Wirkungen der Mittelstreifenpflanzungen werden am besten durch Gehölzstreifen erreicht, die zu allen Jahreszeiten eine ausreichende Dichte vom Fuß bis zur Krone aufweisen und die dem Fahrer dennoch einen abwechslungsreichen Anblick bieten. Infolge der üblichen geringen Breite der Mittelstreifen müssen vorwiegend höhere Strauchbestände angestrebt werden, die nur in besonderen Fällen, wie z. B. dort, wo die Straße in einer »Wanne« verläuft, eine stärkere Beimengung von Bäumen erhalten. Dabei erfordert die teilweise sehr ungünstige Standortqualität der Mittelstreifen (s. unten) die weitgehende Verwendung von Gastholzarten.

6.1.2 Lebendbaumaßnahmen

Aufbau von Blendschutzpflanzungen auf ebenen Mittelstreifen

Lebende Baustoffe

An die lebenden Baustoffe müssen hohe Anforderungen gestellt werden. Sie müssen einmal die ungünstige Standortqualität der Mittelstreifen ertragen, die durch Einwirkung von Tausalz, Trockenheit, hohen Temperaturen, intensiver Strahlung, fast ständigem Fahrtwind, Staub und Abgasen gekennzeichnet ist. Der entscheidende ökologische Faktor dürfte das Tausalz sein. Nach *G. Sauer* zeigten im Winter 1962/63 die folgenden Holzarten relativ geringe Tausalzschäden: Feldahorn (Acer campestre), Pfaffenhütchen (Evonymus europaeus), Sanddorn (Hippophae rhamnoides), Heckenkirsche (Lonicera xylosteum), Bocksdorn (Lycium halimifolium), Aspe (Populus tremula), Vogelkirsche (Prunus avium), Späte Traubenkirsche (P. serotina), Traubeneiche (Quercus petraea), Alpenjohannisbeere (Ribes alpinum), Schneebeere (Symphoricarpos albus).

Zum anderen müssen die Pflanzen möglichst während des ganzen Jahres eine ausreichende Dichte aufweisen, also viele Zweige haben, im Winter das trockene Laub halten oder immergrün sein. Über die Dichte von Pflanzen liegen m. W. nur wenige Angaben vor. Sehr dicht das ganze Jahr über sind Hainbuche (Carpinus betulus), Stieleiche (Quercus robur), Traubeneiche (Quercus petraea) und eine Reihe immergrüner Gehölze. Als Holzarten mit guter Blendschutzwirkung werden von *J. Bauch* außerdem »Hartriegel, Weißdorn, Liguster, Weichselkirsche, Hundsrose, Salweide und Schneebeere« genannt.

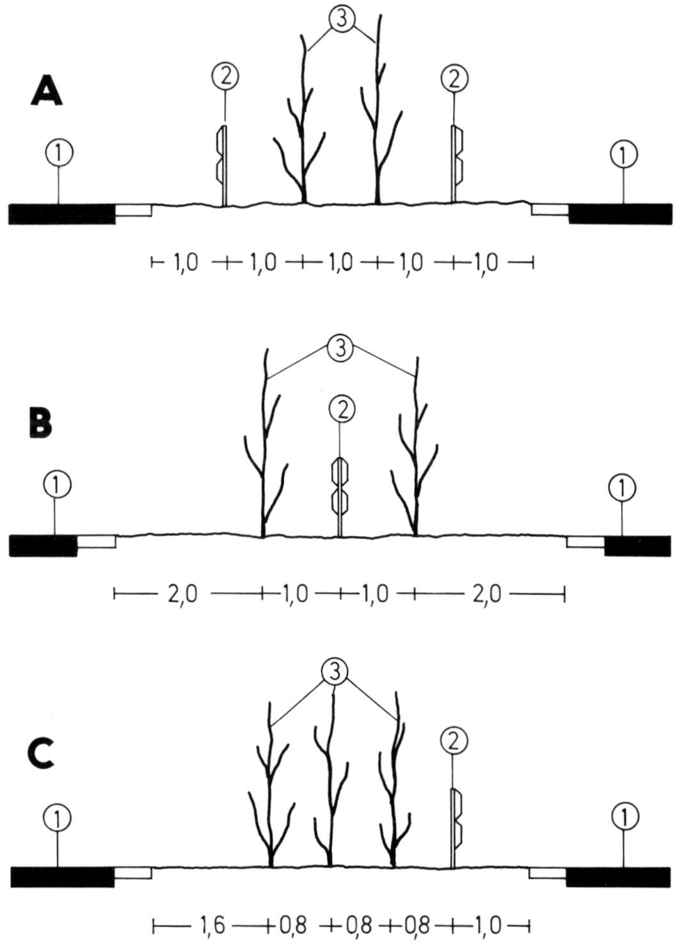

114 Anordnung von Leitplanken und Pflanzung auf Autobahn-Mittelstreifen (in Anlehnung an *G. Olschowy*, 1968). 1 = Fahrbahn, 2 = Leitplanke, 3 = Pflanzung.

Bauweise

Wie bei Windschutz- und Erosionsschutzpflanzungen ist es auch bei Blendschutzpflanzungen nicht die Bauweise im engen Sinne, die Lochpflanzung, auf die einzugehen ist, sondern die Kombination der Holzarten. Für den Aufbau der Pflanzungen ist zunächst entscheidend, daß auf Mittelstreifen die Leitplanken in drei verschiedenen Weisen angeordnet sein können:

a Je eine Leitplanke an jeder Seite [Abb. 114 A]
b eine Leitplanke in der Mitte [Abb. 114 B]
c eine Leitplanke an einer Seite [Abb. 114 C]

Bei der üblichen Breite der Mittelstreifen von 5 bis 6 m kann daher in den Fällen A und B nur zweireihig und im Falle C dreireihig gepflanzt werden.

Außerdem ist davon auszugehen, daß durch die Pflanzungen vor allem ein optimaler Blendschutz und ein abwechslungsreiches Bild erzielt werden soll. Es ist daher zweckmäßig, die verhältnismäßig wenigen Holzarten großer Dichte nicht eintönig in zur Fahrbahn parallelen Reihen, sondern gruppenweise zu pflanzen. Bei guter Blendschutzwirkung kann ein Höchstmaß an Abwechslung u. a. folgendermaßen erzielt werden: In allen Reihen sind die dichtesten Gehölze truppweise zu etwa 10 bis 20 Pflanzen einzubringen. Die verbleibenden Zwischenräume werden mit den übrigen Gehölzen ausgefüllt, denen bei Bedarf Pflegeholzarten beizumischen sind.

Hinsichtlich der Gruppierung der dichten Holzarten gibt es eine Reihe Möglichkeiten, denen m. E. bisher nicht genügend Beachtung geschenkt wurde [Abb. 115]: Die Längsachsen der dichten Gruppen können im stumpfen [Abb. 115 A], wechselweise im stumpfen und spitzen [Abb. 115 B bis E], im rechten [Abb. 115 F] und endlich ausschließlich im spitzen Winkel [Abb. 115 G] zur Fahrtrichtung verlaufen. Während die Gruppierungen A bis F nur unvollständigen Blendschutz gewähren, deutet Abb. 115 G an, daß ein recht guter Blendschutz dann erzielt wird, wenn die Längsachsen der dichten Gehölzgruppen ausschließlich im spitzen Winkel zur Fahrtrichtung liegen und die Gruppen von Reihe zu Reihe um etwa zwei Drittel bis drei Viertel ihrer Länge versetzt werden.

Die Abstände zwischen den Trupps dichter Holzarten richten sich vor allem nach den Krümmungsradien. Auf geraden Strecken dürften Entfernungen von etwa 10 bis 30 m ausreichend sein. In Kurven sind engere Abstände zu wählen. Aus Abb. 114 gehen die Abstände der Reihen untereinander, von der befestigten Fahrbahnkante und von den Leitplanken hervor. Da infolge ungünstiger Standortbedingungen mit größeren Ausfällen gerechnet werden muß, ist in den Reihen möglichst dicht, etwa in Abständen von 50 bis 80 cm zu pflanzen. Als lebende Baustoffe haben sich vor allem Pflanzen der Größen 65/100 bis 80/125 cm bewährt.

Um einen gewissen Ausgleich der ungünstigen Standortverhältnisse zu erreichen, ist ein Mulchen der neuangelegten Pflanzungen sehr ratsam. Sofern außer den Jungpflanzen Heister eingebracht werden, sind diese zur Vermeidung einer Lockerung durch den Fahrtwind unbedingt mit einem Pfahl zu versehen. Zur Erzielung eines

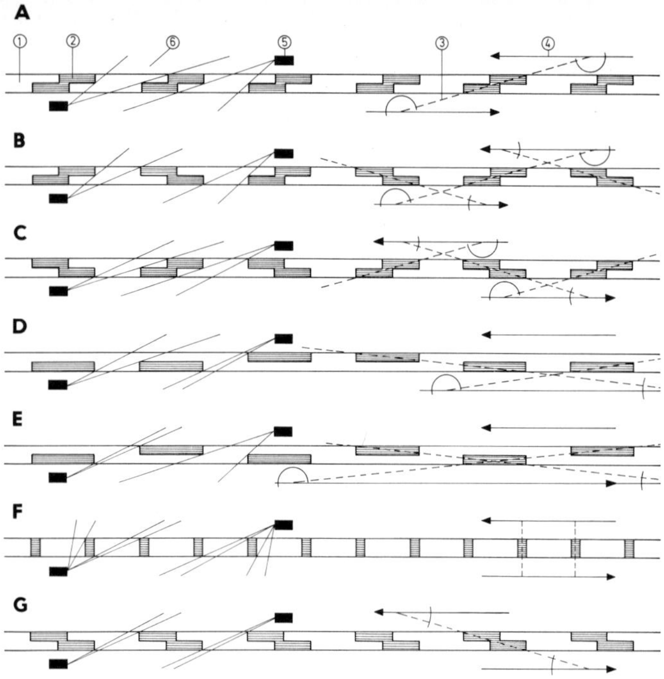

115 Gruppierung von Gehölzen größter Dichte auf Mittelstreifen (unmaßstäbliches Schema). 1 = Mittelstreifen, 2 = Gehölze größter Dichte, 3 = Längsachse der Gehölzgruppen größter Dichte, 4 = Fahrtrichtung, 5 = Fahrzeug, 6 = durch die Gehölze geringer Dichte durchscheinendes Fahrzeuglicht.

dichten, strauchartigen Wuchses müssen die von Natur aus baumartig wachsenden Holzarten größter Dichte, Hainbuche, Stieleiche und Traubeneiche, zu gegebener Zeit auf den Stock gesetzt werden.

Die oben empfohlenen Gehölzkombinationen sind selbstverständlich nicht überall anwendbar. So ist zur Erzielung einer größeren Höhe der Pflanzungen in »Wannen« ein Teil der Sträucher durch Bäume zu ersetzen. Für Mittelstreifen bei Einmündungen, Autobahnkreuzungen und -dreiecken, Raststätten u. dgl. müssen ggf. völlig andere, den dortigen besonderen Erfordernissen angepaßte Bepflanzungslösungen gefunden werden.

Um eine optische Zerschneidung der Straßen zu vermeiden, sind Mittelstreifenpflanzungen nicht durchgehend, sondern im Wechsel mit Abschnitten anzuordnen, die in der Regel aus Rasen bestehen. Ein derartiger Wechsel richtet sich einmal nach verkehrstechnischen und zum anderen aber nach landschaftsgestalterischen Gesichtspunkten, auf die hier nicht eingegangen werden kann. Er ist in erster Linie auf geraden Strecken vorzunehmen, während Kurven, Knotenpunkte usw. aus Gründen des Blendschutzes im allgemeinen geschlossen mit Gehölzen bepflanzt werden sollten. Zur Erleichterung der Pflege sollten Gehölz- und Rasenabschnitte in nicht zu kurzen Abständen wechseln.

Anwendungsbereich

Auf mindestens 5 m breiten Mittelstreifen von Autobahnen und anderen Straßen.

Literatur

J. Bauch (1969); *G. Olschowy* (1964 u. 1968); *G. Sauer* (1964)

Aufbau von Blendschutzpflanzungen auf erhöhten Mittelstreifen (Mittelstreifen-Wallhecke)

Pflanzungen können auch auf erhöhten Mittelstreifen angelegt werden, die bei ausreichender Höhe den Vorteil eines besseren Blendschutzes haben. Bei Erdwällen mit flachen Böschungen wird jedoch befürchtet – ob zu Recht oder zu Unrecht, sei hier dahingestellt –, daß abirrende Fahrzeuge über sie hinwegfahren könnten. Um den Vorteil des erhöhten Mittelstreifens, den Blendschutz, auszunutzen, gleichzeitig aber die Gefahr des Abirrens auszuschalten und eine schwer zu überwindende Sperre zu schaffen, wurde von *G. Neef* die sog. »Mittelstreifen-Wallhecke« entwickelt.

Lebende Baustoffe

Pflanzen standortgerechter Holzarten (s. »Pflanzungen auf ebenen Mittelstreifen«); Weidenfaschinen oder Weidenruten; Saatgut standortgerechter Wiesengesellschaften (Abschn. 7).

Bauweise [Abb. 116]

Auf dem Mittelstreifen werden im Abstand von 150 cm lebende Weidenfaschinen mit einem Durchmesser von 15 bis 30 cm übereinander gelegt und schichtweise mit Boden hinterfüllt, so daß ein 150 cm breiter und 75 cm hoher Wall mit senkrechten Faschinenwänden entsteht. Die untersten Faschinen sind in den Boden einzusenken bzw. auf den etwa 15 bis 20 cm tieferen Untergrund zu legen, der später durch Boden für die Rasensaat seine endgültige Höhe erhält. Alle 50 cm sind die Faschinenstapel durch 150 cm lange Pfähle zu befestigen, die untereinander zusätzlich mit Draht verspannt werden.

Als Variante können die Seitenwände des Walles auch aus lebendem Weidengeflecht hergestellt werden.

Der auf diese Weise entstandene Wall ist dreireihig mit Gehölzen zu bepflanzen. Während in die beiden Außenreihen Sträucher schräg eingelegt werden, besteht die Mittelreihe aus normal gepflanzten Sträuchern und Bäumen. Die zu beiden Seiten des Walles liegenden Bodenstreifen werden mit Rasen angesät. Bei Bedarf können hier auch Beton-Gittersteine verlegt werden und eine Rasenansaat erhalten.

Anwendungsbereich

Die Mittelstreifen-Wallhecke gewährleistet guten Blendschutz und bildet ein kaum zu durchdringendes Hindernis für abirrende Fahrzeuge. Faschinen oder Flechtwerke schützen den Wall vor dem Zusammenfallen, eine Funktion, die später z. T. von den auf dem Wall gepflanzten Gehölzen übernommen wird. Diesen Vorteilen stehen jedoch auch Nachteile gegenüber: Tausalz kann ein Absterben der

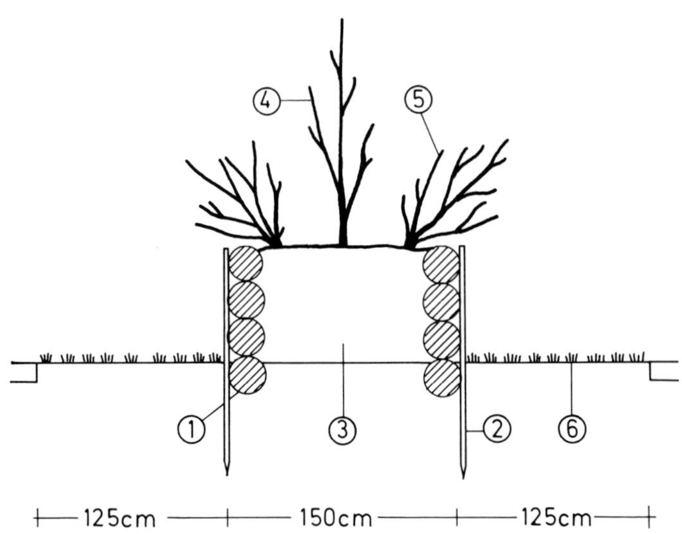

116 Mittelstreifen-Wallhecke (*G. Neef*, 1965). 1 = Faschinen, 2 = Befestigungspfahl, 3 = aufgefüllter Boden, 4 = gepflanzte Bäume und Sträucher, 5 = schräg eingelegte Sträucher, 6 = Rasenansaat.

sich aus den Faschinen oder Flechtwerken entwickelnden Weidenbestände sowie der Holzarten auf dem Wall und somit ein Zusammenfallen des Walles bewirken; denn der Wall ist mit seinen 75 cm nicht so hoch, daß die Pflanzen vor dem besonders schädlichen, seitlich und hinter fahrenden Fahrzeugen entstehenden Salznebel geschützt sind. Zudem ist der Bau von Wallhecken im Vergleich zu Pflanzungen auf ebenen Mittelstreifen recht aufwendig. Aus diesen Gründen dürften Mittelstreifen-Wallhecken vor allem in wintermilden, also wenig durch Tausalz gefährdeten Bereichen angewendet werden; und dort auch nur stellenweise, wo sie aus besonderen verkehrstechnischen Gründen unbedingt notwendig sind.

Literatur
G. Neef (1965)

Sowohl die Untersuchungen des artspezifischen Lärmminderungsvermögens als auch diejenigen des Lärmminderungseffektes der Mischpflanzungen führten zu dem Ergebnis, daß der Wirkungsbereich bei etwa 1000 Hz begann. Dabei stiegen die ΔL-Werte ab dieser Frequenz kontinuierlich bis etwa 11 200 Hz an oder hatten ungefähr zwischen 4000 Hz und 8000 Hz ein Maximum.

Bestandsziel
Die Gehölze mit dem stärksten Lärmminderungsvermögen sind zum großen Teil Gastholzarten (s. »Lebende Baustoffe«). Lärmschutz kann daher meist nicht durch Pflanzungen aus ausschließlich standorteigenen Arten optimal erreicht werden. So ist ein Bestand nicht standorteigener und standorteigener Bäume und Sträucher mit hohem Anteil immergrüner oder solcher Gehölze anzustreben, die im Winter weitgehend das trockene Laub halten.

6.2 Maßnahmen zur Minderung von Lärmbelästigung

6.2.1 Allgemeines

Es ist nachgewiesen worden, daß Lärm nicht nur störend empfunden wird, sondern auch zu psychischen und physiologischen Gesundheitsschäden führen kann (*G. Jansen*, 1962; *G. Lehmann*, 1961 u. 1962; *F. J. Meister*, 1961). Im Hörschall (Frequenzbereich etwa zwischen 16 Hz und 16 kHz) liegt das Maximum der Gehörempfindlichkeit und der audiologischen Schädigungsanfälligkeit zwischen 2000 Hz und 8000 Hz. Bei der Suche nach Wegen zur Lärmminderung wurde u. a. auch auf Gehölzpflanzungen zurückgegriffen. Über Möglichkeiten und Grenzen, durch Pflanzungen zum Lärmschutz beizutragen, sind von *G. Beck* (1965 u. 1968) Untersuchungen durchgeführt worden.

Wirkungsweise
G. Beck untersuchte u. a. das artspezifische Lärmminderungsvermögen verschiedener Holzarten (ΔL-Wert, ermittelt in Dezibel = dB) und das Lärmminderungsvermögen von 10 bis 25 m breiten streifenförmigen Mischpflanzungen. Nachstehend sind die Ergebnisse gekürzt wiedergegeben.

Das artspezifische Lärmminderungsvermögen der von ihm untersuchten Gehölze lag zwischen 0,7 und 10,7 dB. Es ist vor allem abhängig von der

a Blattgröße. Mit zunehmender Blattgröße stieg in der Regel der ΔL-Wert.
b Blattstellung. Die höchsten ΔL-Werte wurden im allgemeinen durch senkrecht zur Schalleinfallrichtung angeordnete Blätter mit schuppenförmigem Blattschluß erreicht.
c Belaubungs- bzw. Benadelungsdichte im Inneren des Wuchsraumes. Je größer die Dichte war, desto stärker wurde der ΔL-Wert in der Regel erhöht.
d Verzweigungsdichte. Der ΔL-Wert nahm im allgemeinen mit steigender Verzweigungsdichte zu.

Der Lärmminderungseffekt der Mischpflanzungen umfaßte die Spanne von 1 bis 9 dB. Bei diesen Untersuchungen entsprachen 10 dB ungefähr 10 DIN-Phon. Grob angenähert, bedeutete dies maximal eine Lärmminderung um die Hälfte. Nach *G. Beck* hing hier der Effekt der Pflanzungen weniger von ihrer Breite, als vielmehr von ihrer Struktur ab. Außerdem stellte *G. Beck* fest, daß der Wirkungsgrad der Mischpflanzungen von freistehenden Wänden aus totem Material wesentlich übertroffen wurde. Er empfiehlt deswegen die Kombination von Lärmschutzpflanzungen mit derartigen freistehenden Wänden oder Erdwällen (s. unten).

6.2.2 Lebendbaumaßnahmen

Aufbau von Lärmschutzpflanzungen
Lebende Baustoffe
G. Beck hat seine untersuchten Gehölze nach dem Grad ihrer Verwendbarkeit in Lärmschutzpflanzungen in insgesamt sechs Wertgruppen eingeordnet. An dieser Stelle sind die vornehmlich geeigneten Arten der Wertgruppen III–VI aufgeführt.

Wertgruppe III (ΔL = 4–6 dB): Wacholder (Juniperus chinensis »Pfitzeriana«), Sandbirke (Betula pendula), Grauerle (Alnus incana), Roter Hartriegel (Cornus sanguinea), Weißer Hartriegel (Cornus alba), Flügelnuß (Pterocarya fraxinifolia), Goldglöckchen (Forsythia intermedia), Schwarzer Holunder (Sambucus nigra), Heckenkirsche (Lonicera maackii), Pflaumenblättriger Weißdorn (Crataegus prunifolia), Ledebours Heckenkirsche (Lonicera ledebourii), Eschenahorn (Acer negundo), Hybridpappeln (Populus canadensis–Hybr.), Hasel (Corylus avellana), Winterlinde (Tilia cordata).

Wertgruppe IV (ΔL = 6–8 dB): Pfeifenstrauch (Philadelphus pubescens), Hainbuche (Carpinus betulus), Flieder (Syringa vulgaris), Buche (Fagus sylvatica), Stechpalme (Ilex aquifolium), Sparrige Stachelbeere (Ribes divaricatum), Stieleiche (Quercus robur), Rhododendron.

Wertgruppe V (ΔL = 8–10 dB): Berliner Lorbeerpappel (Populus berolinensis), Wolliger Schneeball (Viburnum lantana), Schneeball (Viburnum rhytidophyllum), Sommerlinde (Tilia platyphyllos).

Wertgruppe VI (ΔL = 10–12 dB): Bergahorn (Acer pseudoplatanus).

Bauweise
Lärmschutzpflanzungen werden in der Regel durch Lochpflanzung begründet (Abschn. 4.1.2). Für ihren Aufbau sind vor allem die folgenden Gesichtspunkte maßgebend:

a Es sind Gehölze mit hohem ΔL-Wert anzusiedeln (s. oben).
b Die besonders wirksamen, der Schallquelle zugewandten Randbereiche der Pflanzungen sind in der Weise aufzubauen, daß vom Fuß bis zur Krone fächerförmig übereinandergreifende Laubschirme mit schuppenförmigem Blattschluß entstehen. Öffnungen in den Randbereichen sind zu vermeiden.
c Im Wuchsrauminneren sollten die Pflanzungen eine möglichst hohe, vom Fuß bis zur Krone reichende Belaubungs- bzw. Benadelungsdichte und starke Verzweigung aufweisen.
d Sofern ausreichend Gelände zur Verfügung steht, sind an Stelle einer breiten Pflanzung mehrere schmale anzulegen. Hierdurch werden einmal die besonders wirksamen Randbereiche der Pflanzungen vermehrt und somit die Randeffekte erhöht (Punkt b). Zum anderen wird eine bessere Belichtung des Wuchsrauminneren

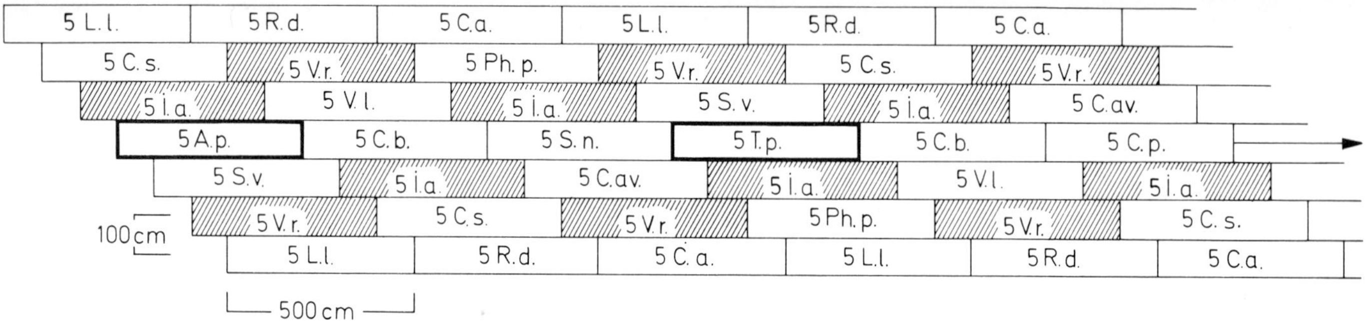

117 Beispiel einer siebenreihigen Lärmschutzpflanzung. Bäume 1. Größe: A.p. = Acer pseudoplatanus, T.p. = Tilia platyphyllos; Bäume 2. Größe: C.b. = Carpinus betulus; sommergrüne Sträucher: C.a. = Cornus alba, C.av. = Corylus avellana, C.p. = Crataegus prunifolia, C.s. = Cornus sanguinea, L.l. = Lonicera ledebourii, Ph.p. = Philadelphus pubescens, R.d. = Ribes divaricatum, S.n. = Sambucus nigra, S.v. = Syringa vulgaris, V.l. = Viburnum lantana; immergrüne Sträucher: I.a. = Ilex aquifolium, V.r. = Viburnum rhytidophyllum.

und damit eine höhere Belaubungs-, Benadelungs- und Verzweigungsdichte erreicht (Punkt c). Aus Platzmangel dürften derartige Lärmschutzpflanzungen allerdings relativ selten aufgebaut werden können; denn schon wenn drei dreireihige Pflanzungen zu je 2 bis 3 m Breite in den geringen Abständen von nur 5 m angelegt werden, ergibt sich eine Gesamtbreite von 16 bis 19 m.

Die obigen Ziele können durch eine Reihe von Pflanzenkombinationen verwirklicht werden, deren Ausführungsweise von vielen Faktoren, in erster Linie von der Art der Lärmquelle und des zu schützenden Objektes sowie von deren Lage zueinander, von der Standortqualität der Baustelle, der Ausdehnung des zur Verfügung stehenden Geländes und von ästhetischen Forderungen abhängt. Es ist daher nicht möglich, allgemein gültige Vorschläge für die Gestaltung von Lärmschutzpflanzungen zu bringen. Im Prinzip dürften sie bei Berücksichtigung der obigen Gesichtspunkte ähnlich wie Windschutzpflanzungen aufgebaut werden können. Abb. 117, die als erläuterndes Beispiel, nicht aber als Rezept gedacht ist, möge hierfür Anregungen geben.

Besondere Aufmerksamkeit ist der Pflege zu widmen. Zur Erzielung einer nachhaltigen, schalltechnisch optimal wirksamen, gleichmäßigen hohen Dichte kommt es vor allem darauf an, in den mehr oder weniger »naturfernen«, anthropogenen Beständen das Gleichgewicht zwischen den verschiedenen Arten aufrechtzuerhalten. Daher ist bei Bedarf nachzupflanzen, zur Förderung schwach wachsender Gehölze sind starkwachsende auszulichten oder vollständig zu entfernen, ein zu lockerer Aufbau ist durch Rückschnitt oder »Auf-den-Stock-Setzen« zu beseitigen.

Wie angedeutet, schlägt *G. Beck* eine Kombination von Pflanzungen und Lärmschutzwällen vor, da hierdurch die Wirksamkeit der Pflanzungen beträchtlich gesteigert werden kann. In Abb. 118 sind einige Möglichkeiten dargestellt, durch erdbautechnische Maßnahmen in Verbindung mit Bepflanzung zur Lärmminderung beizutragen. Liegen Lärmquelle (z.B. Straße) und Siedlung auf gleicher Höhe, so ist die Anlage der Pflanzungen auf einem Lärmschutzwall zu empfehlen [Abb. 118 A]. Besser ist es, die Straße halb einzusenken und auf den Böschungskronen Lärmschutzwälle aufzuwerfen [Abb. 118 B]. Gepflanzt wird dann an den Böschungen, auf dem Lärmschutzwall und nach Möglichkeit außerdem auf dem angrenzenden Gelände. Eine weitere günstige Lösung besteht darin, die Straße vollständig einzusenken und die Böschungen sowie möglichst zusätzlich einen Bereich oberhalb der Böschungen zu bepflanzen [Abb. 118 C]. Die ursprünglich schalltechnisch ungünstige weite Öffnung nach oben wird dann durch die Pflanzung eingeengt.

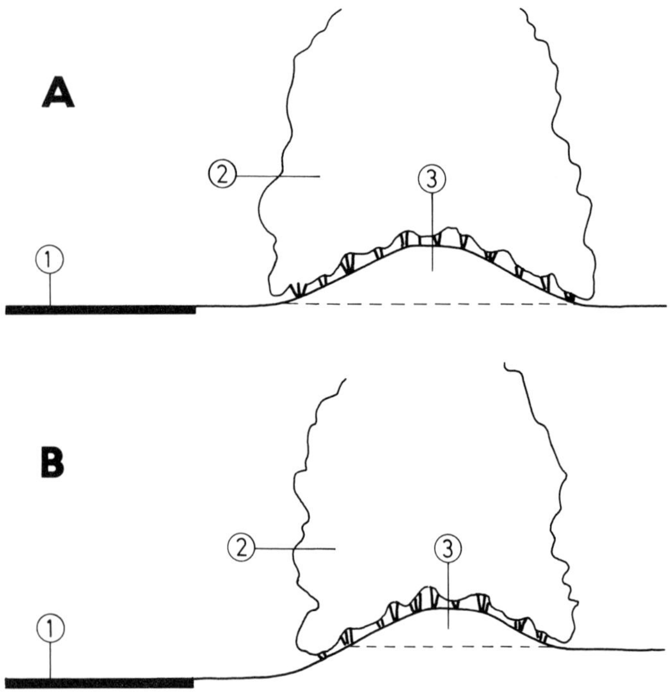

118 Lärmschutzpflanzungen in Verbindung mit Lärmschutzwällen (unmaßstäbliches Schema). 1 = Straße als Lärmquelle, 2 = Lärmschutzpflanzung, 3 = Lärmschutzwall.

Anwendungsbereich
Insbesondere zwischen Straßen und Siedlungen.

Literatur
G. Beck (1965 u. 1968); *G. Jansen* (1962); *G. Lehmann* (1961 u. 1962); *F.J. Meister* (1961)

7 Die standörtliche Verwendbarkeit der lebenden Baustoffe

7.1 Allgemeines

In den vorhergehenden Abschnitten sind die lebenden Baustoffe nach ihrer Eignung für die betreffenden Lebendbauweisen gruppiert, während ihre Standortansprüche bis auf wenige Ausnahmen unberücksichtigt blieben. Im Gegensatz dazu folgen an dieser Stelle Pflanzenlisten, die unabhängig von der Eignung für die eine oder andere Lebendbauweise ausschließlich nach ihrer standörtlichen Verwendbarkeit gegliedert sind. Durch Vergleich beider Zusammenstellungen können diejenigen Arten ausgewählt werden, welche beide Forderungen erfüllen.

Die nachstehenden Ausführungen erheben weder in Hinblick auf die Standorte noch in Hinblick auf die lebenden Baustoffe Anspruch auf Vollständigkeit. In der Regel sind an ökologisch ähnlichen Baustellen auch ähnliche Kombinationen der für den Lebendbau wichtigen Pflanzen standörtlich möglich. Außerdem werden Lebendbaumaßnahmen sowohl an naturbedingten (z. B. Windschutzpflanzungen auf Ackerflächen) als auch an rein anthropogenen Baustellen (z. B. Sicherung von Haldenböschungen) durchgeführt. Aus diesen beiden Gründen sind die folgenden Standorte nicht soweit differenziert, daß sie nur einer bestimmten natürlichen Pflanzengesellschaft (z. B. heutige potentiell natürliche Vegetation) entsprechen. Es wurde vielmehr versucht, verschiedene, relativ weit verbreitete naturbedingte und anthropogene Baustellen, an denen infolge ähnlicher Wachstumsfaktoren großenteils dieselben Arten als lebende Baustoffe verwendet werden können, zu einigen Standorten zusammenzufassen. Zugrunde gelegt wurden dabei für die terrestrischen Standorte die ökologisch wohl wichtigsten Faktoren Bodenart, Bodenfeuchtigkeit, Nährstoff- und Basengehalt. Bei Bedarf erfolgte eine weitere Differenzierung nach Gründigkeit, Humusgehalt und Temperaturverhältnissen. Für die standörtliche Verwendbarkeit der Röhrichtpflanzen wurden einmal Strömungsgeschwindigkeit und Nährstoffgehalt der Gewässer herangezogen. Um zu verhindern, daß auch in größeren Wassertiefen wachsende Arten flache Gewässer vollständig ausfüllen, wurden zum anderen die lebenden Baustoffe nach Mindestwassertiefen gruppiert, bei denen sie ohne diese Nachteile anzusiedeln sind. Die Angaben der Wassertiefen beziehen sich also nicht auf die standörtliche, sondern auf die bautechnische Eignung.

Da aus Platzgründen die Standorte nicht außerdem noch in Wuchsbezirke, wie z. B. in nord- und süddeutsche oder in planare, kolline, submontane untergliedert werden konnten, gelten die nachstehenden Ausführungen, soweit nicht anders angegeben, in erster Linie für das Flachland und die Mittelgebirge. Die obenstehende Übersicht soll das Auffinden der gesuchten Standorte erleichtern.

An Pflanzen sind diejenigen aufgeführt, die in der Regel infolge relativ weiter ökologischer Amplitude an den beschriebenen Standorten in verschiedenen Wuchsbezirken, z. B. in Nord- und Süddeutschland eingebracht werden können. Sie stellen daher nur das »Gerüst« dar und sind ggf. in den einzelnen Wuchsbezirken durch dort vorkommende Arten zu ergänzen. Als besonders wichtige, vielseitig verwendbare lebende Baustoffe sind – sofern überhaupt standörtlich

		Standort
a	Sandböden des Binnenlandes	
	trocken, humusfrei, nährstoff- und basenarm	1
	trocken, humos, nährstoff- und basenarm	2
	frisch/feucht, humos, nährstoff- und basenarm	3
b	Sandböden der Nordseeküste (Dünen)	
	trocken, nährstoff- und basenarm	4
	trocken, nährstoff- und basenreich	5
c	anlehmige/lehmige Sandböden des Binnenlandes	
	trocken, relativ nährstoff- und basenarm	6
	frisch/feucht, relativ nährstoff- und basenarm	7
d	anmoorige Sandböden bis Torfböden des Binnenlandes	
	feucht, mäßig nährstoff- und basenhaltig	8
	feucht/naß, nährstoff- und basenreich	9
e	sandige Lehmböden bis Lehmböden des Binnenlandes	
	flachgründig, trocken, nährstoff- und basenarm	10
	mittel-/tiefgründig, trocken/frisch, mäßig nährstoff- und basenhaltig	11
	flachgründig, dürr/trocken, stark humos, nährstoff- und basenreich (kalkreich)	12
	flach-/mittelgründig, trocken, stark humos, nährstoff- und basenreich (kalkreich)	13
f	mittel-/tiefgründige Lehm- und Lößlehmböden des Binnenlandes	
	mäßig trocken/frisch, nährstoff- und basenreich	14
	frisch/feucht, nährstoff- und basenreich	15
	feucht, häufiger überflutet, nährstoff- und basenreich	16
g	sandige bis tonige Lehmböden der Nordseeküste	
	mäßig frisch/feucht, nährstoff- und basenhaltig	17
h	feinmaterialhaltige Schotterböden des Binnenlandes	
	trocken/mäßig trocken, nährstoff- und basenarm	18
	trocken/mäßig trocken, nährstoff- und basenreich (kalkreich)	19
	trocken, aber zeitweise überflutet, nährstoff- und basenreich (kalkreich)	20
	frisch/feucht, humos, nährstoff- und basenreich	21
i	großenteils dauernd überflutete Böden des Binnenlandes (Standorte der Röhrichte und Großseggenrieder)	22

möglich – diejenigen geeigneten Salix-Arten gesondert angegeben, deren oberirdische Teile sich bewurzeln. Die verhältnismäßig geringe Differenzierung der Standorte bedingt, daß einem Standort mehrere natürliche Pflanzengesellschaften entsprechen können. Da außerdem die Vegetationsentwicklung der einbezogenen rein anthropogenen Baustellen meist nicht genau im voraus übersehen werden kann, war es nicht zweckmäßig und teilweise auch nicht möglich, die lebenden Baustoffe in standorteigene und Gastarten zu unterteilen.

Die Gräser- und Kräuterlisten stellen keine Saatmischungen, sondern nur eine Auswahl brauchbarer Arten dar. Sie enthalten Untergräser, aber auch Obergräser, weil Ansaaten nicht in jedem Falle nur mit Untergräsern ausgeführt werden können. Für die Zusammenstellung von Saatmischungen kann die folgende Tabelle benutzt werden, die Aussaatmengen in kg/ha für die hier empfohlenen Gräser und Kräuter enthält. Unter Aussaatmenge (Einzelsaatmenge) ist die nur hypothetische Grundsaatmenge bei Verwendung von Arten im Gemisch zu verstehen, auf Grund derer Teilsaatmengen für Gemische berechnet werden können. Aussaatmengen berücksichtigen vor allem das 1000-Korn-Gewicht der Arten sowie bis zu einem gewissen Grade Reinheit und Keimfähigkeit des Saatgutes und den artspezifischen Raumbedarf. Sie sind in der Regel in Saatgutkatalogen aufgeführt, können aber, da sie keine feststehenden Mengen sind, von Katalog zu Katalog Schwankungen unterworfen sein. Zu beachten ist, daß es auch mit Hilfe derartiger sorgfältig aufeinander abgestimmter Saatmischungen nicht möglich ist, die Bestandsentwicklung vollkommen zu steuern. Saatmischungen können nur dazu beitragen, die Bestandsentwicklung ungefähr in die gewünschte Richtung zu lenken.

Art		Aussaatmenge kg/ha
Schafgarbe	Achillea millefolium	nicht angegeben
Quecke	Agropyron repens	50
Hunds-Straußgras	Agrostis canina	10
Weißes Straußgras	Agrostis stolonifera	12
Rotes Straußgras	Agrostis tenuis	13
Knickfuchsschwanz	Alopecurus geniculatus	nicht angegeben
Wiesenfuchsschwanz	Alopecurus pratensis	22
Ruchgras	Anthoxantum odoratum	24
Wundklee	Anthyllis vulneraria	20
Glatthafer	Arrhenaterum elatius	38
Fiederzwenke	Brachypodium pinnatum	50
Aufrechte Trespe	Bromus erectus	38
Silbergras	Corynephorus canescens	15
Kammgras	Cynosurus cristatus	25
Drahtschmiele	Deschampsia flexuosa	30
Blauschwingel	Festua cinerea (F. duriuscula)	22
Schafschwingel	Festuca ovina	30
Feinschwingel	Festuca tenuifolia	23
Wiesenschwingel	Festuca pratensis	36
Rotschwingel	Festuca rubra	25
Wolliges Honiggras	Holcus lanatus	23
Deutsches Weidelgras	Lolium perenne	42
Hornklee	Lotus corniculatus	12–15
Sumpf-Hornklee	Lotus uliginosus	10–12
Gelbklee	Medicago lupulina	20–25
Esparsette	Onobrychis viciaefolia	150–160
Lieschgras	Phleum pratense	18
Platthalmrispe	Poa compressa	15
Wiesenrispe	Poa pratensis	18
Schmalblättrige Rispe	Poa prat. ssp. angustifolia	18
Gemeine Rispe	Poa trivialis	17
Fadenklee	Trifolium dubium	15–20
Schwedenklee	Trifolium hybridum	12
Rotklee	Trifolium pratense	15–18
Weißklee	Trifolium repens	10–12

Der Gang der Berechnung von Saatmischungen ist folgender: Zunächst ist der prozentuale Artenanteil zu planen. Wie schon in Abschn. 2.2.2 »Ansaaten« angedeutet, kommt es einmal vor allem darauf an, daß von allen Arten ein genügend hoher Anteil im Gemisch enthalten ist. Zum anderen ist die Kampfkraft der Arten zu berücksichtigen. Pflanzen mit hohem Verdrängungsvermögen sind in geringeren Prozentsätzen als diejenigen mit niedrigem einzubringen. Ist z.B. eine Entscheidung für eine Mischung aus 50% Wiesenrispe, 20% Schafschwingel, 20% Rotschwingel und 10% Rotes Straußgras getroffen worden, so lassen sich auf Grund der obigen Tabelle die Teilsaatmengen der einzelnen Arten und die Gesamtsaatmenge in kg/ha wie folgt berechnen (*E. Klapp*, 1956):

Art	Aussaatmenge kg/ha	Geplanter Anteil in %	Teilsaatmenge kg/ha	Abgerundet kg/ha
Wiesenrispe	18	50	9	9
Schafschwingel	30	20	6	6
Rotschwingel	25	20	5	5
R. Straußgras	13	10	1,3	1
Gesamtmenge				21

7.2 Übersichten über die standörtliche Eignung

Standort 1

Boden

a Trockene, humusfreie, nährstoff- und basenarme Quarzsandböden des Binnenlandes; z.B. aufgerissene Dünen des Binnenlandes; Bodentyp: U.a. Syrosem aus Sand.

b Anthropogene Rohböden gleicher oder ähnlicher Qualität; z.B. Sanddeponien, Einschnitt- und Auftragböschungen.

Heutige potentiell natürliche Vegetation (H.p.n.V.)

Silbergras-Rasen (Corynephoretum).

Gehölze –

Gräser

Rotes Straußgras (Agrostis tenuis), Silbergras (Corynephorus canescens), Schafschwingel (Festuca ovina var. ovina = F. ovina var. vulgaris), Feinschwingel (F. tenuifolia).

Standort 2

Boden

a Trockene, humose, nährstoff- und basenarme Quarzsandböden des Binnenlandes; z.B. altdiluviale Sandböden Nordwestdeutschlands; Bodentyp: U.a. Braunerde-Podsol, Podsol.

b Anthropogene Rohböden gleicher oder ähnlicher Qualität; z.B. Sanddeponien, Truppenübungsplätze, Einschnitt- und Auftragböschungen.

H.p.n.V.

Trockener Stieleichen-Birkenwald (Querco-Betuletum).

Gehölze

Sandbirke (Betula pendula), Kiefer (Pinus silvestris), Späte Traubenkirsche (Prunus serotina), Stieleiche (Quercus robur), Faulbaum (Rhamnus frangula), Vogelbeere (Sorbus ancuparia), Schwedische Vogelbeere (S. intermedia).

Gräser

Rotes Straußgras (Agrostis tenuis), Schafschwingel (Festuca ovina var. ovina = F. ovina var. vulgaris), Feinschwingel (F. tenuifolia). Auf rohhumusreichen Böden sollte Schafschwingel durch die Drahtschmiele (Deschampsia flexuosa) ersetzt werden.

Standort 3

Boden

a Frische bis feuchte, humose, nährstoff- und basenarme Quarzsandböden des Binnenlandes; z.B. altdiluviale Sandböden Nordwestdeutschlands; Bodentyp: U.a. Gley-Podsol.

b Anthropogene Rohböden gleicher oder ähnlicher Qualität; z.B. Truppenübungsplätze, untere Bereiche von Einschnittböschungen, Baggersee-Ufer.

H. p. n. V.
Feuchter Stieleichen-Birkenwald (Querco-Betuletum).
Gehölze
Sandbirke (Betula pendula), Moorbirke (B. pubescens), Aspe (Populus tremula), Stieleiche (Quercus robur), Faulbaum (Rhamnus frangula), Vogelbeere (Sorbus aucuparia).
Weidenarten
Ohrweide (Salix aurita), Grauweide (S. cinerea).
Gräser und Kräuter
Hunds-Straußgras (Agrostis canina), Rotes Straußgras (A. tenuis), Ruchgras (Anthoxanthum odoratum), Schafschwingel (Festuca ovina var. ovina = F. ovina var. vulgaris), Feinschwingel (F. tenuifolia), Sumpf-Hornklee (Lotus uliginosus); an relativ reichen Standorten außerdem Rotschwingel (Festuca rubra ssp. rubra = F. rubra var. genuina).

Standort 4
Boden
Trockene, nährstoff- und basenarme Sandböden der Nordseeküste (Dünen); z. B. aufgerissene graue Dünen; Bodentyp: U. a. mehr oder weniger weit entwickelte Podsole.
H. p. n. V.
Z. B. Meerstrand-Silbergrasflur (Violo-Corynephoretum), Sternmoos-Rasen (Tortulo-Phleetum arenarii), Straußgras-Dünenrasen (Agrostio-Poetum humilis).
Gehölze –
Gräser
Rotes Straußgras (Agrostis tenuis), Silbergras (Corynephorus canescens), Schafschwingel (Festuca ovina var. ovina = F. ovina var. vulgaris), Sand-Rotschwingel (F. rubra var. arenaria).

Standort 5
Boden
Trockene, nährstoff- und basenreiche Sandböden der Nordseeküste (Dünen); z. B. weiße Dünen; Bodentyp: U. a. Syrosem aus Sand.
H. p. n. V.
Helmdünengesellschaft (Elymo-Ammophiletum).
Gehölze –
Gräser
Strandhafer (Ammophila arenaria), Baltischer Strandhafer (Ammophila baltica), Strandroggen (Elymus arenarius).

Standort 6
Boden
a Trockene, verhältnismäßig nährstoff- und basenarme, anlehmige bis lehmige Sandböden des Binnenlandes; z. B. altdiluviale Sandböden Nordwestdeutschlands; Bodentyp: U. a. basenarme Braunerde, Podsol-Braunerde.
b Anthropogene Rohböden gleicher oder ähnlicher Qualität; z. B. Sanddeponien, Einschnitt- und Auftragböschungen.
H. p. n. V.
Z. B. trockener Buchen-Eichenwald (Fago-Quercetum).
Gehölze
Sandbirke (Betula pendula), Weißdorn (Crataegus monogyna, C. oxyacantha), Buche (Fagus silvatica), Aspe (Populus tremula), Schlehe (Prunus spinosa), Traubeneiche (Quercus petraea), Stieleiche (Q. robur), Faulbaum (Rhamnus frangula), Hundsrose (Rosa canina), Salweide (Salix caprea), Vogelbeere (Sorbus aucuparia).
Gräser und Kräuter
Schafgarbe (Achillea millefolium), Rotes Straußgras (Agrostis tenuis), Ruchgras (Anthoxantum odoratum), Schafschwingel (Festuca ovina), Rotschwingel (F. rubra), Wolliges Honiggras (Holcus lanatus), Schmalblättrige Rispe (Poa pratensis ssp. angustifolia), Rotklee (Trifolium pratense), Weißklee (T. repens).

Standort 7
Boden
a Frische bis feuchte, verhältnismäßig nährstoff- und basenarme, anlehmige bis lehmige Sandböden des Binnenlandes; z. B. altdiluviale Sandböden Nordwestdeutschlands; Bodentyp: U. a. Pseudogley-Braunerde, Braunerde-Gley.
b Anthropogene Rohböden gleicher oder ähnlicher Qualität; z. B. untere Bereiche von Einschnitt- und Auftragböschungen, Gewässerufer.
H. p. n. V.
Z. B. feuchter Buchen-Eichenwald (Fago-Quercetum).
Gehölze
Sandbirke (Betula pendula), Moorbirke (B. pubescens), Weißdorn (Crataegus monogyna, C. oxyacantha), Buche (Fagus silvatica), Aspe (Populus tremula), Schlehe (Prunus spinosa), Traubeneiche (Quercus petraea), Stieleiche (Q. robur), Faulbaum (Rhamnus frangula), Hundsrose (Rosa canina), Salweide (Salix caprea), Vogelbeere (Sorbus aucuparia).
Weidenarten
Ohrweide (Salix aurita), Grauweide (S. cinerea).
Gräser und Kräuter
Weißes Straußgras (Agrostis stolonifera), Rotes Straußgras (A. tenuis), Ruchgras (Anthoxantum odoratum), Schafschwingel (Festuca ovina), Rotschwingel (F. rubra), Wolliges Honiggras (Holcus lanatus), Sumpf-Hornklee (Lotus uliginosus), Schmalblättrige Rispe (Poa pratensis ssp. angustifolia), Schwedenklee (Trifolium hybridum), Weißklee (T. repens).

Standort 8
Boden
a Feuchte, durch mäßig nährstoff- und basenhaltiges bewegtes Grundwasser beeinflußte anmoorige Sandböden bis Torfböden des Binnenlandes; z. B. Niederungen Nordwestdeutschlands; Bodentyp: U. a. Anmoorgley.
b Anthropogene Rohböden gleicher oder ähnlicher Qualität; z. B. neu hergestellte Gewässerufer.
H. p. n. V.
Z. B. Erlen-Bruchwald (Carici elongatae-Alnetum), Erlen-Eichenwald (Alno-Quercetum).
Gehölze
Roterle (Alnus glutinosa), Moorbirke (Betula pubescens), Faulbaum (Rhamnus frangula); an relativ reichen Standorten und auf schwach anmoorigen Böden außerdem Hasel (Corylus avellana), Weißdorn (Crataegus monogyna, C. oxyacantha), Stieleiche (Quercus robur), Hundsrose (Rosa canina), Schneeball (Viburnum opulus).
Weidenarten
Ohrweide (Salix aurita), Grauweide (S. cinerea), Lorbeerweide (S. pentandra).
Gräser und Kräuter
Weißes Straußgras (Agrostis stolonifera), Rotes Straußgras (A. tenuis), Rotschwingel (Festuca rubra), Wolliges Honiggras (Holcus lanatus), Sumpf-Hornklee (Lotus uliginosus), Gemeine Rispe (Poa trivialis), Schwedenklee (Trifolium hybridum).

Standort 9
Boden
a Feuchte bis nasse, durch bewegtes Grundwasser beeinflußte, nährstoff- und basenreiche, z. T. anmoorige Sandböden des Binnenlandes; z. B. Stromtäler und Niederungen Nordwestdeutschlands; Bodentyp: U. a. Anmoorgley.

b Anthropogene Rohböden gleicher oder ähnlicher Qualität; z. B. neu hergestellte Gewässerufer.
H. p. n. V.
Z. B. Traubenkirschen-Erlen-Eschenwald (Pruno-Fraxinetum).
Gehölze
Roterle (Alnus glutinosa), Hartriegel (Cornus sanguinea), Hasel (Corylus avellana), Weißdorn (Crataegus oxyacantha), Pfaffenhütchen (Evonymus europaeus), Esche (Fraxinus excelsior), Traubenkirsche (Prunus padus), Hundsrose (Rosa canina), Salweide (Salix caprea), Schwarzer Holunder (Sambucus nigra), Flatterulme (Ulmus laevis), Schneeball (Viburnum opulus).
Weidenarten
Grauweide (Salix cinerea), Lorbeerweide (S. pentandra).
Gräser und Kräuter
Weißes Straußgras (Agrostis stolonifera), Wiesenschwingel (Festuca pratensis), Rotschwingel (F. rubra), Wolliges Honiggras (Holcus lanatus), Sumpf-Hornklee (Lotus uliginosus), Gemeine Rispe (Poa trivialis), Schwedenklee (Trifolium hybridum), Rotklee (T. pratense), Weißklee (T. repens).

Standort 10
Boden
a Oft flachgründige, trockene, nährstoff- und basenarme sandige Lehmböden bis Lehmböden über Kiesel- und Silikatgesteinen; z. B. Lehmböden der Mittelgebirge; Bodentyp: U. a. Ranker, Braunerde-Ranker.
b Anthropogene Rohböden gleicher oder ähnlicher Qualität; z. B. mit Lehm überzogene Böschungen aus festen oder lockeren Kiesel- oder Silikatgesteinen.
H. p. n. V.
Z. B. artenarmer Hainsimsen-Buchenwald (Melampyro-Fagetum).
Gehölze
Sandbirke (Betula pendula), Weißdorn (Crataegus oxyacantha), Buche (Fagus silvatica), Aspe (Populus tremula), Schlehe (Prunus spinosa), Traubeneiche (Quercus petraea), Stieleiche (Q. robur), Faulbaum (Rhamnus frangula), Hundsrose (Rosa canina), Salweide (Salix caprea), Vogelbeere (Sorbus aucuparia).
Gräser und Kräuter
Rotes Straußgras (Agrostis tenuis), Kammgras (Cynosurus cristatus), Schafschwingel (Festuca ovina var. ovina = F. ovina var. vulgaris), Rotschwingel (F. rubra ssp. commutata), Schmalblättrige Rispe (Poa pratensis ssp. angustifolia), Rotklee (Trifolium pratense), Weißklee (T. repens).

Standort 11
Boden
a Oft mittel- bis tiefgründige, trockene bis frische, mäßig nährstoff- und basenhaltige sandige Lehmböden bis Lehmböden des Binnenlandes; z. B. Lehmböden der Mittelgebirge; Bodentyp: U. a. basenarme Braunerde, basenarme Parabraunerde.
b Anthropogene Rohböden gleicher oder ähnlicher Qualität; z. B. mittel- bis tiefgründige Einschnitt- und Auftragböschungen.
H. p. n. V.
Z. B. artenreicher Hainsimsen-Buchenwald (Melampyro-Fagetum).
Gehölze
Bergahorn (Acer pseudoplatanus), Sandbirke (Betula pendula), Hainbuche (Carpinus betulus), Hasel (Corylus avellana), Weißdorn (Crataegus oxyacantha), Buche (Fagus silvatica), Aspe (Populus tremula), Schlehe (Prunus spinosa), Traubeneiche (Quercus petraea), Stieleiche (Q. robur), Hundsrose (Rosa canina), Salweide (Salix caprea), Vogelbeere (Sorbus aucuparia).
Weidenarten
Grauweide (Salix cinerea), Purpurweide (S. purpurea).
Gräser und Kräuter
Schafgarbe (Achillea millefolium), Gemeines Straußgras (Agrostis tenuis), Kammgras (Cynosurus cristatus), Schafschwingel (Festuca ovina), Rotschwingel (F. rubra), Deutsches Weidelgras (Lolium perenne), Hornklee (Lotus corniculatus), Wiesenrispe (Poa pratensis), Rotklee (Trifolium pratense), Weißklee (T. repens).

Standort 12
Boden
a Meist flachgründige, dürre bis sehr trockene, heiße bis sehr warme, stark humose, nährstoff- und basenreiche (kalkreiche) Lehmböden über Karbonatgesteinen; z. B. süd- bis südwestexponierte Weißjura-Hänge Südwestdeutschlands; Bodentyp: U. a. Rendzina.
b Anthropogene Rohböden gleicher oder ähnlicher Qualität; z. B. mit basenhaltigem Lehm überzogene, sehr warme Süd- und Südwestböschungen aus festen oder lockeren Karbonatgesteinen.
H. p. n. V.
Z. B. wärmeliebender Kalk-Buchenwald (Cephalanthero-Fagetum lithospermetosum), Berg-Eichenmischwald-Steppenheidewald (Lithospermo-Quercetum montanum), Felsenbirnenbusch (Cotoneastro-Amelanchieretum).
Gehölze
Feldahorn (Acer campestre), Felsenbirne (Amelanchier ovalis), Berberitze (Berberis vulgaris), Hartriegel (Cornus sanguinea), Hasel (Corylus avellana), Weißdorn (Crataegus monogyna, C. oxyacantha), Sanddorn (Hippophae rhamnoides), Liguster (Ligustrum vulgare), Schwarzkiefer (Pinus nigra), Wildbirne (Pirus pyraster), Vogelkirsche (Prunus avium), Kirschpflaume (P. cerasifera), Stein-Weichsel (P. mahaleb), Schlehe (P. spinosa), Kreuzdorn (Rhamnus cathartica), Hundsrose (Rosa canina), Mehlbeere (Sorbus aria), Speierling (S. domestica), Elsbeere (S. torminalis), Wolliger Schneeball (Viburnum lantana).
Gräser und Kräuter
Wundklee (Anthyllis vulneraria), Fiederzwenke (Brachypodium pinnatum), Aufrechte Trespe (Bromus erectus), Blauschwingel (Festuca cinerea = F. glauca = F. duriuscula = F. longifolia), Platthalmrispe (Poa compressa).

Standort 13
Boden
a Flach- bis mittelgründige, relativ warme, trockene, stark humose, nährstoff- und basenreiche (kalkreiche) sandige Lehmböden bis Lehmböden über Karbonatgesteinen; z. B. Lehmböden des Muschelkalkes in Südwestdeutschland, Südniedersachsen, Nordhessen; Bodentyp: U. a. Rendzina, Pararendzina, Braunerde-Rendzina.
b Anthropogene Rohböden gleicher oder ähnlicher Qualität; z. B. mit basenhaltigem Lehm überzogene Böschungen aus festen oder lockeren Karbonatgesteinen.
H. p. n. V.
Z. B. Orchideen-Buchenwald (Cephalanthero-Fagetum).
Gehölze
Feldahorn (Acer campestre), Bergahorn (Acer pseudoplatanus), Hainbuche (Carpinus betulus), Hartriegel (Cornus sanguinea), Hasel (Corylus avellana), Weißdorn (Crataegus monogyna, C. oxyacantha), Buche (Fagus silvatica), Esche (Fraxinus excelsior), Sanddorn (Hippophae rhamnoides), Liguster (Ligustrum vulgare), Heckenkirsche (Lonicera xylosteum), Vogelkirsche (Prunus avium), Schlehe (P. spinosa), Traubeneiche (Quercus petraea), Stieleiche (Q. robur), Kreuzdorn (Rhamnus cathartica), Hundsrose (Rosa canina), Elsbeere (Sorbus torminalis), Wolliger Schneeball (Viburnum lantana).

Weidenarten
Purpurweide (Salix purpurea).
Gräser und Kräuter
Schafgarbe (Achillea millefolium), Wundklee (Anthyllis vulneraria), Fiederzwenke (Brachypodium pinnatum), Aufrechte Trespe (Bromus erectus), Blauschwingel (Festuca cinerea = F. glauca = F. duriuscula = F. longifolia), Schafschwingel (F. ovina), Hornklee (Lotus corniculatus), Gelbklee (Medicago lupulina), Esparsette (Onobrychis viciaefolia), Platthalmrispe (Poa compressa), Schmalblättrige Rispe (P. pratensis ssp. angustifolia).

Standort 14
Boden
a Mäßig trockene bis frische, nährstoff- und basenreiche sandige Lehmböden bis Lehmböden und Lößlehmböden des Binnenlandes; z.B. Lehmböden nicht mehr überfluteter Flußauen mit verhältnismäßig tiefem Grundwasserstand, Lößlehmböden der Bördegebiete; Bodentyp: U.a. brauner Kalkauenboden (braune Vega), basenreiche Braunerde, Parabraunerde aus Löß, Pararendzina aus Löß.
b Anthropogene Rohböden gleicher oder ähnlicher Qualität; z.B. mittel- bis tiefgründige Einschnitt- und Auftragböschungen.
H.p.n.V.
Z.B. typischer Eichen-Hainbuchenwald (Querco-Carpinetum typicum).
Gehölze
Feldahorn (Acer campestre), Bergahorn (Acer pseudoplatanus), Hainbuche (Carpinus betulus), Hartriegel (Cornus sanguinea), Hasel (Corylus avellana), Weißdorn (Crataegus monogyna, C. oxyacantha), Pfaffenhütchen (Evonymus europaeus), Buche (Fagus silvatica), Esche (Fraxinus excelsior), Liguster (Ligustrum vulgare), Heckenkirsche (Lonicera xylosteum), Aspe (Populus tremula), Vogelkirsche (Prunus avium), Schlehe (P. spinosa), Traubeneiche (Quercus petraea), Stieleiche (Q. robur), Hundsrose (Rosa canina), Salweide (Salix caprea), Schwarzer Holunder (Sambucus nigra), Vogelbeere (Sorbus aucuparia), Winterlinde (Tilia cordata), Wasserschneeball (Viburnum opulus).
Weidenarten
Silberweide (Salix alba), Bruchweide (S. fragilis), Purpurweide (S. purpurea), Mandelweide (S. triandra), Korbweide (S. viminalis).
Gräser und Kräuter
Schafgarbe (Achillea millefolium), Quecke (Agropyron repens), Rotes Straußgras (Agrostis tenuis), Glatthafer (Arrhenaterum elatius), Wiesenschwingel (Festuca pratensis), Rotschwingel (F. rubra), Deutsches Weidelgras (Lolium perenne), Hornklee (Lotus corniculatus), Gelbklee (Medicago lupulina), Lieschgras (Phleum pratense), Wiesenrispe (Poa pratensis), Gemeine Rispe (P. trivialis), Fadenklee (Trifolium dubium), Rotklee (T. pratense), Weißklee (T. repens).

Standort 15
Boden
a Frische bis feuchte, nährstoff- und basenreiche sandige bis tonige Lehmböden sowie Lößlehmböden des Binnenlandes; z.B. Lehmböden gelegentlich überfluteter Flußauen, Lößlehmböden der Bördegebiete; Bodentyp: U.a. brauner Auenboden (braune Vega), basenreiche Braunerde, basenreiche Parabraunerde.
b Anthropogene Rohböden gleicher oder ähnlicher Qualität; z.B. mittel- bis tiefgründige Einschnitt- und Auftragböschungen.
H.p.n.V.
Z.B. feuchter Eichen-Hainbuchenwald (Querco-Carpinetum), Eschen-Ulmen-Auenwald (Fraxino-Ulmetum), Eichen-Eschen-Auenwald (Querco-Fraxinetum).
Gehölze
Feldahorn (Acer campestre), Bergahorn (Acer pseudoplatanus), Hainbuche (Carpinus betulus), Hartriegel (Cornus sanguinea), Hasel (Corylus avellana), Weißdorn (Crataegus monogyna, C. oxyacantha), Pfaffenhütchen (Evonymus europaeus), Esche (Fraxinus excelsior), Heckenkirsche (Lonicera xylosteum), Vogelkirsche (Prunus avium), Schlehe (Prunus spinosa), Stieleiche (Quercus robur), Hundsrose (Rosa canina), Salweide (Salix caprea), Schwarzer Holunder (Sambucus nigra), Vogelbeere (Sorbus aucuparia), Winterlinde (Tilia cordata), Flatterulme (Ulmus laevis), Wasserschneeball (Viburnum opulus).
Weidenarten
Silberweide (Salix alba), Bruchweide (S. fragilis), Purpurweide (S. purpurea), Mandelweide (S. triandra), Korbweide (S. viminalis).
Gräser und Kräuter
Quecke (Agropyron repens), Weißes Straußgras (Agrostis stolonifera), Rotes Straußgras (A. tenuis), Wiesen-Fuchsschwanz (Alopecurus pratensis), Ruchgras (Anthoxantum odoratum), Glatthafer (Arrhenaterum elatius), Wiesenschwingel (Festuca pratensis), Rotschwingel (F. rubra), Wolliges Honiggras (Holcus lanatus), Deutsches Weidelgras (Lolium perenne), Gelbklee (Medicago lupulina), Lieschgras (Phleum pratense), Wiesenrispe (Poa pratensis), Schmalblättrige Rispe (P. pratensis ssp. angustifolia), Gemeine Rispe (P. trivialis), Fadenklee (Trifolium dubium), Rotklee (T. pratense), Weißklee (T. repens).

Standort 16
Boden
a Feuchte, nährstoff- und basenreiche Lehmböden des Binnenlandes; in erster Linie Lehmböden häufig überfluteter Flußufer; Bodentyp: U.a. Auenrohboden (Rambla), junger Auenboden (Paternia).
b Anthropogene Rohböden gleicher oder ähnlicher Qualität; z.B. neu hergestellte Ufer fließender Gewässer.
H.p.n.V.
Weichholzaue, unterer Bereich: Mandelweidenbusch (Salicetum triandro-viminalis); Weichholzaue, oberer Bereich: Weiden-Auenwald (Salicetum albo-fragilis).
Gehölze
Vorwiegend im unteren Bereich der Weichholzaue: Strauchweidenarten (s. unten); vorwiegend im oberen Bereich der Weichholzaue: Roterle (Alnus glutinosa), Silberpappel (Populus alba), Baumweidenarten (s. unten).
Weidenarten
Silberweide (Salix alba), Bruchweide (S. fragilis), Purpurweide (S. purpurea), Mandelweide (S. triandra), Korbweide (S. viminalis).
Gräser und Kräuter
Quecke (Agropyron repens), Weißes Straußgras (Agrostis stolonifera), Knickfuchsschwanz (Alopecurus geniculatus), Wiesenfuchsschwanz (A. pratensis), Deutsches Weidelgras (Lolium perenne), Gemeine Rispe (Poa trivialis), Schwedenklee (Trifolium hybridum), Rotklee (T. pratense), Weißklee (T. repens).

Standort 17
Boden
a Mäßig frische bis feuchte, nährstoff- und basenhaltige, teilweise im oberen Bereich entkalkte, feinsandige bis tonige Lehmböden der Marschen der Nordseeküste; Bodentyp: U.a. Seemarsch (Jungmarsch, Altmarsch, Knickmarsch).
b Anthropogene Rohböden gleicher oder ähnlicher Qualität; z.B. Warften, Ufer von Entwässerungsgräben in der Seemarsch.
H.p.n.V.
Die durch Westwinde und -stürme stark beeinflußte Seemarsch hat

als anthropogenes Kulturland nie Wald getragen. Trotzdem finden, wie Windschutzpflanzungen auf der landwirtschaftlichen Nutzfläche, an Gehöften und Siedlungen zeigen, Gehölze dort Lebensbedingungen. Auf Grund dieser Holzarten (s. unten) ist es nicht ausgeschlossen, daß sich die h.p.n.V. etwa im Bereich von Weich- und Hartholz-Auenwäldern oder Eichen-Hainbuchenwäldern bewegt.

Gehölze (*K. Buchwald*, 1969 a)

Bergahorn (Acer pseudoplatanus), Roterle (Alnus glutinosa), Weißdorn (Crataegus oxyacantha), Esche (Fraxinus excelsior), Graupappel (Populus canescens), Hybridpappel (P. »Regenerata«), Schwarze Johannisbeere (Ribes nigrum), Rote Johannisbeere (R. rubrum), Hundsrose (Rosa canina), Buschrose (R. dumetorum), Schwarzer Holunder (Sambucus nigra), Schwedische Mehlbeere (Sorbus intermedia), Bergulme (Ulmus scabra), Ulme (Ulmus hoersholmiensis).

Weidenarten (*K. Buchwald*, 1969 a)

Grauweide (Salix cinerea), Smith's Weide (S. smithiana), Korbweide (S. viminalis).

Gräser und Kräuter

Schafgarbe (Achillea millefolium), Quecke (Agropyron repens), Rotes Straußgras (Agrostis tenuis), Wiesenfuchsschwanz (Alopecurus pratensis), Ruchgras (Anthoxanthum odoratum), Kammgras (Cynosurus cristatus), Wolliges Honiggras (Holcus lanatus), Deutsches Weidelgras (Lolium perenne), Hornklee (Lotus corniculatus), Lieschgras (Phleum pratense), Wiesenrispe (Poa pratensis), Gemeine Rispe (P. trivialis), Fadenklee (Trifolium dubium), Schwedenklee (T. hybridum), Rotklee (T. pratense), Weißklee (T. repens).

Nach *E. Wohlenberg* (1969 a) ist für die Ansaat von Seedeichen (oberer Bereich der Außenböschung, Krone und Innenböschung) die folgende Saatgutmischung zu verwenden (s. auch Abschn. 3.2.2 »Ansaat«):

Rd. 5% Kammgras (Cynosurus cristatus), rd. 80% Deutsches Weidelgras (Lolium perenne), rd. 15% Wiesenrispe (Poa pratensis), rd. 0,5% Weißklee (Trifolium repens). Bei Kleiboden mit höherem Feinsand- bzw. Schluffgehalt sowie bei süd-, südwest- oder westexponierten Deichböschungen ist nach *E. Wohlenberg* (1969 a) Lolium perenne durch etwa 20% Rotschwingel (Festuca rubra ssp. rubra = F. rubra var. genuina) zu ersetzen.

Standort 18

Boden

Trockenes bis mäßig trockenes, nährstoff- und basenarmes, feinmaterialhaltiges lockeres Kiesel- oder Silikatmaterial (Kies, Geröll, Geschiebe, Grus, Steine); oft anthropogene Rohböden wie z.B. Auftragböschungen oder Deponien.

H.p.n.V.

Infolge der relativ großen Spannbreite vor allem der chemischen Zusammensetzung und der Kornfraktionen des Materials ist die h.p.n.V. unterschiedlich und an dieser Stelle nicht ohne weiteres anzugeben; u.a. Brombeerhecken (Rubion subatlanticum)?

Gehölze

Sandbirke (Betula pendula), Weißdorn (Crataegus monogyna, C. oxyacantha), Aspe (Populus tremula), Schlehe (Prunus spinosa), Hundsrose (Rosa canina); an relativ günstigen Standorten außerdem Hasel (Corylus avellana), Buche (Fagus silvatica), Traubeneiche (Quercus petraea), Stieleiche (Q. robur).

Weidenarten

An nicht allzu trockenen Standorten Grauweide (Salix cinerea), Purpurweide (Salix purpurea).

Gräser und Kräuter

Rotes Straußgras (Agrostis tenuis), Ruchgras (Athoxanthum odoratum), Schafschwingel (Festuca ovina var. ovina = F. ovina var. vulgaris), Gelbklee (Medicago lupulina).

Standort 19

Boden

Trockenes bis mäßig trockenes, nährstoff- und basenreiches, feinmaterialhaltiges lockeres Karbonatmaterial (Kies, Geröll, Geschiebe, Grus, Steine); oft anthropogene Rohböden wie z.B. Auftragböschungen oder Deponien.

H.p.n.V.

Infolge der relativ großen Spannbreite vor allem der chemischen Zusammensetzung und der Kornfraktionen des Materials ist die h.p.n.V. unterschiedlich und an dieser Stelle nicht ohne weiteres anzugeben; u.a. Berberitzengebüsche (Berberidion)?

Gehölze

Feldahorn (Acer campestre), Hartriegel (Cornus sanguinea), Hasel (Corylus avellana), Weißdorn (Crataegus monogyna, C. oxyacantha), Sanddorn (Hippophae rhamnoides), Liguster (Ligustrum vulgare), Heckenkirsche (Lonicera xylosteum), Wildbirne (Pirus pyraster), Vogelkirsche (Prunus avium), Kirschpflaume (P. cerasifera), Stein-Weichsel (P. mahaleb), Schlehe (P. spinosa), Kreuzdorn (Rhamnus cathartica), Hundsrose (Rosa canina), Wolliger Schneeball (Viburnum lantana); an relativ günstigen Standorten außerdem Bergahorn (Acer pseudoplatanus), Buche (Fagus silvatica), Esche (Fraxinus excelsior), Traubeneiche (Quercus petraea), Stieleiche (Q. robur); an sehr warmen Standorten außerdem Mehlbeere (Sorbus aria), Speierling (S. domestica), Elsbeere (S. torminalis).

Weidenarten

An nicht allzu trockenen Standorten Purpurweide (Salix purpurea).

Gräser und Kräuter

Schafgarbe (Achillea millefolium), Wundklee (Anthyllis vulneraria), Fiederzwenke (Brachypodium pinnatum), Aufrechte Trespe (Bromus erectus), Blauschwingel (Festuca cinerea = F. glauca = F. duriuscula = F. longifolia), Schafschwingel (F. ovina), Hornklee (Lotus corniculatus), Gelbklee (Medicago lupulina), Esparsette (Onobrychis viciaefolia), Platthalmrispe (Poa compressa).

Standort 20

Boden

a Trockene, jedoch zeitweise überflutete, gut durchlüftete, nährstoff- und basenreiche (kalkreiche), feinmaterialhaltige Schotterböden; Ufer montaner und submontaner Flüsse; Bodentyp: U.a. Auenrohboden (Rambla).

b Anthropogene Rohböden gleicher oder ähnlicher Qualität; neu hergestellte Flußufer des Berglandes.

H.p.n.V.

Lavendelweidenbusch (Salicetum eleagni).

Als lebende Baustoffe werden vorwiegend die folgenden Weidenarten verwendet:

Reifweide (Salix daphnoides), Lavendelweide (S. eleagnos), Schwarzweide (S. nigricans), Purpurweide (Salix purpurea).

Standort 21

Boden

a Frische bis feuchte, humose, nährstoff- und basenreiche Hangschuttböden luftfeuchter, schattiger Schluchten; z.B. Schluchten der Mittelgebirge; Bodentyp: U.a. mullartige Rendzina, Mullrendzina.

b Anthropogene Rohböden gleicher oder ähnlicher Qualität in luftfeuchten, schattigen Lagen; z.B. Deponien, Abraumhalden.

H.p.n.V.

U.a. Eschen-Ahorn-Schluchtwald (Phyllitido-Aceretum).

Gehölze

Bergahorn (Acer pseudoplatanus), Hainbuche (Carpinus betulus), Hartriegel (Cornus sanguinea), Hasel (Corylus avellana), Weißdorn (Crataegus oxyacantha), Esche (Fraxinus excelsior), Heckenkirsche (Lonicera xylosteum), Schwarzer Holunder (Sambucus nigra), Trau-

ben-Holunder (S. racemosa), Sommerlinde (Tilia platyphyllos), Bergulme (Ulmus scabra), Wasserschneeball (Viburnum opulus).
Weidenarten
Silberweide (Salix alba), Bruchweide (S. fragilis), Purpurweide (S. purpurea), Mandelweide (S. triandra), Korbweide (S. viminalis).
Gräser und Kräuter
Weißes Straußgras (Agrostis stolonifera), Wiesenfuchsschwanz (Alopecurus pratensis), Wiesenschwingel (Festuca pratensis), Sumpf-Hornklee (Lotus uliginosus), Gemeine Rispe (Poa trivialis), Schwedenklee (Trifolium hybridum).

Standort 22
Bereich der Röhrichte und Seggenrieder

a Stehende und langsam fließende, nährstoffarme Gewässer; Sommermittelwasser flacher als 150 cm.
Da hier außer Schilf keine der vorwiegend im Lebendbau benutzten Röhrichtpflanzen und Seggen Lebensbedingungen findet, Schilf aber bis etwa 150 cm ins Wasser hineinwächst, sollten zum Uferschutz am besten Soden standortgerechter, nicht weit ins Wasser vordringender Pflanzenbestände verwendet werden. Derartige Soden sind an standörtlich gleichen oder ähnlichen Gewässern in einer Höhe zu gewinnen, die der Einbringungshöhe entspricht.

b Stehende und langsam fließende, nährstoffarme Gewässer; SoMW tiefer als 150 cm.
Schilf (Phragmites communis).

c Stehende und langsam fließende, nährstoffhaltige bis -reiche Gewässer; SoMW flacher als 150 cm.
Sumpfsegge (Carex acutiformis), Schlanksegge (C. gracilis), Wasserschwaden (Glyceria maxima), Rohrglanzgras (Phalaris arundinacea).

d Stehende und langsam fließende, nährstoffhaltige bis -reiche Gewässer; SoMW tiefer als 150 cm.
Sumpfsegge (Carex acutiformis), Schlanksegge (C. gracilis), Wasserschwaden (Glyceria maxima), Rohrglanzgras (Phalaris arundinacea), Schilf (Phragmites communis), Schmalblättriger Rohrkolben (Typha angustifolia), Breitblättriger Rohrkolben (T. latifolia).
Standörtlich ist auch die Teichbinse (Schoenoplectus lacustris = Scirpus lacustris) möglich. Da sie jedoch nicht selten bis etwa 250 cm ins Wasser hineinwächst, sollte sie nur an Gewässern angesiedelt werden, deren SoMW tiefer als 250 cm ist.

e Schnell fließende, sauerstoffreiche, nährstoffarme bis -reiche Gewässer; SoMW tiefer als 40 cm.
Rohrglanzgras (Phalaris arundinacea).

Literatur
E. Bittmann (1965); *K. Buchwald* (1969a, o.J. sowie mündliche Auskünfte); *H. Ellenberg* (1963); *E. Klapp* (1956); *E. Mückenhausen* (1962); *E. Oberdorfer* (1962); *W. Trautmann* (1966 u. 1968); *P. Seibert* (1962); *H. Zeidler* (mündliche Auskünfte)

Literaturverzeichnis

AFZ-agrotechnik, 1969
Rasche Geländebegrünung mit Rasenmatten
Allgemeine Forstzeitschrift, Nr. 22
Bauch, J., 1969
Blendschutz mit pflanzlichen Mitteln
Wissenschaftliche Zeitschrift der TU Dresden, **18**, H. 1
Baumann, H., 1967
Plastoponik, Schaumkunststoffe in der Agrarwirtschaft
Heidelberg
Beck, G., 1965
Untersuchung über Planungsgrundlagen für eine Lärmbekämpfung im Freiraum mit Experimenten zum artspezifischen Lärmminderungsvermögen verschiedener Baum- und Straucharten
Dissertation. Technische Universität Berlin
Beck, G., 1968
Pflanzen als Mittel zur Lärmbekämpfung
Technische Universität Berlin, H. 12
Bittmann, E., 1953
Das Schilf und seine Verwendung im Wasserbau
Angewandte Pflanzensoziologie, H. 7
Bittmann, E., 1965
Grundlagen und Methoden des biologischen Wasserbaues
Der biologische Wasserbau. Stuttgart
Bittmann, E., 1969
Lebendbaumaßnahmen an Still- und Fließgewässern mit Ausnahme von Wildbächen
Handbuch für Landschaftspflege und Naturschutz, Bd. 4. München, Basel, Wien
Blenk, H., Trienes, H., 1956
Strömungstechnische Beiträge zum Windschutz
Grundlagen der Landtechnik, **8**, H. 1 u. 2
Bothmann, W., 1953
Sicherung des Seedeiches vor dem Wesselburener Koog in Norderdithmarschen
Die Küste, **2**, H. 2
Braun-Blanquet, J., 1964
Pflanzensoziologie
3. Aufl. Wien, New York
Buchwald, K., 1969a
Baustoffe und Methoden des Lebendbaues und kombinierte Verfahren
Handbuch für Landschaftspflege und Naturschutz, Bd. 4. München, Basel, Wien
Buchwald, K., 1969b
Lebendbaumaßnahmen zur Verhinderung von Denudation und Rinnenerosion durch fließendes Wasser und zur Wasserrückhaltung auf landwirtschaftlich genutzten Flächen
Handbuch für Landschaftspflege und Naturschutz, Bd. 4. München, Basel, Wien
Buchwald, K., o.J.
Technik und Baustoffe der Lebendbauverfahren
Maschinengeschr. vervielf. Vorlesungsmskr. Institut für Landschaftspflege und Naturschutz, TU Hannover
Buchwald, K., Duthweiler, H., 1969
Verbreitete Methoden zur Sicherung und Begrünung instabiler Hänge gegen Erosion durch fließendes Wasser, Rutschung, Steinschlag
Handbuch für Landschaftspflege und Naturschutz, Bd. 4. München, Basel, Wien
Büring, W., 1969
Wirkungsweise und Anwendungsmöglichkeit von Agrosil
Rasen und Rasengräser, H. 6
Christiansen, W., 1955
Salicornietum
Mitteilungen der Floristisch-soziologischen Arbeitsgemeinschaft, N.F., H. 5
Dahl, H.J., vorauss. 1972
Der Bau lebender schwimmender Inseln zum Ufer- und Sohlenschutz von Gewässern
Dissertation. Institut für Landschaftspflege und Naturschutz, TU Hannover
Darmer, G., 1957
Flurschützende Landschaftsgestaltung
Karl-Marx-Universität, Leipzig
Der Rasenspezialist, 1970
Herausg. Fa. Julius Wagner
Heidelberg, Eppelheimer Str. 20
Deutsche Normen DIN 19657, 1963
Sicherungsarbeiten an Gewässern, Deichen und Küstendünen (Entwurf)
Fachnormenausschuß Wasserwesen im Deutschen Normenausschuß (DNA)
Duthweiler, H., 1967
Lebendbau an instabilen Böschungen, Erfahrungen und Vorschläge
Forschungsarbeiten aus dem Straßenwesen, N.F., H. 70
Ellenberg, H., 1963
Vegetation Mitteleuropas mit den Alpen
Stuttgart
Fischer, M., 1966
Ein neues erfolgreiches Verfahren zur Befestigung und Begrünung steriler Öd- und Sandflächen unter Verwendung von Hygromull
Garten und Landschaft, H. 12
Forschungsausschuß »Landespflege« der Akademie für Raumforschung und Landesplanung, Hannover, 1968
Begriffserläuterungen aus dem Gebiet der Landespflege und einiger Grundlagen- und Kontaktdisziplinen
Maschinengeschr. vervielf. Mskr. Akademie für Raumforschung und Landesplanung, Hannover
Forster, P., 1964
Bitumenrasen – Ein neues Begrünungsverfahren in der Bewährung
Bitumen, **26**, H. 4
Geiger, R., 1961
Das Klima der bodennahen Luftschicht
Die Wissenschaft, Bd. 78, Braunschweig
Gerhard, P., Abromeit, J., Bock, P., Jentzsch, A., 1900
Handbuch des deutschen Dünenbaues. Berlin
Grafmüller, F., 1969
Wirkungsweise und Anwendungsmöglichkeiten von Curasol
Rasen und Rasengräser, H. 6
Hellstern, B., 1966
Maschinelle Rasenanlage und -pflege
Herausg. ORAG INTER AG. Pinneberg, Postfach 137
Hinrichs, W., 1931
Nordseedeiche, Küstenschutz und Landgewinnung
Husum
Hostalen im Wasserbau, o.J.
Herausg. Farbwerke Hoechst, Verkauf Kunststoffe. Frankfurt (Main)
Hüniken, E., 1964
Das Bitusspritverfahren, das Finn-Hydro-Seeder-Verfahren und andere Methoden der Fels- und Böschungsbegrünung
Die neue Landschaft, H. 12
Illner, K., Gandert, K.D., 1956
Windschutzhecken
Berlin
Informationsmaterial der Firmen:
BASF, Ludwigshafen, über Hygromull; Chemische Werke Hüls, Marl, über Bodenfestiger hüls 801; Farbwerke Hoechst, Frankfurt, über Curasol und Tylose 666;

Guanowerke, Hamburg, über Agrosil; INDUSTRA, Schwabsdorf, Kaiserslautern-Land, über Schwab-Begrünung; J.T. Tillinghast, Stuttgart-Degerloch, über Alginure
Informationsmaterial der Firmen:
Düsing, Gelsenkirchen; Hesa, Darmstadt; Waldenfels, Haren/Ems über Saatgutmatten
Ingenieurbiologische Bauweisen, 1959
Anleitung Nr. 1
Wasserwirtschaft - Wassertechnik, H. 7
Ingenieurbiologische Bauweisen, 1960
Anleitung Nr. 2
Wasserwirtschaft - Wassertechnik, H. 7
Jansen, G., 1962
Vegetative Lärmeinwirkungen bei Industriearbeitern
Lärmbekämpfung, H. 3 u. 4
Kasten, P., Hartbrich, H.J., Voigtländer, K., 1969
Merseburger Anspritzverfahren
Herausg. PGH Landschaftsgestaltung, Merseburg
Kirwald, E., 1951
Lebendbau und Gewässerpflege
Hannover
Kirwald, E., 1964
Gewässerpflege
München, Basel, Wien
Klapp, E., 1956
Wiesen und Weiden
3. Aufl. Berlin und Hamburg
Klein, H.A., 1965
Der biologische Wasserbau an Tidegewässern und im Küstenbereich
Der biologische Wasserbau, Stuttgart
Kolumbe, E., 1931
Spartina townsendii-Anpflanzungen im schleswig-holsteinischen Wattenmeer
Wissenschaftliche Meeresuntersuchungen, Abt. Kiel, N.F. 21, H. 1
Kolumbe, E., 1933
Die Landgewinnung an den Küsten der Nordsee auf biologischer Grundlage
Der Biologe, **2**, H. 10
König, K., 1949
Die Ausbreitung des Grases Spartina townsendii an der schleswig-holsteinischen Westküste und ihre Folgen für die Landeskulturarbeiten
Forschung und Fortschritt, **25**, H. 7 u. 8
Köseoglu, M., 1970
Melilotus officinalis und albus als Pionierpflanzen. Beobachtungen und experimenteller Vergleich
Dissertation. Technische Universität Hannover
Kreutz, W., 1968
Beeinflussung des Standortklimas durch Windschutz
Handbuch für Landschaftspflege und Naturschutz, Bd. 2. München, Basel, Wien
v. Kruedener, A., 1951
Ingenieurbiologie
München, Basel
Kühl, J., 1962
Der Böschungsverbau im Weichboden
Die neue Landschaft, **7**, H. 12
Lafrenz, P., 1957
Über die Pflege und Nutzung des Anwachses und der Deiche an der Dithmarschen Küste
Die Küste, **6**, H. 2
Langer, H., 1966
Die ökologische Gliederung der Landschaft und ihre Bedeutung für die Fragestellung der Landschaftspflege
Maschinengeschr. vervielf. Habilitationsschrift
Institut für Landschaftspflege und Naturschutz, TU Hannover
Langer, H., 1968
Wesen und Aufgaben der Landschaftsökologie
Maschinengeschr. vervielf. Vorlesungsmskr.
Institut für Landschaftspflege und Naturschutz, TU Hannover
Lehmann, G., 1961
Die Einwirkungen des Lärms auf den Menschen
Arbeitsgemeinschaft für Forschung des Landes Nordrhein-Westfalen, H. 94
Lehmann, G., 1962
Praktische Arbeitsphysiologie
2. Aufl. Stuttgart
Linke, H., 1969a
Maschinelle Flächenbegrünung und die Verwendung von Bindemitteln
Wissenschaftliche Zeitschrift der TU Dresden, **18**, H. 1
Linke, H., 1969b
Maschinelle Begrünungsmethoden - Möglichkeiten und Grenzen
Die Straße, **9**, H. 11
Linke, O., 1939
Die Biota des Jadebusenwattes
Helgoländer wissenschaftliche Meeresuntersuchungen, **1**
Lohmeyer, W., 1961
Die pflanzensoziologische Karte als Grundlage für Bepflanzung und Ansaat im Straßenbau
Angewandte Pflanzensoziologie, **17**
Lorenz, H., 1961
Wasserbau im Straßenbau
Maschinengeschr. Vervielfältg. des Autobahnamtes Nürnberg
Lorenz, H., 1964
Natur und Technik am Beispiel der Spessartautobahn
Natur und Landschaft, **39**, H. 7
Loycke, H.J., 1963
Die Technik der Forstkultur
München, Basel, Wien
Lux, H., 1964
Die biologischen Grundlagen der Strandhaferpflanzung und Silbergrasansaat im Dünenbau
Angewandte Pflanzensoziologie, H. 20
Lux, H., 1969
Festlegung und Begrünung von Dünen
Handbuch für Landschaftspflege und Naturschutz, Bd. 4. München, Basel, Wien
Meister, F.J., 1961
Geräuschmessungen an Verkehrsflugzeugen und ihre hörpsychologische Bedeutung
Arbeitsgemeinschaft für Forschung des Landes Nordrhein-Westfalen, H. 94
Mückenhausen, E., 1962
Entstehung, Eigenschaften und Systematik der Böden der Bundesrepublik Deutschland
Frankfurt (Main)
Nägeli, W., 1943
Untersuchungen über die Windverhältnisse im Bereich von Windschutzstreifen
Mitteilungen der Schweizerischen Anstalt für das forstliche Versuchswesen, **23**, H. 1
Nägeli, W., 1946
Weitere Untersuchungen über die Windverhältnisse im Bereich von Windschutzstreifen
Mitteilungen der Schweizerischen Anstalt für das forstliche Versuchswesen, **24**, H. 2
Neef, G., 1965
Mittelstreifen-Wallhecke der Autobahn
Garten und Landschaft, H. 10
Oberdorfer, E., 1962
Pflanzensoziologische Exkursionsflora für Süddeutschland
2. Aufl. Stuttgart
Oberdorfer, E., 1967
Systematische Übersicht der westdeutschen Phanerogamen- und Gefäßkryptogamen-Gesellschaften
Schriftenreihe für Vegetationskunde, H. 2
Olbrich, A., 1949
Windschutzpflanzungen
Hannover
Olschowy, G., 1964
Zur Gestaltung des Autobahn-Mittelstreifens
Garten und Landschaft, H. 6.
Olschowy, G., 1968
Zur Planung von Fernstraßen-Begrünungen
Deutscher Rat für Landespflege, H. 9
Pflug, W., 1959
Landschaftspflege, Schutzpflanzungen, Flurholzanbau
Neuwied
Pflug, W., 1962
Erfahrungen aus den verschiedenartigen Methoden der biologischen Hangsicherung
Grünverbau im Straßenbau. Forschungsarbeiten aus dem Straßenwesen, N.F., H. 51
Prückner, R., 1965
Die Technik der Lebendverbauung
Wien

Prün, H., 1969
Wirkungsweise und Anwendungsmöglichkeit von Hygromull als chemische Begrünungshilfe
Rasen und Rasengräser, H. 6
Richter, G., 1965
Bodenerosion, Schäden und gefährdete Gebiete, in der Bundesrepublik Deutschland, 1 u. 2
Forschungen zur deutschen Landeskunde, Bd. 152
Richtlinien für den Lebendverbau an Verkehrswegen, 1969
Herausg. Forschungsgesellschaft für das Straßenwesen, Arbeitsausschuß Landschaftsgestaltung
Maschinengeschr. vervielf. Mskr. Köln, Maastrichter Str. 45
Runge, F., 1961
Die Pflanzengesellschaften Westfalens und Niedersachsens
Münster/Westf.
Sauer, G., 1964
Winterschäden an den Pflanzungen der Bundesautobahnen 1963
Natur und Landschaft, **39**, H. 3
Sauer, G., 1968
Rasenansaat ohne Mutterboden an Straßen
Natur und Landschaft, **43**, H. 3
Schad, J., 1960
Begrünung von Flächen im Straßenbau
Die neue Landschaft, H. 2
Schad, J., 1962
Einsaaten auf Straßenböschungen
Grünverbau im Straßenbau. Forschungsarbeiten aus dem Straßenwesen, N.F., H. 51
Scherer, H., 1970
Rollrasen und Rasenmatten
Maschinengeschr. vervielf. Vortrag. Seminar des BDGA »Pflanze als Baustoff«. Freising, Staatliche Lehr- und Forschungsanstalt für Gartenbau
Schiechtl, H.M., 1958
Grundlagen der Grünverbauung
Mitteilungen der forstlichen Versuchsanstalt Mariabrunn, H. 55
Schiechtl, H.M., 1962a
Einige ausgewählte Ergebnisse aus der Forschungsarbeit für Grünverbauung
Grünverbau im Straßenbau. Forschungsarbeiten aus dem Straßenwesen, N.F., H. 51
Schiechtl, H.M., 1962b
Zwei neue Methoden zur Befestigung der Böschungen beim Bau der Brenner-Autobahn
Österreichische Ingenieur-Zeitschrift, **5**, H. 7
Schiechtl, H.M., 1969
Wildbach- und Lawinenverbauung in den Alpen
Handbuch für Landschaftspflege und Naturschutz, Bd. 4. München, Basel, Wien
Schlüter, U., 1967a
Über die Eignung einiger Weidenarten als lebende Baustoffe für den Spreitlagenbau
Beiträge zur Landespflege, **3**, H. 1
Schlüter, U., 1967b
Werkblatt. Constructive Details. Erfahrungen mit einigen Weidenarten als lebende Baustoffe für Spreitlagen
Garten und Landschaft, H. 9
Schlüter, U., 1968a
Zur Bestimmung der Ansiedlungshöhen der Ufer-Vegetationszonen an Hochwasserrückhaltebecken
Natur und Landschaft, **43**, H. 7
Schlüter, U., 1968b
Nebennutzungen und landschaftliche Eingliederung des Rückhaltebeckens Fahle Heide, Landkreis Gifhorn
Institut für Landschaftspflege und Naturschutz, TU Hannover. Selbstverlag
Schlüter, U., 1969a
Lebendbaumaßnahmen als Windschutz
Handbuch für Landschaftspflege und Naturschutz, Bd. 4. München, Basel, Wien
Schlüter, U., 1969b
Beiträge zur Eignung von Holzarten für den Busch- und Heckenlagenbau auf Grund ihrer Wuchsleistungen
Maschinengeschr. vervielf. Habilitationsschrift. Institut für Landschaftspflege und Naturschutz, TU Hannover
Schlüter, U., 1970
Die Bedeutung der Karte der heutigen potentiell natürlichen Vegetation für die Planung von Lebendbaumaßnahmen
Landschaft + Stadt, **2**, H. 1
Schlüter, U., 1971
Versuche über die Eignung von Gehölzen als Heckenlagen zur Stabilisierung steiler Kippenböschungen aus saurem, tertiärem Abraummaterial
Landschaft + Stadt, **3**, H. 1
Schnieders, C., 1970
Ansaatverfahren zur Begrünung mutterbodenloser Flächen in Deutschland. Diplomarbeit. Maschinengeschr. vervielf. Mskr.
Institut für Landschaftspflege und Naturschutz, TU Hannover
Scholz, A., 1957
Erfahrungen und Untersuchungen über die Bepflanzung von Deichen und des Deichvorlandes
Wasserwirtschaft – Wassertechnik, H. 12
Seibert, P., 1962
Die Auenvegetation an der Isar nördlich von München und ihre Beeinflussung durch den Menschen
Landschaftspflege und Vegetationskunde, H. 3
Seibert, P., 1968
Gesellschaftsring und Gesellschaftskomplex in der Landschaftsgliederung
Pflanzensoziologie und Landschaftsökologie. Den Haag
Seidel, K., 1966
Reinigung von Gewässern durch höhere Pflanzen
Die Naturwissenschaften, **53**, H. 12
Seidel, K., 1967
Biologischer Schutz unserer Seen durch Pflanzen
Österreichs Fischerei, **20**, H. 1
Seidel, K., *Scheffer, F.*, *Kickuth, R.* und *E. Schlimme*, 1967
Aufnahme und Umwandlung organischer Stoffe durch die Flechtbinse
Das Gas- und Wasserfach, **108**, H. 6
Spielmann, T., 1962
Hangsicherung und Felsverbau als angewandte Ingenieurbiologie
Die neue Landschaft, **7**, H. 12
Steinbuch, K., 1965
Automat und Mensch
Berlin, Heidelberg, New York
Steiniger, F., 1968
Pflanzen, Wasserwild und sonstige Tiere in der Planung des Oker-Rückhaltebeckens »Fahle Heide«
Natur, Kultur und Jagd, **21**, H. 1
Strele, G., 1950
Grundriß der Wildbach- und Lawinenverbauung
2. Aufl. Wien
Strunk, W., 1969
Beobachtungen an Flächen mit mutterbodenloser Begrünung
Straße und Autobahn, H. 11
Trautmann, W., 1966
Erläuterungen zur Karte der potentiellen natürlichen Vegetation der Bundesrepublik Deutschland 1: 200000 Blatt 85 Minden
Schriftenreihe für Vegetationskunde, H. 1
Trautmann, W., 1968
Die Vegetationskarte als Grundlage für die Begrünung und die Beweisführung im Straßenbau
Deutscher Rat für Landespflege, H. 9
Tüxen, R., 1956
Die heutige potentielle Vegetation als Gegenstand der Vegetationskartierung
Angewandte Pflanzensoziologie, **13**
Wallner, J., 1965
Der biologische Wasserbau an den natürlichen und kanalisierten Binnenwasserstraßen
Der biologische Wasserbau. Stuttgart
Weisser, P., 1969
Aufgaben der Landschaftspflege am Beispiel der Mülldeponie Flotzgrün
Natur und Landschaft, **44**, H. 7
Wentz, F., 1969
Neue Methoden der Wundhangbegrünung
Garten und Landschaft, H. 10
Wieland, P., 1967
Begrünung von Deichen und Dämmen des Küstenbereiches
Neue Landschaft, **12**, H. 3
Wiepking, H.F., 1953/54
Über Grundfragen der Ingenieurbiologie
Jahrbuch der TH Hannover

Wohlenberg, E., 1931
Die Grüne Insel in der Eidermündung. Eine entwicklungsphysiologische Untersuchung
Archiv der deutschen Seewarte, **50**
Wohlenberg, E., 1933
Über die tatsächliche Leistung von Salicornia herbacea im Haushalt der Watten
Wissenschaftliche Meeresuntersuchungen, Abt. Helgoland, **19**, H. 3
Wohlenberg, E., 1938
Biologische Kulturmaßnahmen mit dem Queller zur Landgewinnung im Wattenmeer
Westküste, **1**, H. 2
Wohlenberg, E., 1939
Zeitgemäße Landgewinnung an der deutschen Nordseeküste
Die Umschau in Wissenschaft und Technik, H. 25
Wohlenberg, E., 1953
Produktionsbiologische Untersuchungen auf eingedeichten Wattflächen
Die Küste, **1**, H. 1
Wohlenberg, E., 1954
Sinkstoff, Sediment und Anwachs am Hindenburgdamm
Die Küste, Bd. 2, H. 2
Wohlenberg, E., 1965
Deichbau und Deichpflege auf biologischer Grundlage
Die Küste, **13**, H. 1
Wohlenberg, E., 1969 a
Deichbau und Deichpflege auf biologischer Grundlage
Handbuch für Landschaftspflege und Naturschutz, Bd. 4. München, Basel, Wien
Wohlenberg, E., 1969 b
Landgewinnung an der Küste durch biogene Verlandung
Handbuch für Landschaftspflege und Naturschutz, Bd. 4. München, Basel, Wien
Wohlenberg, E., Snuis, H., 1955
Anwachs, Landgewinnung und Deichbau in Nordfriesland
Schriften des Nissenhauses in Husum

Nachtrag:

Schlüter, U., 1971 a
Die Eignung von Holzarten für den Busch- und Heckenlagenbau. Untersuchungen an mergelhaltigen Kalkstein- und Lößlehmböschungen
Landschaft + Stadt, Beiheft 6

Register